高职机械类
精品教材

液压与
气压传动技术

YEYA YU
QIYA CHUANDONG JISHU

主　编　吕庆洲
副主编　胡　艳　戴　亚
　　　　张本松　程发龙

中国科学技术大学出版社

内 容 简 介

内容围绕液压与气压元件组装和液压与气压设备的使用、维护及系统设计等实际工作展开，形式基于任务驱动和理实一体化，结合典型工作任务所需的知识、技能、素质等要素，构建学生对液压与气压系统元件的认知到培养学生对液压与气压系统回路的构建和特性分析等能力。全书包括九个项目：液压传动技术认识、液压泵的特性认识和选用、液压缸的特性认识和结构设计、方向控制回路的构建、压力控制回路的构建、速度控制回路的构建、小型液压泵站的构建、典型液压系统的工作原理及故障分析、气压传动技术的特点和应用。

本书可作为高等职业院校机类、近机类、机电类各专业液压与气压传动技术课程的教学用书，也可作为工程技术人员的参考用书。

图书在版编目(CIP)数据

液压与气压传动技术/吕庆洲主编. —合肥:中国科学技术大学出版社,2017.8
ISBN 978-7-312-04222-5

Ⅰ. 液…　Ⅱ. 吕…　Ⅲ. ①液压传动—高等职业教育—教材 ②气压传动—高等职业教育—教材　Ⅳ. ①TH137 ②TH138

中国版本图书馆 CIP 数据核字(2017)第 160979 号

出版	中国科学技术大学出版社
	安徽省合肥市金寨路 96 号,230026
	http://press. ustc. edu. cn
	https://zgkxjsdxcbs. tmall. com
印刷	安徽国文彩印有限公司
发行	中国科学技术大学出版社
经销	全国新华书店
开本	787 mm×1092 mm　1/16
印张	15.25
字数	390 千
版次	2017 年 8 月第 1 版
印次	2017 年 8 月第 1 次印刷
定价	35.00 元

前　　言

本书以国家教育部颁布的《高等职业学校专业教学标准》关于液压与气压传动技术课程教学的基本要求为依据,围绕培养高等技术技能型人才目标,并考虑到学生继续学习的需要编写而成。可作为高等职业院校机类、近机类、机电类各专业液压与气压传动技术课程的教学用书,也可作为工程技术人员的参考用书。

液压与气压传动技术课程是工程机械和机电一体化技术专业中重要的基础课程,该课程的主要教学目标是使学生理解液压和气压传动的基础理论,熟悉常用液压元件、气压元件和回路,培养一定的使用与设计能力。课程建立在机械基础、工程力学、机械制图、电气控制技术等先修课程基础之上。

本书在编写的过程中,汲取了近年来各高等职业院校在课程教学改革方面的成功经验,对传统的教学内容体系进行了重组,突出工程应用性,注重基本概念、基本原理和基本方法的阐述,强化了技术应用性。

本书内容围绕液压与气压元件组装和液压与气压设备的使用、维护及系统设计等实际工作内容展开,形式基于任务驱动和理实一体化,结合典型工作任务所需的知识、技能、素质等要素,通过还原实际工作过程所需的理论和技能,整合序列学习项目和任务,构建学生对液压与气压系统基本元件的认知到培养学生对液压与气压系统回路的构建和特性分析等能力,从易到难,采用的是一种综合性、阶梯性递进的认知模式。全书划分为九个项目,每一个项目下各任务的教学内容包含基础理论、元件认知、回路构建、综合应用等。

本书的突出特点如下:

(1) 理论基础知识紧密结合实际应用,突出理论概念的应用性,有助于深刻理解基础理论和概念。

(2) 元件拆装实训、回路构建实验等实践环节作为附录分布于各项目的后面,可结合实验、实训设施设备进行操作;实验部分包含电气控制回路,可供综合训练使用。

(3) 突出工程问题的分析解决以及简单系统的应用设计内容,有助于提高学生的学习兴趣,具有较强的针对性。

(4) 模式符合当前高职院校课程改革将基础理论课程与工程应用紧密结合的要求。

本书主编是淮南联合大学吕庆洲副教授,副主编是安徽工贸职业技术学院胡艳、戴亚和宣城职业技术学院的张本松、程发龙老师。具体编写分工如下:项目一至项目三和项目九由吕庆洲编写，项目四、项目五由胡艳编写，项目六由戴亚编写，项目七、项目八由张本松与程发龙共同编写。

本书的编写得到了许多兄弟院校领导和老师的大力支持，在此谨向他们表示衷心的感谢。

由于编者水平有限，经验不足，书中难免存在疏漏和错误，恳请专家和广大读者批评指正。

编　者

目　录

目
录

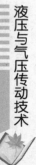

项目一　液压传动技术认识

任务一　液压传动系统的工作原理、组成和特点

一、传动及传动形式

所谓传动就是利用某种介质传递运动和动力（或能量）的一种方式。不同的介质形式和性质形成了不同的传动形式。

常用的传动形式有三种：机械传动、电气传动、流体传动。

机械传动是利用机械机构传递运动和动力的一种传动形式。常见的机械传动形式很多，比如齿轮传动、带传动、螺旋传动等。

电气传动是利用电磁场传递能量的一种传动方式。电动机传动是常见的电器传动形式。

流体传动是利用流体（液体、气体）传递运动和动力的一种形式。液压传动与气压传动就是流体传动的两种形式，两者具有共性，都是利用压力传递运动和动力的。由于气体和液体的性质有区别，故两者也有不同特性。

二、液压传动的工作原理

我们从最简单的液压千斤顶开始讨论液压传动的工作原理。图 1.1 所示为液压千斤顶

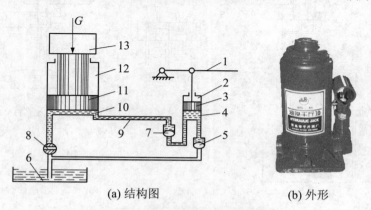

(a) 结构图　　　　　(b) 外形

图 1.1　液压千斤顶的工作原理图

1. 杠杆　2. 小活塞缸体　3. 小活塞　4、10. 油腔　5、7. 单向阀　6. 油箱
8. 放油阀　9. 油管　11. 大活塞　12. 大活塞缸体　13. 重物

的工作原理图。液压千斤顶由手动柱塞泵和举升缸两部分组成，手动柱塞泵由杠杆 1、小活塞 3、小活塞缸体 2、单向阀 5 和 7 等组成，举升缸由大活塞 11、大活塞缸体 12、放油阀 8 组成，另外还有油箱 6、重物 13 以及油管 9 等。

液压千斤顶工作时，先提起杠杆 1，小活塞被带动上移，小活塞缸体 2 下腔容积增大，腔内压力降低，形成部分真空，单向阀 5 打开，单向阀 7 关闭，油箱油液在大气压的作用下通过单向阀 5 进入小活塞下腔，小活塞缸体 3 完成一次吸油过程；接着用力按下杠杆 1，小活塞 2 下行，小活塞缸体 3 下腔容积减小，腔内油液压力升高，关闭单向阀 5，强力推开单向阀 7，向大活塞 11 下腔注入高压油，同时推动大活塞 11 和重物 13 上移，重物被举升起来。反复提压杠杆 1，就可以使大活塞 11 举起重物 13 不断上升，达到起重的目的。将放油阀 8 转动 90°，大活塞 11 下腔的油液可以流回油箱内，同时重物与大活塞 11 下移，实现下放重物的目的。

从液压千斤顶的工作过程，可以归纳出如下液压传动的基本原理。

① 液压传动以液体（液压油）作为传递运动和动力的载体。

② 液压传动中，经过两次能量转换，先把机械能转换成压力能，然后将压力能转换成对外做功的机械能。

③ 液压传动是依靠密封的容器内的容积变化来形成压力并传递能量的。经过吸油和压油两个过程，每个运动过程都应用了帕斯卡原理。

三、液压传动系统的组成

1. 液压传动系统的组成及功能

下面我们用机床的液压传动系统来说明一般液压传动系统的组成及功能。图 1.2(a)所示为一个机床液压传动系统的结构图，其组成和各部分的功能我们可以用表格来说明，如表 1.1 所示。

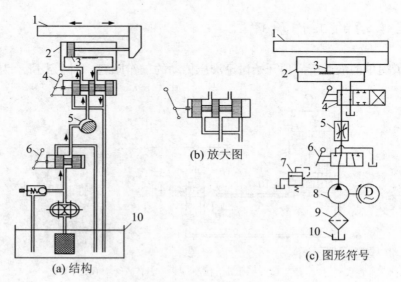

(a) 结构 　　(b) 放大图 　　(c) 图形符号

图 1.2　机床液压传动系统的工作原理

1. 工作台　2. 液压缸　3. 活塞　4、6. 换向阀　5. 调速阀　7. 溢流阀
8. 液压泵　9. 吸油滤油器　10. 油箱

液压与气压传动技术

表 1.1　液压系统组成和各部分的功能及示例说明

组成部分	功　能　说　明	机床液压传动系统示例说明
能源装置	将原动机的机械能转换成压力能,为系统提供压力油	液压泵 8
执行装置	将液体的压力能转换成机械能,向外输出力和速度或转矩和转速	液压缸 2
调节控制装置	用于调节和控制液压传动系统的压力、流量和液流的方向,以保证完成执行装置的预期动作	换向阀 4、6,溢流阀 7,调速阀 5
辅助装置	用于检测系统以维持和保障系统的正常工作	油箱 10,滤油器 9
工作介质	液压系统的能量载体,用于传递运动、动力和信号	液压油、合成液体等

2. 液压传动系统的图形符号

表达液压传动系统的组成及其功能时,虽然结构或半结构式图的直观性强,易理解,但较复杂,如图 1.2(a)所示。因此在液压传动系统中,均用统一的图形符号进行表示,简单明了,易于绘制。注意,图形符号只表示元件功能,不表示元件结构和参数。如图 1.2(c),采用的是 GB 786.1—1993 规定的图形符号,具体参见附录。

四、液压传动的特点

1. 液压传动的优点

① 液压传动装置运动平稳、反应快、惯性小,能高速启动、制动和换向。

② 在同等功率情况下,液压传动装置体积小、重量轻、结构紧凑。例如,同功率液压马达的重量只有电动机的 10%~20%。力大无穷($p=32$ MPa 以上),例如,液压千斤顶可顶起 1.6 吨重物,若每位男同学体重为 64 千克,可举起 25 位男同学。

③ 液压传动装置易在运行中实现无级调速,且调速范围最大可达 1∶2 000(一般为 1∶100)。

④ 操作简单、方便,易于实现自动化。当它与电气联合控制时,能实现复杂的自动工作循环和远程控制。

⑤ 易于实现过载保护。液压元件能自行润滑,使用寿命较长。

⑥ 液压元件实现了标准化、系列化、通用化,便于设计、制造和使用。

2. 液压传动的缺点

① 液压传动不能保证严格的传动比,这是由液压油的可压缩性和泄漏造成的。

② 液压传动对油温变化较敏感,这会影响它的工作稳定性。因此液压传动装置不宜在很高或很低的温度下工作,一般工作温度为 -15~60 ℃较合适。

③ 为了减少泄漏,液压元件在制造精度上要求较高,因此它的造价高,且对油液的污染比较敏感。

④ 液压传动装置出现故障时不易查找原因。

⑤ 液压传动在能量转换的过程(机械能—压力能—机械能)中,特别是在节流调速系统中,其压力、流量损失大,故系统效率较低。

项目 一 液压传动技术知识

任务二　液压传动技术的应用与发展

一、液压传动技术的产生和发展

1653 年,法国数学家、物理学家帕斯卡(Blaise Pascal)提出了流体静力学的基本定律,即帕斯卡定律,他于 1663 年出版的《液体平衡的论述》一书详细论述了这一定律。帕斯卡被称为液压机之父。

1795 年,英国的布拉默(Joseph Bramah)根据帕斯卡定律,发明出了世界上第一台水压机——棉花、羊毛液压打包机,第一次依靠简单的液压泵和液压缸实现了对工作对象的施力做功,理想地代替了人类繁重、低效率的压缩打包劳动,并取得了令人欣喜的综合经济效益。液压技术从此向全世界证实了其在工业生产中的实际应用价值,液压技术从此开始进入工程领域。

19 世纪末,德国、美国开始将液压传动技术应用于龙门刨床、六角车床和磨床上。

20 世纪初,美国将液压传动技术应用在战舰的火炮上,将液压系统的大功率、高精度、高稳定性、快反应的优点发挥出来,实际使用中的效果令人十分满意。

20 世纪 30 年代后,美国将液压传动技术应用在运输机上,实现了用液压传动控制起落架和螺旋桨。

第二次世界大战期间,液压传动技术被用在飞机、坦克、火炮和军舰上,发展了液压高压元件和电液伺服阀。

在我国,1952 年上海机床厂制造出第一种液压元件——14 MPa 的高压齿轮泵,至此液压传动技术快速发展。

20 世纪 60 年代以后,液压传动技术随着原子能技术、空间技术、计算机技术的发展而迅速发展。因此,液压传动技术真正的发展也就是近四五十年的事。新型液压元件和液压系统的计算机辅助设计、计算机辅助测试、计算机直接控制、机电一体化技术、可靠性技术等方面是当前液压传动及控制技术发展和研究的方向。

20 世纪 80 年代,浙江大学路甬祥博士在比例技术方面开创了五项发明,大力推动了液压传动技术在我国的研究和应用。

二、液压传动技术的应用

我国的液压传动技术最初被用在机床和锻压设备上,后来又被用于拖拉机和工程机械。现在我国已经从国外引进了一些液压元件及生产技术,并在此基础上开展了自行设计,形成了系列,这些技术在各领域得到了广泛的应用,如表 1.2 所示。

液压与气压传动技术

表 1.2 液压传动技术在各领域的应用

领 域	应 用 实 例
机床工业	磨床、铣床、刨床、压力机、自动机床、数控机床、加工中心等
工程机械	起重机、挖掘机、推土机、装载机、筑路机、混凝土泵车、叉车、消防车等
汽车工业	自卸车、轿车、平板车、起重车、高空作业车等
矿山机械	开采机、提升机、装载机、液压支架、采煤机等
轻工业机械	打包机、注塑机、造纸机、校直机、橡胶硫化机等
冶金机械	电炉控制系统、轧钢控制系统、压力机等
农业机械	联合收割机控制系统、拖拉机悬挂系统、烟草预压机等
军工机械	坦克火炮瞄准稳定系统、飞机起落架、燃油供给控制系统等
船舶港口机械	起货机、锚机、舵机等
建筑电力机械	打桩机、平地机、乐池升降机、汽轮机和水轮发电机调速控制等
计算机智能机械	计算机硬件驱动、折臂式小汽车装卸器、数字式体育锻炼机、模拟驾驶舱、机器人等

三、液压传动技术的发展趋势

以现代液压传动技术与微电子技术、计算机控制技术、传感技术等为代表的新技术紧密结合,形成并发展成为一套包括传动、控制、检测在内的自动化技术。当前,液压技术在实现高压、高速、大功率、经久耐用、高度集成化等各项要求方面都取得了重大的进展;在完善发展比例控制、伺服控制、开发控制技术上也取得了许多新的成绩。同时,液压元件和液压系统的计算机辅助设计和测试、微机控制、机电液一体化、液电一体化、可靠性、污染控制、能耗控制等方面成为液压传动技术的研究方向。我们从以下几个方面来展望液压传动技术的发展趋势:

1. 计算机辅助设计(CAD)和计算机辅助测试(CAT)

充分利用现有的液压 CAD 设计软件,进行二次开发,建立知识库信息系统,形成设计—制造—销售—使用—设计的闭环系统。将计算机仿真及实时控制结合起来,在试制样机前,便可用软件修改其特性参数,以达到最佳设计效果。把 CAD、CAT、计算机辅助制造(CAM)、计算机辅助工艺过程设计(CAPP),以及现代管理系统集成在一起建立集成计算机制造系统(CIMS),使液压设计与制造技术有一个突破性的进展。

要想实现对液压系统的故障预测和主动维护,必须使液压系统故障诊断系统现代化,加强专家系统的开发研究,建立完整的、具有学习功能的专家知识库,并利用计算机和知识库中的知识,推断出引起故障的原因,提出维修方案和预防措施。要进一步开发液压系统故障诊断专家系统通用软件工具,开发液压系统自补偿系统,包括自调整系统、自校正系统,在故障发生之前进行补偿,这是液压行业努力的方向。

2. 机电一体化

机电一体化可实现液压系统的柔性化、智能化,充分发挥液压传动出力大、惯性小、响应快等优点,其主要发展方向是:将液压系统由过去的电液开发系统和开环比例控制系统转向闭环比例伺服控制系统,同时对压力、温度、速度等传感器实现标准化;提高液压元件的性能,使其在可靠性、智能化等方面更能适应机电一体化需要,发展与计算机直接接口的高频、低功耗的电磁控制元件;实现液压系统流量、压力、温度、油污染度等数值的自动控制测量和诊断;广泛采用电子直接控制元件,如利用电控液压泵实现液压泵的各种调节方式,实现软启动、合理分配功率、自动保护等;借助现场总线,实现高水平信息系统,简化液压系统的调节、诊断和维护。

3. 性能的可靠性和性能稳定性逐渐提高

性能的可靠性和稳定性是涉及面最广的综合指标,它包括元件、辅助件的可靠性,系统可靠性的设计、制造以及维护三大方面。随着诸如工程塑料、复合材料、高强度轻合金等新材料的应用和新工艺新结构的出现,元件性能的可靠性得以大大增加。系统可靠性设计理论的成熟与普及,使合理地进行元器件的选配有了理论依据。此外,过滤技术的完善和精度的提高(过滤器的精度可达 $1\sim3\ \mu m$,而典型现代液压元件的动态间隙为 $0.5\sim5.0\ \mu m$),使液压系统除了能彻底清除固体杂质外,还能分离油液中的气体和水分。应用在实时油污检测器和电子报警逻辑系统,使维护液压系统从过去的简单拆修发展到主动维护,对可预见的诸多因素进行全面分析,最大限度地提前消除诱发故障的潜在因素。

4. 污染控制

过去对液压系统的污染控制主要致力于控制固体颗粒的污染,而对水、空气等的污染控制往往不够重视。目前解决污染问题重在严格控制产品生产过程中的污染,发展密封式系统,防止外部污染物侵入系统。改进元件和系统设计,使之具有更强的抗污染能力,同时开发抗污染能力强的高效滤材和过滤器;研究对污染的在线测量;开发油水分离净化装置和排湿元件,以及能清除油中的气体、水分及其他化学物质和微生物的过滤元件和检测装置。

5. 减少损耗,充分利用能量

在将机械能转换成压力能及反转换过程中,系统一直存在能量损耗。为减少能量损耗,必须解决下面几个问题:减少元件和系统的内部压力损失,以减少功率损失;减少或消除系统的节流损失,尽量减少非安全需要的溢流量;采用静压技术和新型密封材料,减少摩擦损失;改善液压系统性能,采用负荷传感系统、二次调节系统和蓄能器回路。泄漏控制包括防止液体泄漏造成环境污染和防止外部环境对系统的侵害两个方面。今后,将发展无泄漏元件和系统,如发展集成化和复合化的元件和系统,实现无管连接,研制新型密封的无泄漏管接头、电机油泵组合装置等。无泄漏将是世界液压领域今后努力的重要方向之一。

6. 增强对环境的适应性,拓宽应用范围

液压传动虽然具有很多优点,但由于存在着发热、噪声、工作介质污染等不尽如人意的地方,其应用受到一定程度上的制约。随着人们的环保意识越来越强,应采取相应措施逐步解决和改善以上问题。

总之,液压传动技术作为便捷和廉价的自动化技术,有着良好的发展前景。液压产品不仅在机电、轻纺、家电等传统领域有着很大的市场,在新兴的产业如信息技术产业、生物制品业、微纳精细加工业等领域也有广阔的发展空间。脚踏实地,放眼未来,经过行业的共同努力,我国的液压工业一定能开辟一片新天地。

液压与气压传动技术

习　题

1.1　什么叫液压传动？与其他形式的传动相比较，其特点是什么？

1.2　液压传动的基本原理是什么？试举例说明。

1.3　液压传动系统的基本组成部分有哪些？各组成部分的作用各是什么？

1.4　简述液压传动技术在各行各业的应用。

项目二　液压泵的特性认识和选用

任务一　液压泵的工作原理和特性计算

一、静止液体的力学性能

液压传动是以液体作为工作介质进行能量传递的，因此要研究液体处于相对平衡状态下的力学规律。所谓相对平衡是指液体内部各质点间没有相对运动，至于液体本身可以和容器一起如同刚体一样做各种运动。因此，液体在相对平衡状态下不呈现黏性，不存在切应力，只有法向的压应力，即**静压力**。

1. 液体的静压力及其特性

所谓静压力是指静止液体单位面积上所受的法向力，用 p 表示。液体内某质点处的法向力 ΔF 对一面积 ΔA 的极限称为压力 p，即

$$p = \lim_{\Delta A \to 0} \frac{\Delta F}{\Delta A} \tag{2.1}$$

若法向力 F 均匀地作用在面积 A 上，则压力可表示为

$$p = \frac{F}{A} \tag{2.2}$$

式中，A 为液体的有效作用面积；F 为液体的有效作用面积 A 上所受的法向力。

液体的静压力具有下述两个重要特征：

① 垂直于作用面，其方向与该作用面的内法线方向一致。

② 静止液体中，任何一点所受到的各方向的静压力都相等。

故静止液体总是处于受压状态，并且其内部的任何质点都是受平衡压力作用的。

2. 液体静力方程

静止液体内部的受力情况可用图 2.1 来说明。设容器中装满液体，在任意一点 A 处取一微小面积 $\mathrm{d}A$，该点距液面的深度为 h，距坐标原点的高度为 Z，液平面距坐标原点的高度为 Z_0。为了求得任意一点 A 处的压力，可取 $\mathrm{d}A \cdot h$ 这个液柱为分离体[图 2.1(b)]。根据静压力的特性，作用于这个液柱上的力在各方向都呈平衡状态，现求各作用力在 Z 方向的平衡方程。微小液柱顶面上的作用力为 $p_0\mathrm{d}A$（方向向下），液柱本身的重力 $G = \gamma h\mathrm{d}A = \rho g h\mathrm{d}A$（方向向下），液柱底面对液柱的作用力为 $p\mathrm{d}A$（方向向上），则平衡方程为

$$p\mathrm{d}A = p_0\mathrm{d}A = \gamma h\mathrm{d}A$$

故有

$$p = p_0 + \rho g h \tag{2.3}$$

根据上式,可知液体静压力的分布规律(图 2.1)为:

① 由两部分组成,即液面上的压力和液体自重。

② 变化规律为随液体深度变化呈线性分布。

③ 距液面相同深度处各点的压力均相等(压力相等的点组成的面叫等压面)。

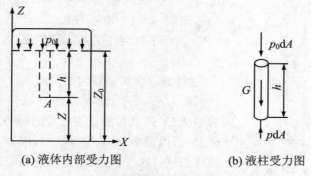

(a) 液体内部受力图   (b) 液柱受力图

图 2.1 液体静压力的分布规律

3. 压力的表示方法及单位

压力的表示方法有两种:一种是以绝对真空为基准表示的绝对压力,另一种是以大气压力为基准来表示的相对压力。绝大多数仪表所测得的压力是相对压力,故相对压力也称为表压力。在液压计算中,若要进行理论计算,通常用绝对压力表示;在工程实际应用中,测量出来的压力一般为相对压力。绝对压力和相对压力的关系为

$$绝对压力 = 大气压力 + 相对压力(表压力)$$

或

$$相对压力(表压力) = 绝对压力 - 大气压力$$

当液体某处绝对压力低于大气压力(即相对压力为负值)时,习惯上称该处为真空,绝对压力小于大气压力的那部分压力值,称为真空度。例如,当液体内某点的绝对压力为 0.3×10^5 Pa 时,其相对压力为 -0.7×10^5 Pa,即该点真空度为 0.7×10^5 Pa(这里将大气压力近似为 1×10^5 Pa)。它们的关系为

$$真空度 = 大气压力 - 绝对压力$$

绝对压力、相对压力和真空度的关系如图 2.2 所示。

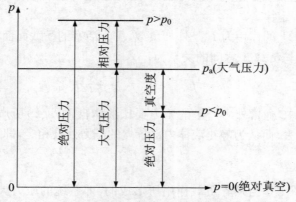

图 2.2 绝对压力、相对压力和真空度的关系

在国际单位制中,压力的单位为帕斯卡,用 Pa(N/m²)或 MPa(N/mm²)表示。在工程上常用工程大气压单位(at)表示:

$$1\ \text{at} = 1\ \text{kg/cm}^2 = 9.8 \times 10^4\ \text{N/m}^2 \approx 10^5\ \text{Pa} = 0.1\ \text{MPa}$$

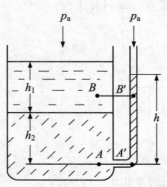

图 2.3　盛有油和水的开口容器

例 2.1　如图 2.3 所示,开口容器内盛有油和水。油层高度 $h_1 = 0.7$ m,密度 $\rho_1 = 800$ kg/m³,水层高度 $h_2 = 0.6$ m,密度 $\rho_2 = 1\,000$ kg/m³。

① 判断下列两个关系式是否成立:

$$p_A = p_A', \qquad p_B = p_B'$$

② 计算水在玻璃管内的高度 h。

解　① $p_A = p_A'$ 的关系成立;$p_B = p_B'$ 的关系不成立。因为 A 与 A' 两点在静止连通着的同一流体内,并在同一水平面上,所以截面 $A\text{-}A'$ 为等压面;因为 B 及 B' 两点虽在静止流体的同一水平面上,但不在连通着的同一种流体中,所以截面 $B\text{-}B'$ 不是等压面。

② 由上述讨论知,$p_A = p_A'$ 且 p_A 和 p_A' 可以分别用流体静力学基本方程式表示,即

$$p_A = p_a + \rho_1 g h_1 + \rho_2 g h_2$$
$$p_A' = p_a + \rho_2 g h$$

于是有

$$p_a + \rho_1 g h_1 + \rho_2 g h_2 = p_a + \rho_2 g h$$

简化上式并将已知值代入,得

$$800 \times 0.7 + 1\,000 \times 0.6 = 1\,000h$$

解得

$$h = 1.16(\text{m})$$

二、液压传递定律

1. 帕斯卡定律

由静力学基本方程可知,静止液体内任意一点处的压力都包含了液面上的压力 p_0。这说明在密封容器内,施加于静止液体上的压力,能等值地传递到液体中的各点,这就是静压传递定律,又称帕斯卡定律。

在图 2.4 中,活塞上的作用力 F 是外加负载,A 为活塞的横截面面积,根据帕斯卡定律,容器内液体的压力 p 与负载 F 之间的关系为

$$p = p_0 + \rho g h = \frac{F}{A} + \rho g h$$

在液压传动系统中,通常外力产生的压力要比液体自重($\rho g h$)所产生的压力大得多,因此可把式中的 $\rho g h$ 略去,而认为静止液体内部各点的压力处处相等,即

$$p = \frac{F}{A} \tag{2.4}$$

可见,液体内的压力是由外界负载作用所形成的,即系统的压力大小取决于负载,这是液压传动中一个非常重要的基本概念。

例 2.2 图 2.4 所示为两个相互连通的液压缸,已知大缸内径 $D=100$ mm,小缸内径 $d=20$ mm,大活塞上放置物体的质量为 5 000 kg。问在小活塞上所加的力 F 为多大才能使大活塞顶起重物?

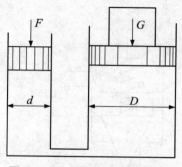

解 物体的重力为

$$G= mg = 5\ 000 \times 9.8 = 49\ 000(\text{kg} \cdot \text{m/s}^2)$$
$$= 49\ 000(\text{N})$$

根据帕斯卡定律,由外力产生的压力在两缸中相等,即

$$\frac{F}{\frac{\pi}{4}d^2} = \frac{G}{\frac{\pi}{4}D^2}$$

图 2.4 两个相互连通的液压缸

故为了顶起重物应在小活塞上加的力为

$$F = \frac{d^2 G}{D^2} = \frac{20^2 \times 49\ 000}{100^2} = 1\ 960(\text{N})$$

本例说明了液压千斤顶起重的工作原理,也体现了液压装置对力的放大作用。

2. 液体对固体壁面的作用力

在液压传动中,由于不考虑由液体自重产生的那部分压力,所以液体中各点的静压力可看作是均匀分布的。液体和固体壁面相接触时,固体壁面将受到总液压力的作用。

当固体壁面为一平面时,静止液体对该平面的总作用力 F 等于液体压力 p 与该平面面积 A 的乘积,其方向与该平面垂直,即

$$F = pA \qquad (2.5)$$

当固体壁面为曲面时,曲面上各点所受静压力的方向是变化的,但大小相等(图 2.5)。为求图 2.5 中压力油对右半部缸筒内壁在 x 方向上的作用力,可在内壁面上取一微小面积 $\mathrm{d}A = l\mathrm{d}s = lr\mathrm{d}\theta$(这里 l 和 r 分别为缸筒的长度和半径),则压力油作用在这块面积上的力 $\mathrm{d}F$ 的水平分量 $\mathrm{d}F_x$ 为

$$\mathrm{d}F_x = \mathrm{d}F_x \cos \theta = plr\cos \theta \mathrm{d}\theta$$

由此得压力油对缸筒壁在 x 方向上的作用力为

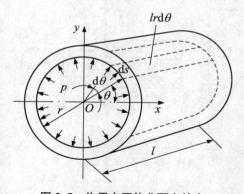

图 2.5 作用在固体曲面上的力

$$F_x = \int_{-\frac{\pi}{2}}^{\frac{\pi}{2}} \mathrm{d}F_x = \int_{-\frac{\pi}{2}}^{\frac{\pi}{2}} plr\cos \theta \mathrm{d}\theta = 2plr = pA_x \qquad (2.6)$$

式中,A_x 表示缸筒右半部内壁在 x 方向的投影面积,$A_x=2rl$。

由此可知,曲面在某一方向上所受的压力等于曲面在该方向上的投影面积和液体压力的乘积。

例 2.3 安全阀工作时的受力情况如图 2.6 所示,阀芯为圆锥形,阀座孔径 $d=10$ mm,阀芯最大直径 $D=15$ mm。当油液压力 $p=8$ MPa 时,压力油克服弹簧力顶开阀芯而溢出,出油腔有背压(回油压力)$p_2=0.4$ MPa。试求安全阀调压弹簧的预紧力 F_s。

解 ① 压力 p_1、p_2 作用在阀芯锥面上的投影面积分别为 $\pi d^2/4$ 和 $\pi(D^2-d^2)/4$,故阀芯上受到向上的作用力为

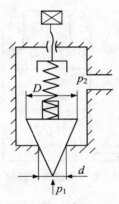

$$F_1 = \frac{\pi}{4}d^2 p_1 + \frac{\pi}{4}(D^2 - d^2)p_2$$

② 压力 p_2 向下作用在阀芯平面上的力为

$$F_{21} = \frac{\pi}{4}D^2 p_2$$

③ 在弹簧预紧力 F_s 作用下,阀芯平衡,其平衡方程为

$$F_s + \frac{\pi}{4}D^2 p_2 = \frac{\pi}{4}d^2 p_1 + \frac{\pi}{4}(D^2 - d^2)p_2$$

整理后,可得

$$F_s = \frac{\pi}{4}d^2(p_1 - p_2) = \frac{\pi}{4} \times 0.01^2 \times (8 - 0.4) \times 10^6$$
$$\approx 597(\text{N})$$

图 2.6 安全阀的受力情况

三、液压泵的工作原理

在液压系统中,液压泵和液压马达都是换能元件。液压泵将机械能转换为液体的压力能,是动力元件;液压马达是液压泵的逆装置,能将液体的压力能转换为机械能并驱动机械对象运动,是执行元件。液压泵和液压马达都是容积式的,其工作原理是利用密封腔的容积变化来产生压力能(液压泵),或输出机械能(液压马达)。

液压泵是靠密封腔容积的变化来工作的。如图 2.7 所示,当凸轮 1 由原动机带动旋转时,柱塞 2 便在凸轮 1 和弹簧 4 的作用下在缸体 3 内做往复运动。缸体内孔与柱塞外圆之间有良好的配合精度,柱塞在缸体内做往复运动时基本没有油液泄漏,即具有良好的密封性。柱塞右移时,缸体中密封腔 a 的容积变大,产生真空,油箱中的油液便在大气压力的作用下通过单向吸油阀 5 吸入缸体内,实现吸油;柱塞左移时,缸体中密封腔 a 的容积变小,油液受挤压而

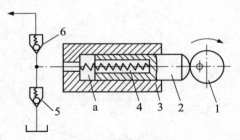

图 2.7 液压泵的工作原理

1. 凸轮 2. 柱塞 3. 缸体 4. 弹簧
5. 吸油阀 6. 压油阀 a. 密封工作腔

通过单向压油阀 6 输送到系统中去,实现压油。如果偏心轮不断地旋转,液压泵就会不断地完成吸油和压油动作,从而就会连续不断地向液压系统供油。

液压泵的基本工作条件(必要条件)是:

① 具有密封腔,且密封腔的容积发生周期性变化:密封腔容积增大时,形成一定的真空度以完成吸油;密封腔容积减小时,油液受到挤压而实现压油。

② 需要有相应的配油机构,使得吸、压油过程对应的区域隔开。

③ 油箱必须与大气相通。

2. 液压泵的种类和图形符号(或职能符号)

液压泵的种类很多,目前最常用的有齿轮泵、叶片泵、柱塞泵等。按泵的输油方向能否改变可分为单向泵和双向泵;按其输出的流量能否调节可分为定量泵和变量泵;按其额定压力的高低可分为低压泵、中压泵和高压泵等三类。液压泵的图形符号如图 2.8 所示。

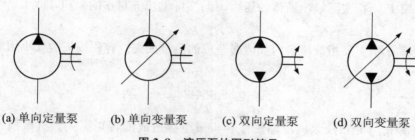

| (a) 单向定量泵 | (b) 单向变量泵 | (c) 双向定量泵 | (d) 双向变量泵 |

图 2.8　液压泵的图形符号

四、液压泵特性参数及计算

1. 压力

液压泵的压力包括工作压力、额定压力和最大压力。

工作压力 p　指液压泵出口处的实际压力。工作压力的大小取决于液压泵输出到系统中的液体在流动过程中所受的阻力（负载）大小。阻力增大，则工作压力增大；反之则工作压力减小。

额定压力 p_n　指液压泵在正常工作条件下可连续运转的最高压力。额定压力值的大小由液压泵零部件的结构强度和密封性来决定。超过这个压力值，液压泵有可能会发生机械性或密封性方面的损坏。

最大压力　指在短期运行中所允许的最高压力，一般为额定压力的 1.1 倍。

压力等级如表 2.1 所示。

表 2.1　压力等级

压力等级	低压	中压	中高压	高压	超高压
压力/MPa	0～2.5	2.5～8.0	8.0～16.0	16.0～32.0	＞32.0

2. 排量和流量

排量 V　指在无泄漏的情况下，液压泵转一周所能排出的油液体积。可见，排量的大小只与液压泵中密封腔的几何尺寸和个数有关。排量的常用单位是 mL/r。

理论流量 q_t　指在无泄漏的情况下，液压泵单位时间内输出油液的体积。其值等于泵的排量 V 和泵轴转数 n 的乘积，即

$$q_t = Vn \tag{2.7}$$

实际流量 q　指单位时间内液压泵实际输出油液的体积。由于泵工作过程中存在内部泄漏量 Δq（泵的工作压力越高，泄漏量越大），使得泵的实际流量小于泵的理论流量，即

$$q = q_t - \Delta q \tag{2.8}$$

显然，当液压泵处于卸荷（压力卸荷）状态时，输出的实际流量近似为理论流量。

额定流量 q_n　指在额定转数和额定压力下输出的实际流量。

3. 功率与效率

输入功率 P_i　指原动机输入转矩 T_i 与泵轴输入转速 $2\pi n$ 的乘积，即

$$P_i = 2\pi n T_i \tag{2.9}$$

输出功率 P_o 指实际输出液体的压力 p 与实际输出流量 q 的乘积,即

$$P_o = pq \tag{2.10}$$

容积效率 η_v 主要指液压泵内部泄漏造成的流量损失。容积损失的大小用容积效率表征,即

$$\eta_v = \frac{q}{q_t} = \frac{q_t - \Delta q}{q_t} = 1 - \frac{\Delta q}{q_t} \tag{2.11}$$

机械效率 η_m 指液压泵内流体黏性和机械摩擦造成的转矩损失。机械损失的大小用机械效率表征,即

$$\eta_m = \frac{T_t}{T_i} = \frac{T_i - \Delta T}{T_i} = 1 - \frac{\Delta T}{T_i} \tag{2.12}$$

总效率 η 指输出功率与输入功率之比,等于容积效率与机械效率的乘积,即

$$\eta = \frac{P_o}{P_i} = \frac{pq}{2\pi n T_i} = \eta_v \eta_m \tag{2.13}$$

液压泵的总效率、容积效率和机械效率可以通过实验测得。图 2.9 给出了某液压泵的性能曲线。

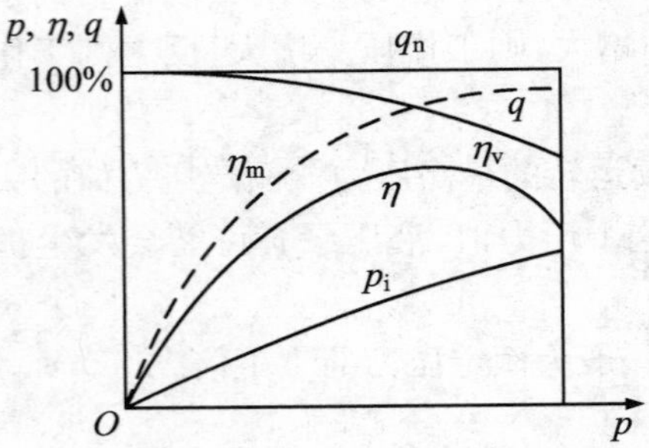

图 2.9　液压泵的性能曲线

4. 转速

液压泵的额定转速 指液压泵在额定压力下能连续长时间正常运转的最大转速,是液压泵工作能力的重要参数。

液压泵的实际转速 指在工作中液压泵的运行转速,其大小取决于拖动液压泵的机械设备的转速。为了延长液压泵的使用寿命,要求其实际转速不能超过其额定转速。

任务二　齿轮泵的结构、工作原理和特性

一、外啮合齿轮泵

1. 结构

图 2.10 所示为 CB-B 型号的齿轮泵结构图。泵为三片式结构(图 2.10),即前后端盖 1、5 和泵体 4,泵体内有一对外啮合齿轮,两侧由端盖罩住,三者形成两个密封腔——吸油腔、进油腔;三片式结构由定位销 8 和一组螺栓固定;主动轴 7 用键连接齿轮 3,用电机拖动一对齿轮旋转;除此之外还有密封装置和滚针轴承等装置。

2. 工作原理

如图 2.11 所示,当上端的主动轮按顺时针方向旋转时,左侧外啮合齿轮转动逐渐脱开,密封腔逐渐增大,腔内形成真空,油箱的油液在大气压力的作用下被吸入密封腔,实现吸油。充满油液的密封腔被旋转的齿轮带到右侧,右侧的齿轮轮齿逐渐开始啮合,密封腔逐渐减

液压与气压传动技术

小,密封腔内油液被挤压而输出压力,实现压油。当齿轮连续转动时,齿轮泵将连续不断输出高压油,为系统提供动力源。

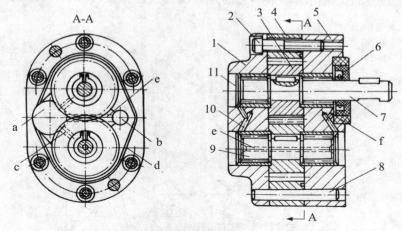

图 2.10　CB-B 齿轮泵结构

1、5. 前后端盖　2. 螺钉　3. 齿轮　4. 泵体　5. 密封圈　7. 主动轴
8. 定位销　9. 从动轴　10. 滚针轴承　11. 堵头

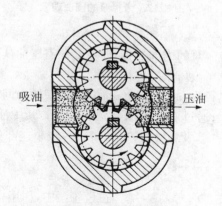

图 2.11　齿轮泵的工作原理

3. 结构特点

（1）困油现象

为了使齿轮平稳地啮合运转,根据齿轮啮合原理,齿轮的重叠系数应该大于1,即存在两对轮齿同时进入啮合的时候。因此,就有一部分油液困在两对轮齿所形成的密封腔内,如图 2.12 所示。这个密封腔先随齿轮转动逐渐减小,之后又逐渐增大:减小时会使被困油液受挤压而产生高压,并从缝隙中流出,导致油液发热,同时也使轴承受到不平衡负载的作用;增大时会造成局部真空,使溶于油液中的气体分离出来,产生气穴,这就是齿轮泵的困油现象。困油现象使齿轮泵产生强烈的噪声和气蚀,影响其工作的平稳性,会缩短齿轮的使用寿命。

消除困油现象的方法,通常是在两端盖板上开一对矩形卸荷槽(图 2.12 中虚线所示)。开卸荷槽的原则是:当密封腔减小时,让卸荷槽与泵的压油腔相通,这样可使密封腔中的高压油排到压油腔中去；当密封腔增大时，使卸荷槽与泵的吸油腔相通，这样可使吸油腔的油及时补入到密封腔中，以避免产生真空，从而使困油现象得以消除。在开卸荷槽时，必须保证齿轮泵吸、压油腔在任何时候都不能通过卸荷槽直接相通，否则将使泵的容积效率降低很多。

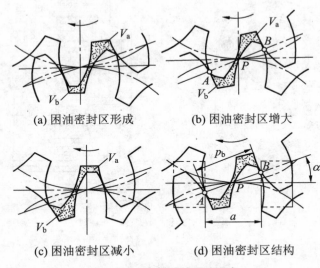

(a) 困油密封区形成　　(b) 困油密封区增大

(c) 困油密封区减小　　(d) 困油密封区结构

图 2.12　齿轮泵的困油现象

（2）泄漏

这里所说的泄漏是指液压泵的内部泄漏，即一部分液压油从压油腔流回吸油腔，而没有输送到系统中去。泄漏降低了液压泵的容积效率。

外啮合齿轮泵的泄漏途径为：通过齿轮端面与泵盖间轴向间隙的泄漏；通过齿轮齿顶与泵体内孔间径向间隙的泄漏；通过两齿轮啮合处的泄漏。其中泄漏量最大的是通过齿轮端面的泄漏，这部分泄漏量可占总泄漏量的 70%～75%，减小这部分泄漏是提高齿轮泵容积效率的主要途径。

（3）液压径向不平衡力

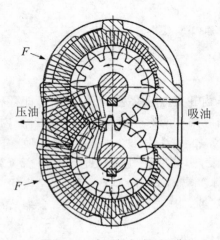

图 2.13　液压径向力不平衡

在齿轮泵中，作用在齿轮周围的压力是不相等的，如图 2.13 所示。齿轮周围压力不一致，使齿轮轴受力不平衡。压油腔压力愈高，这个力就愈大。从泵的吸油口到压油口沿齿顶圆圆周油的压力按递减规律分布，这些力的合力构成了一个不平衡合力。这个不平衡合力能引起泵弯曲，导致齿顶接触泵体，产生摩擦和碰撞，同时也加速了轴承的磨损，缩短了轴承的寿命。径向不平衡力是齿轮泵自身结构所引起的，只能设法减小，不能消除。

减小径向不平衡力常用的基本措施有：

① 缩小压油腔。通过减小高压油在齿轮上的作用面来减小径向不平衡力。

② 开压力平衡槽。在泵盖开设压力平衡槽，压

力平衡槽分别接近低、高压油腔,通过力的平衡作用来减小纯粹的径向不平衡力。但这种方法会增加内泄漏,一般很少使用。

4. 特点

外啮合齿轮泵结构简单,体积小,重量轻,结构紧凑,制造方便,工作可靠,自吸性能强(允许的吸油真空度大),对油液污染不敏感,便于操作。但一些机件要承受径向不平衡力,磨损严重,泄漏量大,工作压力的提高受到限制。此外,它的流量脉动性大,压力波动和噪声都较大。

外啮合齿轮泵主要用于低压或不重要的场合。

二、内啮合齿轮泵

1. 渐开线内啮合齿轮泵

图 2.14(a)是渐开线内啮合齿轮泵的工作原理图。小齿轮 1 和内齿轮 2 相互啮合,它们的啮合线和月牙板 3 将泵体内的工作腔分成吸油腔和压油腔。当小齿轮按图示方向转动时,内齿轮同向转动。容易看出,图中上面的腔体是吸油腔,下面的腔体是压油腔(高、低压油腔分别装配有配油系统)。

内啮合齿轮泵的流量脉动率仅是外啮合齿轮泵的5%～10%。还具有结构紧凑、噪声小和效率高等一系列优点。它的不足之处是齿形复杂,需要专门的高精度加工 设备,因此多被用在一些要求较高的系统中。

2. 摆线内啮合齿轮泵

图 2.14(b)是摆线内啮合齿轮泵的工作原理图。图中,小齿轮 1 和内齿轮 2 只差一个齿,没有月牙板,并且在内、外转子的轴线上有一偏心 e,内齿轮 2 为主动轮,内、外齿轮的啮合点将吸、压油腔分开。在啮合过程中,左侧密封腔逐渐变大,是吸油腔;右侧密封腔逐渐变小,是压油腔。

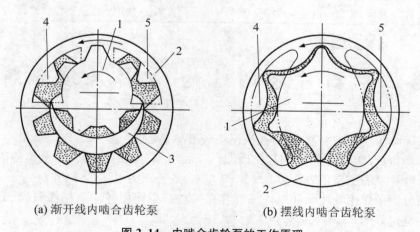

(a) 渐开线内啮合齿轮泵   (b) 摆线内啮合齿轮泵

图 2.14　内啮合齿轮泵的工作原理

1. 小齿轮　2. 内齿轮　3. 月牙板　4. 吸油腔　5. 压油腔

摆线内啮合齿轮泵结构紧凑,运动平稳,噪声低。但流量脉动性比较大,啮合处间隙泄漏大。所以通常在工作压力为 2.5～7.0 MPa 的液压系统中作为润滑、补油等的辅助泵使用。

三、齿轮泵常见故障及排除方法

齿轮泵常见故障及排除方法如表 2.2 所示。

表 2.2　齿轮泵常见故障及排除方法

故障现象	产　生　原　因	排　除　方　法
噪声大	① 吸油管接头、泵体与泵盖的接合面、堵头和泵轴密封圈等处密封不良,有空气进入 ② 泵盖螺钉松动 ③ 泵与联轴器不同心或松动 ④ 齿轮齿形精度太低或接触不良 ⑤ 齿轮轴向间隙过小 ⑥ 齿轮内孔与端面垂直度或泵盖上两孔平行度太差 ⑦ 泵盖修磨后,两个卸荷槽距离增大,产生困油现象 ⑧ 滚针轴承等零件损坏 ⑨ 装配不良,如主轴转动时有时轻时重现象	① 用涂脂法查出泄漏处。用密封胶涂敷管接头并拧紧;修磨泵体与泵盖结合面,保证平面度不超过0.005 mm;用环氧树脂黏结剂涂敷堵头配合面再压进;更换密封圈 ② 适当拧紧 ③ 重新安装,使其同心,紧固连接件 ④ 更换齿轮或研磨修整 ⑤ 配磨齿轮、泵体和泵盖 ⑥ 检查并修复有关零件 ⑦ 修整卸荷槽,保证两槽距离 ⑧ 拆检,更换损坏件 ⑨ 拆检,重装
流量不足或压力不能升高	① 齿轮端面与泵盖接合面严重拉伤,使轴向间隙过大 ② 径向不平衡力使齿轮轴变形而碰擦泵体,增大了径向间隙 ③ 泵盖螺钉过松 ⑤ 中、高压泵弓形密封圈损坏,或侧板磨损严重	① 修磨齿轮及泵盖端面,并清除轮齿上的毛刺 ② 校正或更换齿轮轴 ③ 适当拧紧 ④ 更换零件
过热	① 轴向间隙与径向间隙过小 ② 侧板、轴套与齿轮端面严重摩擦	① 检测泵体、齿轮,重配间隙 ② 修理或更换侧板和轴套

任务三　叶片泵的结构、工作原理和特性

叶片泵的结构比齿轮泵复杂,对油液污染较敏感,吸油性能不太好,但流量均匀、运转平稳、噪声小、寿命长,所以它被广泛应用于机床、工程机械、船舶、压铸及冶金设备等中低压液压系统中。叶片泵的工作压力一般为 7 MPa 左右,最高压力可达 14 MPa。

叶片泵分为单作用叶片泵和双作用叶片泵两种。单作用叶片泵往往做成变量的,而双作用叶片泵是定量的。

一、单作用叶片泵

1. 工作原理

单作用叶片泵的工作原理如图 2.15(a)所示,它由转子 2、定子 3、叶片 4 和端面等组成。

定子具有圆柱形内表面,定子和转子间有偏心距。叶片装在转子槽中,并可在槽内滑动。转子回转时,由于离心力的作用,叶片紧靠在定子内壁,这样在定子、转子、叶片和两侧配流盘间就形成若干个密封腔。当转子按图示方向旋转时,在右侧,叶片逐渐伸出,叶片间的密封腔逐渐增大,从吸油口 5 吸油,这是吸油过程。在左侧,叶片被定子内壁逐渐压进槽内,密封腔逐渐缩小,将油液从压油口 1 压出,这是压油过程。在吸油腔和压油腔之间,有一段封油区,把吸油腔和压油腔隔开。这种叶片泵的转子每转一周,每个密封腔就完成一次吸油和压油,因此称为单作用叶片泵。转子不停地旋转,泵就不断地吸油和压油。这种泵的转子受有径向不平衡力,故又称非平衡式叶片泵。由于径向不平衡力随泵的工作压力提高而提高,因此这种泵的工作压力不能太高。显然,只要改变定子和转子间的偏心距 e 就可以改变泵的排量,故单作用叶片泵常做成变量泵。

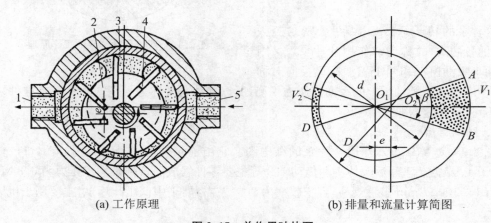

(a) 工作原理　　　　　　(b) 排量和流量计算简图

图 2.15　单作用叶片泵

1. 压油口　2. 转子　3. 定子　4. 叶片　5. 吸油口

2. 排量和流量

泵的排量为各密封腔在转子转一周时所排出液体的总量。如图 2.15(b) 所示,若近似地把 AB 和 CD 看作是中心为 O_1 的圆弧,则当转子每转一周时,每个相邻叶片间的密封腔容积变化量近似地等于圆锥形体积 V_1 和 V_2 之差。经推导,泵的排量为

$$V = 2\pi BeD \tag{2.14}$$

式中,D 为定子的直径;e 为转子与定子之间的偏心距;B 为定子的宽度。泵的实际流量为

$$q = 2\pi BeDn\eta_v \tag{2.15}$$

式 (2.15) 也表明,只要改变偏心距即可改变流量。

单作用叶片泵的定子内表面和转子外表面为圆柱面,由于偏心安置,其容积变化是不均匀的,故有流量脉动。理论分析表明,叶片数为奇数时脉动率较小,故叶片数一般为 13 或 15。

二、双作用叶片泵

1. 工作原理

图 2.16 为双作用叶片泵的工作原理图。双作用叶片泵主要由定子 1、转子 2、叶片 3 和配流盘等组成。定子内表面由两段大半径 R 圆弧、两段小半径 r 圆弧和四段过渡曲线八个部分组成,转子为圆柱体,且定子和转子同心。叶片装在沿圆周均布的转子槽内,并可在槽

内做径向滑动。配流盘上有两个吸油窗口 a 和两个压油窗口 b，对应于定子四段过渡曲线的位置。当转子由轴带动按图示方向旋转时，叶片在离心力和根部油压（叶片根部与压油腔连通）的作用下压向定子内表面，由叶片、定子内表面、转子外表面和两侧配流盘间形成若干个密封腔：经过右上角和左下角处的过渡曲线段时，容积逐渐增大，便通过吸油窗口 a 吸油；经过左上角和右下角处的过渡曲线段时，容积逐渐减小，便通过压油窗口 b 压油。

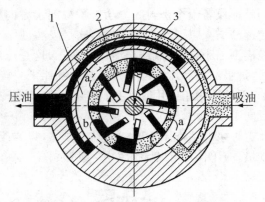

图 2.16　双作用叶片泵的工作原理
1. 定子　2. 转子　3. 叶片

　　这种泵的转子每转一周，每个密封腔吸油、压油各两次，故称为双作用叶片泵。又因泵的两个吸油窗口和两个压油窗口径向对称分布，作用在转子和轴承上的径向液压力平衡，所以这种泵又称为平衡式叶片泵。这种泵的排量不可调，是定量泵。

2. 结构特点

　　图 2.17 为 YB1 型双作用叶片泵的结构图。它由前泵体 6、左配流盘 1、叶片 11、转子 12、定子 4、右配流盘 5、后泵体 7 和传动轴 3 等主要零件组成。这种泵额定压力为 6.3 MPa，流量有 6～100 L/min 多种规格，容积效率为 90% 左右，属于中低压叶片泵，主要用于机床。

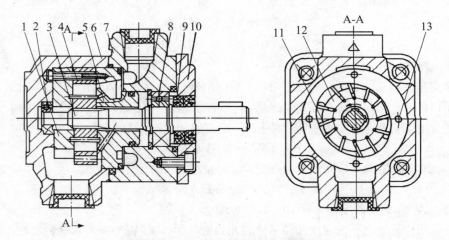

图 2.17　YB1 型双作用叶片泵的结构
1. 左配流盘　2、8. 滚珠轴承　3. 传动轴　4. 定子　5. 右配流盘　6. 前泵体
7. 后泵体　9. 油封　10. 压盖　11. 叶片　12. 转子　13. 螺钉

具体的双作用叶片泵的结构特点是：

（1）定子内表面的曲线

定子内表面的曲线由四段圆弧和四段过渡曲线所组成，如图 2.18 所示。理想的过渡曲线应使叶片在槽中径向滑动时的速度和加速度变化均匀，也使叶片转到过渡曲线和圆弧交接点处时加速度突然变小，以减小叶片对定子内表面的冲击。目前双作用叶片泵一般都使

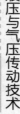
液压与气压传动技术

用综合性能较好的等加速和等减速曲线作为过渡曲线。

（2）配流盘

双作用叶片泵的配流盘如图 2.19 所示,盘上的两个吸油窗口 b、d 和两个压油窗口 a、c 对称分布,并与定子上四段过渡曲线位置相对应,保证泵工作时作用在转子和轴承上的径向液压力平衡。在压油窗口上叶片进入处开有三角槽,避免从吸油区过来的油液进入压油区时产生压力突变,以减小流量脉动和噪声。在配流盘上对应于叶片根部位置处开有一个环形槽 e,与压油腔相通,使叶片的底部有压力油作用,保证叶片紧贴在定子内表面上。

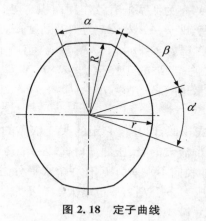

图 2.18　定子曲线　　　　　图 2.19　配流盘

（3）叶片倾角

目前国产双作用叶片泵的叶片,在转子槽内有一个顺转向的前倾角(图 2.17),一般取 $10°\sim14°$。因为减小叶片和定子曲线接触点处的压力角,可以减小定子对叶片垂直方向的分力,使叶片在槽中移动灵活,并可减小磨损。但近年的研究表明,叶片倾角并非完全必要,某些高压双作用叶片泵的叶片是径向的,且使用情况良好。

（4）端面间隙

为了使转子和叶片能自由旋转,它们与配流盘之间应保持一定的间隙。中小型叶片泵的端面间隙一般为 $0.02\sim0.04$ mm,主要靠加工精度保证。YB1 型双作用叶片泵采用间隙自动补偿措施(图 2.17),将右配流盘 5 的右侧与压油腔连通,使配流盘在液压推力作用下压向定子;同时,配流盘在液压力作用下发生微量弹性变形,对转子端面间隙进行自动补偿。

高压叶片泵的结构与上述中低压叶片泵有所不同。前已述及,为了保证叶片顶部与定子内表面紧密接触,所有叶片的根部都是通压油腔的。当叶片处于吸油区时,其根部作用着压油腔的压力,顶部作用着吸油腔的压力,这一压差使叶片以很大的力压向定子内表面,加速了叶片和定子内表面之间的磨损,这是双作用叶片泵工作压力不能得到提高的主要原因。为了提高其工作压力,必须在结构上采取措施,使吸油区叶片压向定子的作用力减小。可以采取的措施有多种,一般采用复合叶片结构,如双叶片结构和子母叶片结构等。

三、限压式变量叶片泵

限压式变量叶片泵是单作用叶片泵。单作用叶片泵的变量方法有手动调节和自动调节(自调)两种。自调变量泵根据其工作特性的不同又分为限压式、恒压式(其调定压力基本上不随泵的流量变化而变化)和恒流量式(其流量基本上不随压力的高低而变化)三类。下面主要介绍常用的限压式变量叶片泵。

1. 工作原理

限压式变量叶片泵的流量改变是利用压力的反馈作用实现的,它有外反馈和内反馈两种。

(1) 外反馈限压式变量叶片泵的工作原理

如图 2.20 所示,转子 2 的中心 O_1 是固定的,定子 3 可以左右移动,在限压弹簧 5 的作用下,定子被推向左端并和反馈缸活塞 6 靠紧,使定子中心 O_2 和转子中心 O_1 之间有一个初始偏心距 e_0,它决定了泵的最大输出流量。在泵工作过程中,出口压力 p 经泵体内通道作用于反馈缸活塞上,使活塞对定子施加向右的反馈力 pA(A 为活塞的有效作用面积)。当泵的工作压力为 p_B 时,定子所受的液压力与弹簧力相平衡,即 $p_B A = kx_0$(k 为弹簧劲度,x_0 为弹簧的预压缩量),p_B 称为泵的限定压力。则当泵的工作压力 $p < p_B$ 时,$pA < kx_0$,定子不动,最大偏心距 e_0 保持不变,泵的输出流量维持在最大值;当泵的工作压力 $p > p_B$ 时,$pA > kx_0$,限压弹簧被压缩,定子右移,偏心距减小,泵的流量也随之迅速减小。

(2) 内反馈限压式变量叶片泵的工作原理

内反馈限压式变量叶片泵的工作原理与外反馈式相似,但其偏心距的改变依靠的是内反馈液压力的直接作用,而不依靠外反馈液压缸。将配流盘的吸、压油窗口偏转一个角度 θ,如图 2.21 所示,这样压油区的压力油作用在定子上的径向不平衡力 F 有一个水平分力 F_x,其方向与右侧弹簧力 kx_0 方向相反。随着泵的工作压力 p 升高,F_x 也增大。当 F_x 大于限压弹簧 5 的预紧力 kx_0 时,定子右移,偏心距减小,流量减小。

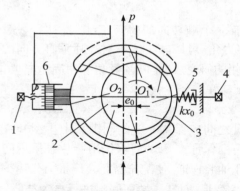

图 2.20 外反馈变量叶片泵的工作原理

1、4. 调压螺钉 2. 转子 3. 定子
5. 限压弹簧 6. 反馈缸活塞

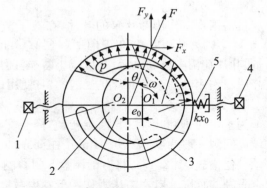

图 2.21 内反馈变量叶片泵的工作原理

1、4. 调压螺钉 2. 转子 3. 定子 5. 限压弹簧

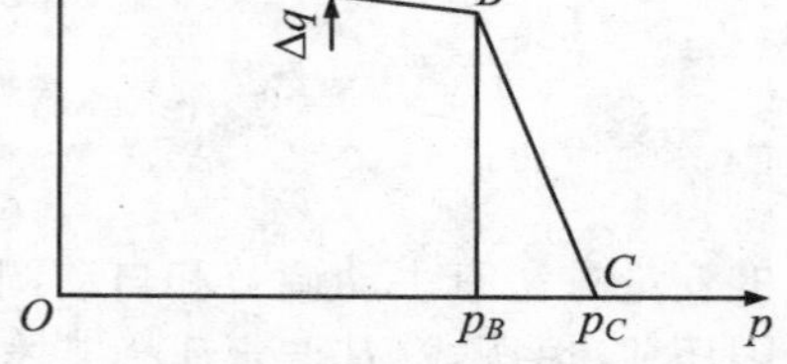

图 2.22 限压式变量叶片泵的特性曲线

2. 特性线

限压式变量叶片泵的特性线如图 2.22 所示,表示泵在工作时流量随压力变化的关系。图中 A 为始点,表示空载时泵的输出流量(q_t)。当泵的作压力小于 p_B 时,定子和转子之间保持最大偏心距不变,因此泵的输出流量不变。但由于泵的压力增大时,泵的泄漏量也增加,所以泵的输出流量略有减小,其特性相当于定量泵,其变化情况用线段 AB 表示,线段 AB 和水平线的差值 Δq 为泄漏量。B 为转折点,其对应

的压力 p_B 就是限定压力，它表示泵在保持最大输出流量不变时，可达到的最高压力。当泵的工作压力超过限定压力以后，定子和转子间的偏心距减小，输出流量随压力增加迅速减小，其变化情况用线段 BC 表示。C 点所对应的压力 p_C 为极限压力（又称截止压力），表示外载进一步加大时泵的工作压力不再升高，这时定子和转子间的偏心距为零，泵的实际输出流量为零。实际上由于泵内部存在泄漏，当偏心距尚未达到零时，泵的实际输出流量已为零。

由图 2.20～2.22 可知，调整调压螺钉 1 可改变原始偏心距 e_0，即可改变泵的最大输出流量，亦即改变 A 点的位置，使 AB 线段上下平移。调整调压螺钉 4 可改变弹簧预压缩量，即可改变限定压力加的大小，亦即改变 B 点的位置，使 BC 线段左右平移。若改变弹簧劲度 k，则可改变 BC 线段的斜率：弹簧越"软"（k 值越小），BC 线段越陡，p_C 值越小；反之弹簧越"硬"（k 值越大），BC 线段越平坦，p_C 值越大。

3. 结构

（1）典型限压式变量叶片泵的结构

图 2.23 为 YBX 型外反馈限压式变量叶片泵的结构图。它由传动轴 2、调节螺钉 3、弹簧 4、定子 6、转子 7、螺钉 10、活塞 11 和泵体 12 等主要零件组成。这种泵的调压范围为 0～10 MPa，常用于执行机构需要变速的机床液压系统。

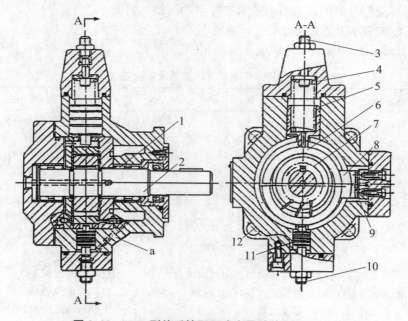

图 2.23 YBX 型外反馈限压式变量叶片泵的结构

1. 滚针轴承 2. 传动轴 3. 调节螺钉 4. 弹簧 5. 弹簧座 6. 定子
7. 转子 8. 滑块 9. 滚针 10. 螺钉 11. 活塞 12. 泵体

（2）限压式变量叶片泵与双作用叶片泵的结构区别

① 定子和转子偏心安置，泵的出口压力可改变偏心距，从而调节泵的输出流量。

② 压油腔一侧的叶片底部油槽和压油腔相通，吸油腔一侧的叶片底部油槽与吸油腔相通。这样，叶片的底部和顶部所受的液压力是平衡的。这就避免了双作用叶片泵吸油腔定子内表面磨损严重的问题。

③ 与双作用叶片泵相反，限压式变量叶片泵中的叶片后倾。由于限压式变量叶片泵中

叶片所受的上下压力是平衡的,所以叶片向外的运动主要靠旋转时所受到的惯性力。根据力学分析,这样的倾斜方向有利于叶片在惯性力的作用下向外伸出。一般后倾角取为 24°。

④ 限压式变量叶片泵结构复杂,泄漏大,径向力不平衡,噪声大,容积效率和机械效率都没有双作用式叶片泵高,最高调定压力一般为 7 MPa 左右。但它能按负载大小自动调节流量,使功率利用合理。

四、叶片泵的使用要点及常见故障

1. 使用要点
① 泵轴与原动机输出轴之间应采用弹性联轴节,其不同轴度不得大于 0.1 mm。
② 泵的吸油口距油面高度不得大于 0.5 m,吸油管道不得漏气。
③ 应保持油箱清洁,油液的污染度不得大于国家标准等级中 19/16 级。
④ 工作油液的牌号应严格按厂方规定选用。一般常用运动黏度为 $2\sim54$ mm^2/s,工作油温为 $5\sim80$ ℃。
⑤ 泵的旋转方向必须按标记所指方向。
⑥ 应严格按厂方使用说明书的要求进行泵的拆卸和装配。

2. 常见故障分析及排除方法
常见的故障分析和排除方法如表 2.3 所示。

表 2.3　齿轮泵常见故障及排除方法

故　　障	产 生 原 因	排 除 方 法
油泵不出油	① 油泵转向不对 ② 油箱内油面过低 ③ 吸油管或过滤器堵塞 ④ 进油口接头松动 ⑤ 油泵内零件磨损严重	① 调整旋转方向 ② 加油至游标高度 ③ 清洗过滤器或疏通管道 ④ 拧紧接头 ⑤ 更换零件
输出流量不足	① 泵内齿轮磨损过大 ② 液压油的黏度过大	① 修理或更换内部齿轮 ② 选用规定的液压油
压力上不来	① 泵内孔与齿顶间的间隙过大 ② 泵两端盖与齿轮两端面间的间隙过大 ③ 泵内齿轮磨损过大,啮合处漏油 ④ 液压油的黏度过低 ⑤ 系统调整压力过低或漏油	① 更换油泵 ② 更换齿轮或油泵 ③ 修理轮齿或更换齿轮 ④ 更换成规定的液压油 ⑤ 检修系统
噪声过大	① 泵轴与原动机连接不同心 ② 泵内轴承松动或损坏	① 调整驱动连接位置 ② 更换轴承
过度发热	① 泵内泄漏过大,容积损失大 ② 油箱油面过低,油量不足 ③ 油中含水或油质不好	① 调整驱动连接位置 ② 按油标加油 ③ 更换液压油

任务四　柱塞泵的结构、工作原理和特性

　　柱塞泵依靠柱塞在缸体内做往复运动,使密封腔容积产生变化,以此来实现吸油和压油。由于柱塞与缸体内孔均为圆柱表面,所以加工方便,配合精度高,密封性能好,容积效率高。同时,柱塞处于受压状态,能使材料的强度得到充分发挥,另外,只要改变柱塞的工作行程就能改变泵的排量。因此,柱塞泵具有压力高、结构紧凑、效率高、流量可调节等优点。其缺点是结构复杂,有些零件对材料及加工工艺的要求较高。

　　根据柱塞排列方向不同,柱塞泵可分为轴向柱塞泵和径向柱塞泵两大类。轴向柱塞泵又分为斜盘式和斜轴式两种。

一、轴向柱塞泵

1. 斜盘式轴向柱塞泵的工作原理

　　斜盘式轴向柱塞泵的工作原理如图 2.24 所示。它主要由斜盘 1、缸体 2、柱塞 3、配流盘 4 等组成。斜盘与缸体轴线间有一个倾斜角 γ,斜盘和配流盘固定不动,缸体由轴带动旋转。柱塞沿圆周均匀分布在缸体内,在底部弹簧的作用下,柱塞头部始终紧贴斜盘。当缸体按图 2.24(a)所示方向旋转时,斜盘和弹簧的共同作用迫使柱塞在缸体内做往复运动,从而进行吸油和压油。当缸体转角由 $\pi/2$ 经 0 至 $3\pi/2$ 时,柱塞向外伸出,柱塞底部的密封腔容积增大,通过吸油盘的吸油窗口 a 吸油;由 $3\pi/2$ 经 π 至 $\pi/2$ 时,柱塞被斜盘推入缸体,使密封腔容积减小,通过配流盘的压油窗口 b 压油。如改变斜盘倾角 γ 的大小,就能改变柱塞的行程长度,也就改变了泵的排量。如果改变斜盘倾角的方向,就能改变吸、压油方向,这时泵就成为双向变量轴向柱塞泵。这种泵的传动轴中心线与缸体中心线重合,故又称为直轴式轴向柱塞泵。

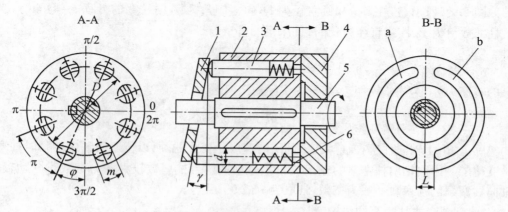

图 2.24　斜盘式轴向柱塞泵的工作原理
1. 斜盘　2. 缸体　3. 柱塞　4. 配流盘　5. 传动轴　6. 弹簧

25

2. 斜轴式轴向柱塞泵的工作原理

图 2.25 为斜轴式轴向柱塞泵的工作原理图。它主要由传动轴 1、连杆 2、柱塞 3、缸体 4、配流盘 5 和中心轴 6 等组成。缸体的轴线相对传动轴的轴线有一个倾斜角 γ，传动轴端部用球头连杆与缸体中的每个柱塞相联结，配流盘固定不动，中心轴起支承缸体的作用。当传动轴旋转时，连杆就带动柱塞连同缸体一起转动，柱塞同时也在孔内做往复运动，使柱塞孔底部的密封腔容积不断发生增大和缩小的变化，通过配流盘上的窗口 a 和 b 实现吸油和压油。

与斜盘式轴向柱塞泵相比较，斜轴式轴向桩塞泵柱塞及缸体所受的径向作用力较小，故结构强度较高，因而允许有较大倾角 γ，变量范围较大。一般斜盘式轴向柱塞泵的最大倾角为 20°左右，斜轴式轴向柱塞泵的最大倾角可达 40°。但斜轴式轴向柱塞泵体积较大，结构较复杂。

轴向柱塞泵结构紧凑，径向尺寸较小，惯性力小，容积效率高，目前最高压力可达 40 MPa，甚至更高。一般用于工程机械、压力机等高压系统，但其轴向尺寸较大，轴向作用力也较大，结构比较复杂。目前，两种轴向柱塞泵的应用都很广泛。

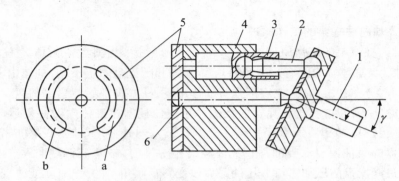

图 2.25 斜轴式轴向柱塞泵的工作原理
1. 传动轴 2. 连杆 3. 柱塞 4. 缸体 5. 配流盘 6. 中心轴

3. 轴向柱塞泵的排量和流量

如图 2.25 所示，若柱塞分布圆直径为 D，斜盘倾角为 γ，则柱塞的行程 $s=D\tan\gamma$，当柱塞泵柱塞数目为 Z、柱塞直径为 d 时，柱塞泵的排量为

$$V = \frac{\pi}{4}d^2 Dz\tan\gamma \tag{2.16}$$

设泵的转速为 n，容积效率为 η_v，则泵的实际输出流量为

$$q = \frac{\pi}{4}d^2 Dz\tan\gamma n\eta_v \tag{2.17}$$

实际上，由于轴向柱塞在缸体孔中的瞬时速度是变化的，所以位于压油区的瞬时柱塞数也是变化的。因而轴向柱塞泵的输出流量是脉动的。当柱塞数较大并为奇数时脉动较小，故轴向柱塞泵的柱塞数一般为奇数，常取为 7 或 9。

4. 典型斜盘式柱塞泵的结构

图 2.26 为 SCY14-1 型斜盘式轴向柱塞泵的结构图。它包括泵主体和手动变量机构两个部分。泵主体由柱塞 2、泵体 3、传动轴 4、配流盘 6、缸体 7 和斜盘 25 等主要零件组成。动力由传动轴 4 传入，通过轴左端花键带动缸体 7 及缸体内的 7 个柱塞一起旋转。

柱塞 2 的球状头部装在滑履 1 内,滑履被由回程盘 26、钢球 11、内套 10 和中心弹簧 8 组成的回程装置紧紧地压在斜盘 25 的表面上。缸体 7 由青铜制成,外面镶有钢套 12,并装在滚动轴承 13 上,滚动轴承用来承受斜盘作用在缸体上的径向力。随着缸体的转动,各柱塞底部的密封腔容积发生变化,通过配流盘 6 上的窗口吸油和压油。这种泵的额定压力为 32 MPa,有多种排量规格。

这种轴向柱塞泵的主体结构有如下特点:

① 滑履结构。若柱塞头部与斜盘之间为点接触(图 2.24),接触应力大,极易磨损,故一般轴向柱塞泵都在柱塞头部装上滑履 1(图 2.26),改点接触为面接触;同时柱塞和滑履上开有轴向小孔,使柱塞和滑履、滑履和斜盘的接触面间形成油膜,起静压支承作用,减小了有相对运动的零件表面磨损。这利于泵在高压下工作。

② 中心弹簧机构。柱塞头部的滑履必须始终紧贴斜盘才能正常工作。图 2.24 中在每个柱塞底部加了一个弹簧。弹簧易于疲劳而损坏。图 2.26 中改用一个中心弹簧 8,通过钢球 11 和回程盘 26 将滑履压向斜盘,使泵具有较好的自吸能力。这种结构中的中心弹簧只受静载荷,不易疲劳而损坏。

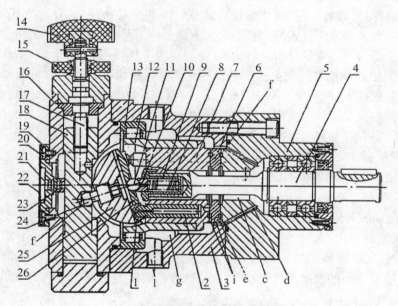

图 2.26　SCY14-1 型斜盘式轴向柱塞泵的结构

1. 滑履　2. 柱塞　3. 泵体　4. 传动轴　5. 右泵盖　6. 配流盘　7. 缸体　8. 中心弹簧
9. 外套　10. 内套　11. 钢球　12. 钢套　13. 滚动轴承　14. 手轮　15. 锁紧螺母
16. 变量壳　17. 螺杆　18. 变量活塞　19. 小法兰　20. 螺钉　21. 小轴
22. 刻度盘　23. 销子　24. 销轴　25. 斜盘　26. 回程盘

③ 缸体端面间隙的自动补偿。由图 2.26 可见,使缸体紧压配流盘端面的作用力,除中心弹簧 8 的推力外,还有各柱塞底部的液压力,此液压力比弹簧的弹力大得多,而且随泵的工作压力增大而增大。这使缸体始终紧贴配流盘,使缸体端面间隙得到了自动补偿,提高了泵的容积效率。

④ 配流盘。如图 2.27 所示,除了配流窗口 a 和 b 以外,还有一个环形卸荷槽 f,槽 f 经若干径向槽与泵体上的泄油口相通,使直径超过卸荷槽的配流盘端面上的压力降低到零,保

证配流盘端面贴合可靠。两个通孔 c(相当于叶片泵配流盘上的三角槽)起减小冲击和降低噪声的作用。四个小盲孔起储油润滑的作用。

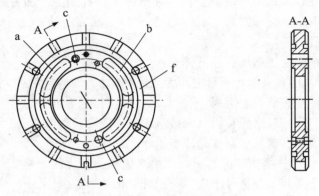

图 2.27　轴向柱塞泵配流盘的结构

⑤ 变量机构。在变量轴向柱塞泵中均设有专门的变量机构,用来改变斜盘倾角 γ 的大小,以调节泵的排量。轴向柱塞泵的变量方式有自动和手动两种,而自动方式又有限压式、恒功率式、恒压力式和恒流量式等多种形式。下面介绍手动变量机构。

图 2.26 左部为手动变量机构。斜盘 25 前后有两个耳轴(图中未示出)支承在变量壳 16上,并可绕耳轴中心线摆动。斜盘中部装有销轴 24,其左侧球头插入变量活塞 18 的孔内。转动手轮 14 和螺杆 17 带动变量活塞 18 上下移动(因导向键的作用,变量活塞不能转动),通过销轴 24 使斜盘 25 摆动,从而改变斜盘倾角 γ,达到变量目的。

手动变量机构结构简单,但操作费力,通常只能在停机或泵压较低的情况下才能实现变量。如果要求泵能在高压运行下改变流量,可采用伺服变量机构。

5. 轴向柱塞泵的使用和常见故障

(1) 使用要点

① 泵的传动轴与原动机输出轴之间应采用弹性联轴节,不允许在泵的传动轴端直接安装皮带轮或齿轮。

② 吸油管、压油管和回油管的通径不应小于规定值。对于允许安装在油箱上的自吸泵,油泵的中心至油面的高度不得大于 0.5 m,自吸泵的吸油管道上不允许安装过滤器。吸油管道不得漏气。

③ 新泵在使用一周后,需将全部油液滤洁一次,并清洗油箱和滤油器。正常使用后,一般每半年更换一次液压油。油液的污染度不得低于国家标准的 19/16 级。

④ 工作油液的牌号应严格按厂方规定选用。一般常用运动黏度为 16~47 mm²/s,工作油温为 5~80 ℃。

⑤ 泵的旋转方向必须按标记所指方向。

⑥ 应严格按厂方使用说明书的要求进行泵的拆卸和装配。

(2) 常见故障及排除方法

轴向柱塞泵品种较多,结构较复杂,引起故障的原因多种多样,表 2.4 列出了轴向柱塞泵的几种常见故障及排除方法,供参考使用。

表 2.4　轴向柱塞泵常见故障及排除方法

故　障	产 生 原 因	排 除 方 法
泵不运转	① 油液不清洁,柱塞卡死 ② 泵内部零件磨损,滑履脱落	① 更换或过滤液压油 ② 拆开泵,检修各零件
输出流量不足	① 吸油不充分 ② 泵中心弹簧弹力不足或折断 ③ 配流盘未装好 ④ 变量泵的变量角太小 ⑤ 泵内漏油过多	① 检修吸油管道各零件 ② 更换中心弹簧 ③ 清洗重装 ④ 适当调大变量角 ⑤ 拆开泵,视情况检修
噪声大	① 泵内存有空气 ② 油箱油面过低,吸油管道阻力大 ③ 泵内有零件损坏 ④ 泵和原动件安装不同轴 ⑤ 液压油的黏度过大	① 排除泵内空气 ② 加足油液,疏通吸油管道 ③ 拆开泵,修理或更换零件 ④ 重新安装 ⑤ 选用规定的液压油
油温过高	① 液压油的黏度过大 ② 油箱容积过小 ③ 泵和液压系统漏损大 ④ 冷却装置过小	① 选用规定的液压油 ② 增加冷却装置 ③ 更新泵或系统中漏损大的零件 ④ 更换冷却装置

二、径向柱塞泵

1. 径向柱塞泵的工作原理

图 2.28 为径向柱塞泵的工作原理图。它由转子 2、定子 4、柱塞 1、衬套 3、配油轴 5 等主要部件组成。柱塞沿径向分布在转子上,衬套与转子紧密配合,并套在配油轴上,配油轴是固定不动的。转子连通柱塞由电动机带动一起旋转,柱塞依靠离心力(有的结构依靠的是弹簧力或低压油作用力)紧压在定子的内壁上。由于定子和转子偏心安装,偏心距为 e,所以当转子按图示方向旋转时,柱塞在上半周内向外伸出,柱塞底部的密封容积逐渐增大,产生局部真空,于是通过固定配油轴上的吸油孔 a 吸油;当柱塞处于下半周时,柱塞沿径向被压缩,柱塞底部的密封容积逐渐减小,通过配流轴孔 b 把液压油压出。转子转一周,每个柱塞各

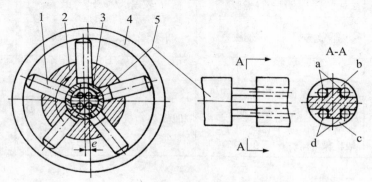

图 2.28　径向柱塞泵的工作原理

1. 柱塞　2. 转子　3. 衬套　4. 定子　5. 配油轴

吸、压油一次。通过改变定子和转子的偏心距 e，可以改变泵的输出流量，即径向柱塞泵是变量泵；当偏心距 e 由正值变为负值时，进油口和压油口互换，即径向柱塞泵是双向变量泵。

2. 排量和流量的计算及工作特性

柱塞的行程是偏心距 e 的 2 倍，故泵的排量为

$$V = \frac{\pi}{4}d^2 \cdot 2eZ \tag{2.18}$$

泵的实际的流量为

$$q = \frac{\pi}{4}d^2 \cdot 2eZn\eta_v \tag{2.19}$$

径向柱塞泵的流量具有脉动性，为了减少脉动，柱塞数 Z 一般取为奇数。

径向柱塞泵的优点是制造工艺性好，可任意变量，工作压力较高，轴向尺寸较小。其缺点是径向结构尺寸大，自吸能力差，泄漏量大，配油轴受径向不平衡力作用，易磨损，泄漏不易补偿，配油轴中的吸、压油道的尺寸受到配油轴尺寸的限制，不能做大，从而限制了它的发展。

三、液压泵的性能比较与选用

液压泵是为液压系统提供一定流量和压力的动力元件，它是液压系统的核心元件。合理地选择液压泵对降低液压系统的能耗、提高系统的效率、降低噪声、改善工作性能和保证系统可靠性都十分重要。

选择液压泵的基本原则是：先根据主机工况、功率大小和系统对工作性能的要求确定泵的类型，然后按系统要求的压力、流量的大小确定其型号。

表 2.5 列出了液压系统中常用的液压泵的主要性能和应用范围，供选用时参考。

表 2.5　常用液压泵的性能比较

性　　能	外啮合齿轮泵	双作用叶片泵	限压式变量叶片泵	径向柱塞泵	轴向柱塞泵
输出压力	低压	中压	中压	高压	高压
流量调节	不能	不能	能	能	能
效率	低	较高	较高	高	高
输出流量脉动	很大	很小	一般	一般	一般
自吸特性	好	较差	较差	差	较差
对油的污染敏感性	不敏感	较敏感	较敏感	很敏感	很敏感
噪声	大	小	较大	大	大
应用范围	机床，工程机械，农业机械，航空，船舶，一般机械等	机床，注塑机，液压机，起重运输机械，工程机械等	机床，注塑机等	机床，液压机，船舶等	机床，工程机械，锻压机械，起重机械，矿山机械，冶金机械等

习　题

2.1　何谓液压泵的排量、理论流量、实际流量？它们的关系怎样？

2.2　液压泵完成吸油和压油必须具备什么条件？

2.3　液压泵在吸油过程中，为什么油箱必须与大气相通？

2.4　在各类液压泵中，哪些能实现单向变量或双向变量？画出定量泵和变量泵的图形符号。

2.5　液压传动中常见的液压泵分为哪些类型？各有什么优缺点？

2.6　分析叶片泵的工作原理，说明双作用叶片泵和单作用叶片泵各有什么优缺点。

2.7　试述外啮合齿轮泵的工作原理，并解释齿轮泵工作时径向力不平衡的原因。

2.8　什么是齿轮泵的困油现象？困油现象有何危害？可用什么方法消除困油现象？

2.9　柱塞泵有哪些优缺点？适用于什么场合？

项目二附录　液压泵拆装实训

一、实训目的

本实训是液压传动课程的主要环节之一，可以帮助学生建立感性认识，进而从结构、工艺和制造等方面深入理解液压泵的工作原理、结构特点及其选用、安装和维护等问题。

液压元件的品种、型号和规格甚多，教学实训选型应与教材内容相呼应，选择一些常见且普遍使用的元件进行拆装。重点弄清它们的工作原理与结构的关系，以及主要零件的结构和技术要求，以期达到触类旁通的目的。

二、实训器材

齿轮泵 2 台，叶片泵 2 台，轴向柱塞泵 1 台；内六方扳手 2 套，固定扳手，螺丝刀，卡簧钳等；铜棒，棉纱，煤油等。

三、实训要求

1. 实训前认真预习，弄清楚相关液压泵的结构特点和工作原理，对其典型结构有一个基本的认识。

2. 针对不同的液压元件，利用相应工具，严格按照其拆装步骤进行，严禁违反操作规程进行私自拆装。

3. 实训中仔细观察，认真分析，弄清楚常用液压泵主要零件的结构、工作原理，以及工艺、密封、润滑、装配等技术要求。

四、实训步骤及注意事项

在实训老师的指导下，拆卸各类液压泵，观察、了解各个零件在液压泵中的作用，了解各种液压泵的工作原理，按照规定的步骤装配各类液压泵。

1. 拆装中应用铜棒敲打零件，以免损坏零件和轴承。

2. 拆卸过程中，遇到元件卡住的情况时，不要乱敲硬砸，要请指导老师来解决。

3. 装配时,遵循先拆的零件后安装、后拆的零件先安装的原则,要正确、合理地进行安装,脏的零件要用煤油清洗后才可安装,安装完毕后应使泵转动灵活、平稳,没有阻滞、卡死现象。

实训一 齿轮泵拆装

一、结构特点

附图 2.1 所示为典型 CB-B 型齿轮泵的结构示意图。主体结构有左端盖 1,右端盖 4,泵体 3,齿轮轴 5,滚针轴承 2 等。泵体和左、右端盖用销钉定位,螺钉使其连接成一个整体。齿轮泵的结构特点为:

1. 泵体 3 的两端面开有封油槽 d,此槽与吸油口相通,用来防止泵内油液从泵体与泵盖接合面外泄,泵体与齿顶圆的径向间隙为 0.13～0.16 mm。

2. 左、右端盖内侧开有卸荷槽 c,用来消除困油。在左端盖 1 上吸油口大,压油口小,用来减小作用在轴和轴承上的径向不平衡力。

3. 两个齿轮的齿数和模数都相等,齿轮与端盖间轴向间隙为 0.03～0.04 mm,轴向间隙不可以调节。

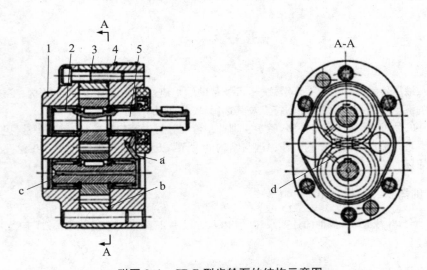

附图 2.1 CB-B 型齿轮泵的结构示意图
1. 左端盖 2. 支承孔 3. 泵体 4. 右端盖 5. 齿轮泵

二、拆装步骤

1. 首先弄清楚齿轮泵的结构特点和工作原理,然后用内六方扳手在对称位置松开齿轮泵的紧固螺钉,之后取下螺钉和定位销,掀去端盖,观察卸荷槽、吸油腔、压油腔等结构。

2. 从泵体中取出主动齿轮及轴、从动齿轮及轴、轴承。

3. 分解端盖与轴承、齿轮与轴、端盖与油封。(此步可以不做)

4. 待对结构和工作原理进行观察后,按与拆卸步骤相反的步骤装配好齿轮泵。

三、主要零件和装配技术要求

1. 泵体内孔圆度和圆柱度不超过 0.01 mm,齿轮孔与支承孔的同轴度不超过 0.02 mm。

2. 支承孔圆度和圆柱度不超过 0.01 mm,两个支承孔中心距的偏差为 0.03～0.04 mm,两个支承

液压与气压传动技术

孔中心线的不平行度为 0.01～0.02 mm,支承孔轴线对端面的垂直度为 0.01～0.02 mm。

3. 一对齿轮宽度差不超过 0.005 mm,一对齿轮同侧轴套度差不超过 0.005 mm。

4. 齿轮轴圆度和圆柱度不超过 0.005 mm,两个轴颈的同轴度为 0.02～0.03 mm。

5. 常用材料如下:泵体和端盖采用灰铸铁或铝合金;齿轮和轴采用 45 号钢、40Gr(低压泵)、18CrMnTi、20Cr、38CrMoAl(高压泵)等,材料经渗碳氮化处理,表面硬度为 60～62 HRC。

四、思考题

1. 齿轮泵由哪几个部分组成? 各密封腔是怎样形成的?

2. 附图 2.1 中,a、b、c、d 的作用是什么?

3. 叙述齿轮泵的困油现象产生的原因及消除措施。

4. 齿轮泵中存在几种可能产生泄漏的途径? 为了减少泄漏,应该采取什么措施?

5. 齿轮、轴和轴承所受的径向不平衡液压力是怎样形成的? 如何消除这种不平衡?

实训二　叶片泵拆装

一、结构特点

附图 2.2 所示为典型 YBX 型外反馈限压式单作用变量叶片泵的结构图。主体结构有滚针轴承 1,传动轴 2,调压螺钉 3,调压弹簧 4,弹簧座 5,定子 6,转子 7,滑块 8,滚针 9,调节螺钉 10,柱塞 11 等。图中 a 为内部泄油油道。

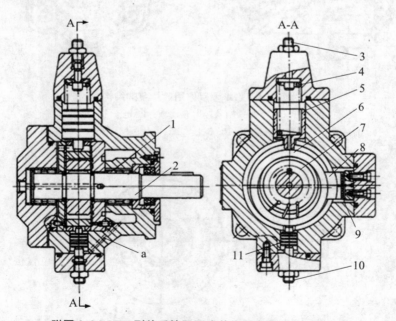

附图 2.2　YBX 型外反馈限压式单作用变量叶片泵的结构

1. 滚针轴承　2. 传动轴　3. 调压螺钉　4. 调压弹簧　5. 弹簧座　6. 定子
7. 转子　8. 滑块　9. 滚针　10. 调节螺钉　11. 柱塞

附图 2.3 所示为典型 YB1 型双作用叶片泵的结构图。主体结构有配流盘 1、5,滚珠轴承 2、7,传动轴 3,定子 4,后泵体 6,前泵体 8,骨架式密封圈 9,盖板 10,叶片 11,转子 12,长螺钉 13 等。叶片泵的结构特点为:

1. 密封腔由叶片、转子、定子和配流盘组成。当转子旋转时,密封腔的大小随着变化,容积变大的部分为吸油腔,反之为压油腔,两腔之间为过渡密封区,这里易产生困油现象。

2. 定子内表面的形状、精度对叶片泵的性能和寿命有很大影响。叶片在叶片槽中做径向运动的速度和加速度应当均匀地变化。速度或加速度发生突变,都会造成叶片以很大的力冲击定子,易引起噪声和元件磨损。

双作用叶片泵的定子内表面由两段大圆弧、两段小圆弧和四段过渡曲线组成,转子与定子同心;单作用叶片泵的定子内表面为圆形,转子与定子不同心,由变量机构控制偏心距大小。

3. 双作用叶片泵的两个吸油口与两个压油口对称,所以作用在转子轴上的径向液压力相互抵消;单作用叶片泵转子上有单向径向液压力作用,一般采用平面轴承推力与其平衡。

4. 为保证叶片在工作中能与定子内表面贴紧,有的泵将压力油引至叶片底部,有的泵叶片槽相对径向偏转了一定角度。

5. YB型叶片泵压力油一边的配流盘(附图2.4)可以轴向窜动,因而可以实现液压轴向间隙补偿,可随压力升高而自动减少端面泄漏,以此提高泵的容积效率。

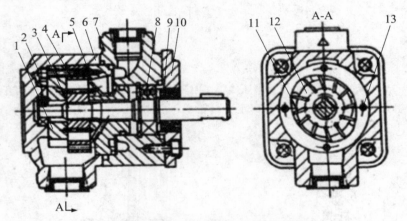

附图 2.3 YB1 型双作用叶片泵的结构

1、5. 配流盘 2、7. 滚珠轴承 3. 传动轴 4. 定子 6. 后泵体
8. 前泵体 9. 骨架式密封圈 10. 盖板 11. 叶片 12. 转子 13. 长螺钉

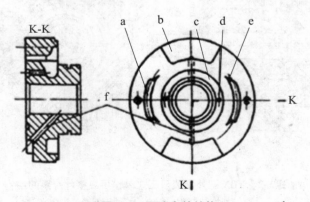

附图 2.4 配流盘的结构

二、拆装步骤

1. 拆下上端盖,取出调压螺钉3、调压弹簧4、弹簧座5、调节螺钉10、柱塞11等。

2. 拆下端盖,取出滑块。

3. 拆下连接前泵体和后泵体的螺栓,拆开前泵体和后泵体。

4. 取出配流盘、转子和定子。

5. 待对结构和工作原理进行观察后,按与拆卸步骤相反的步骤装配好叶片泵。注意:装配时转子在定子内的方向和叶片在转子槽内的方向不得装反。

三、主要零件和装配技术要求

1. 叶片厚度一般为 $1.2\sim2.5$ mm,叶片与叶片槽间应留有 $0.01\sim0.02$ mm 的间隙,叶片宽度应比转子宽度略小,为 0.01 mm 左右。

2. 定子两端面的平行度允差为 0.002 mm,定子两端面与孔的垂直度允差为 0.008 mm。

3. 转子两端面的平行度允差为 0.003 mm,转子宽度比定子宽度略小,为 $0.02\sim0.04$ mm。

4. 叶片槽两平面的平行度允差为 0.01 mm,叶片槽对转子端面的垂直度允差为 0.02 mm。

5. 各零件表面粗糙度(Ra):定子内表面为 $0.4\sim0.1$ μm,叶片滑动工作表面为 0.1 μm,叶片槽和转子端面为 $0.2\sim0.1$ μm,配流盘表面为 0.2 μm。

6. 常用材料如下:泵体为 HT300 灰铸铁;叶片为 18WCr4V,表面硬度为 62 HRC(氮化处理);定子为 GCr15、Cr12M0V,淬火后表面硬度为 60 HRC,或为 38CrM0AI,氮化后表面硬度为 68 HRC;转子为 40Cr,表面硬度为 $50\sim60$ HRC,或 20Cr、12CrNi3,渗碳淬火后表面硬度为 $50\sim60$ HRC;配流盘为耐磨铸铁、锑铜铸铁、铝青铜;轴为 40Cr,表面硬度为 48 HRC。

四、思考题

1. 叶片泵由哪些部分组成?

2. 叙述双作用叶片泵的工作原理。

3. 单作用叶片泵和双作用叶片泵在结构上有什么区别?

4. 如何保证叶片泵中定子、转子、配流盘、叶片的正确位置?

5. 双作用叶片泵的定子内表面是由哪几段曲线组成的? 选择等加速、等减速曲线作为过渡曲线的原因是什么?

实训三 轴向柱塞泵拆装

一、结构特点

附图 2.5 所示为典型 SCY14-1B 型斜盘式轴向柱塞泵的结构图。它包括泵主体和手动变量机构两部分。泵主体由柱塞 2、泵体 3、传动轴 4、配流盘 6、缸体 7、右泵盖 5 和斜盘 25 等主要零件组成:柱塞 2 的球状头部装在滑履 1 内,滑履由回程盘 26、钢球 11、钢套 12、内套 10、外套 9、弹簧 8、滚动轴承 13 组成的回程装置紧紧地压在斜盘 25 的表面上;斜盘由销轴 24 连接变量活塞 18 上。手动变量机构由调节手轮 14、锁紧螺母 15、螺杆 17、变量活塞 18、小法兰 19、螺钉 20、小轴 21、刻度盘 22、销子 23 和变量壳体 16 组成。随着缸体的转动,各柱塞底部的密封容积发生变化,通过配流盘 6 上的窗口吸油和压油。斜盘式轴向柱塞泵的结构特点为:

1. SCY 型轴向柱塞泵由主体机构和变量机构两大部分组成。该系列柱塞泵在主体机构不变的情况下,改变变量机构的变量形式,可组成多种型号的产品。变量机构按操作方式分有手动变量、恒压变量、压力补偿变量和伺服变量多种。

2. 密封腔由缸体中的柱塞孔和柱塞组成,随着柱塞的往复运动,密封腔容积不断变化,按泵的纵截面分界,一边密封腔不断加大形成吸油腔,另一边缩小形成压油腔。两个腔之间为过渡密封区,会产生困油现象。

3. 改变斜盘倾角(在 0°~20.5°内调节),就可改变泵的排量。

4. 柱塞中有固定节流小孔,油液通过节流小孔在有相对运动的滑履和斜盘之间实现静压支承。因此该型号的泵对油液的清洁度要求较高。

5. 定心弹簧一方面使回程盘紧压滑履以紧贴斜盘,使泵有自吸能力;另一方面使缸体紧贴配流盘,保证启动时无泄漏。

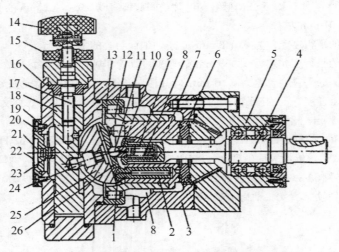

附图 2.5　SCY14-1B 型斜盘式轴向柱塞泵的结构

1. 滑履　2. 柱塞　3. 泵体　4. 传动轴　5. 右泵盖　6. 配流盘　7. 缸体　8. 弹簧　9. 外套　10. 内套　11. 钢球　12. 钢套　13. 滚动轴承　14. 手轮　15. 锁紧螺母　16. 变量壳体　17. 螺杆　18. 变量活塞　19. 小法兰　20. 螺钉　21. 小轴　22. 刻度盘　23. 销子　24. 销轴　25. 斜盘　26. 回程盘

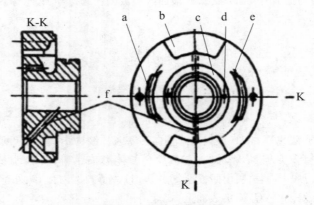

附图 2.6　配流盘的结构

二、拆装步骤

1. 拆卸轴向柱塞泵时,先拆下变量活塞,取出斜盘、柱塞、压盘、套筒、弹簧、刚球,注意不要损伤这些零件,观察、分析其结构特点,弄清各自的作用。

2. 轻轻敲打泵体,取出缸体,取下螺栓,将泵体分开为中间泵体和前泵体,注意观察、分析其结构特点,弄清各自的作用,尤其注意配流盘的结构和作用。

3. 装配时，先装中间泵体和前泵体，注意装好配流盘，再装上弹簧、套筒、钢球、压盘、柱塞；然后在变量机构上装好斜盘；最后用螺栓把泵体和变量机构连接为一体。

4. 装配中，注意不能最后把花键轴装入缸体的花键槽中，更不能猛烈敲打花键轴，避免花键轴推动钢球顶坏压盘。

5. 装配时，遵循先拆的零件后安装、后拆的零件先安装的原则，安装完毕后应使花键轴带动缸体转动灵活，没有卡死现象。

三、主要零件及装配技术要求

1. 柱塞。柱塞是一种比压分布不均匀，且与缸体孔具有很大相对（轴向）运动速度的零件。由于柱塞受到很大的侧向力，加之工作时还绕自身轴转动，磨损后常呈腰鼓形。柱塞常用 20Cr、40Cr 或 GCr15 等材料，热处理后硬度为 56～62 HRC。柱塞上常加工环形沟槽（平衡槽），起均压和储存脏物的作用。槽的宽度为 0.3～0.7 mm，深度为 0.3～0.8 mm，槽距为 2～10 mm；柱塞副制造间隙为 $0.001d$～$0.0005d$（mm）。

2. 滑履。由于斜盘材料多用硬度为 58～62 HRC 的 GCr15，故滑履多用青铜合金，如铝青铜 ZCuAl9Fe3。滑履与球头间隙一般取为 0.02～0.04 mm。静压支承面粗糙度要求控制在 0.4～0.2 μm 以内。

3. 缸体。材料多为铝青铜或铝铁青铜（ZcuAl9Fe3）。缸体配油端面和柱塞孔粗糙度均为 0.2 μm，端面平直度在 0.005 mm 以内。柱塞孔的圆度、圆柱度均为 0.005 mm，它们与缸体轴线的平行度为 0.02 mm，与端面的垂直度为 0.01 mm。

4. 配流盘。缸体与配流盘间的密封性主要取决于两个表面的粗糙度和几何精度。工作表面粗糙度为 0.2 μm，平面度为 0.005 mm。配流盘闭死容积卸荷，通常采用三种结构：第一种是对称正重叠型，第二种是带卸荷槽（三角沟槽）的非对称重叠型，第三种是开阻尼孔的负重叠型。SCY14-1B 型泵的配流盘采用第三种类型（负重叠区不大于 1°），这种结构的配流盘不存在吸压油腔的密封区，容积效率略低，但噪声小。

5. 定心弹簧。定心弹簧通过内套、钢球和回程盘将滑履压向斜盘，使活塞得到回程运动的动力，从而使泵具有较好的自吸能力。同时，定心弹簧又通过外套使缸体紧贴配流盘，以使泵启动时基本无泄漏。

6. 变量活塞。变量活塞装在变量壳体内，并与螺杆相连。斜盘前后有两根耳轴支承在变量壳体上（图中未示出），并可绕耳轴中心线摆动。斜盘中部装有销轴，其左侧球头插入变量活塞的孔内，转动手轮，螺杆带动变量活塞上下移动（因导向键的作用，变量活塞不能转动），通过销轴使斜盘摆动，从而改变斜盘倾角 γ，达到变量目的。

四、思考题

1. 轴向柱塞泵由哪几个部分组成？
2. 柱塞泵的密封腔由哪些零件组成？密封腔有几个？
3. 采用定心弹簧有何优点？
4. 柱塞泵是如何实现配流的？
5. 柱塞泵的配流盘上开有几个槽孔？各有什么作用？

项目三 液压缸的特性认识和结构设计

任务一 活塞式液压缸的工作原理和特性

一、流动液体连续性原理

1. 理想液体与恒定流动

研究液体流动时必须考虑黏性的影响,但由于这个问题非常复杂,所以在开始分析时可以假设液体没有黏性,然后再考虑黏性的作用,并通过实验验证的办法对理想化的结论进行补充或修正。同样可以用这种办法来处理液体的可压缩性问题。一般把这种既无黏性又不可压缩的假想液体称为**理想液体**,而把事实上存在的具有黏性和可压缩的液体,称为**实际液体**。

液体流动时,若液体中任意一点处的压力、速度和密度等参数都不随时间而变化,则这种流动称为**恒定流动**(或称定常流动、非时变流动)。压力、速度或密度中只要有一个参数随时间变化,流体就称为**非恒定流动**(或称非定常流动、时变流动)。

2. 流量和平均流速

单位时间内流过某一通流截面的液体体积成为流量,单位为 m^3/s 或 L/min。

当液流通过微小的通流截面 dA 时[图 3.1(a)],在该截面上液体各点的速度 u 可被认为是相等的,所以流过该微小截面的流量为

$$dq = u dA$$

则通过整个通流截面 A 的流量为

$$q = \int_A u dA \tag{3.1}$$

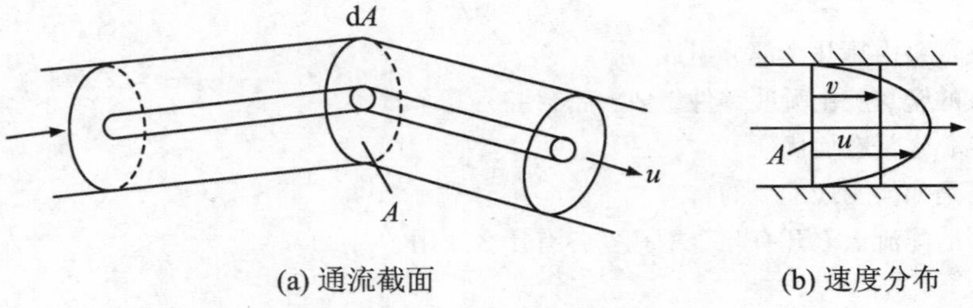

(a) 通流截面   (b) 速度分布

图 3.1 流量和平均流速

对于实际液体的流动,由于黏性力的作用,整个通流截面上液体各点的速度 u 一般是不等的,其分布规律亦比较复杂[如图 3.1(b)所示的抛物线分布规律],故计算流量很不方便。

因此这里提出一个平均流速概念，即假设通流截面上各点的流速是平均分布的，液体以此平均流速 v 流过此截面的流量等于以实际流速流过的流量，即

$$q = \int_A u \, dA = vA \tag{3.2}$$

由此得出通流截面上的平均流速为

$$v = \frac{q}{A} \tag{3.3}$$

3. 连续性方程

如图 3.2 所示，在恒定流动的流场中任取一段流管，其两端通流截面面积分别为 A_1 和 A_2，在流管中任取一个微小流束，并设微小流束两端的截面面积分别为 dA_1 和 dA_2，流体流经这两个微小截面的流速和密度分别为 u_1、ρ_1 和 u_2、ρ_2。根据质量守恒定律，单位时间内经截面 dA_1 流入微小流束的液体质量应与经截面 dA_2 流出的液体质量相等，即

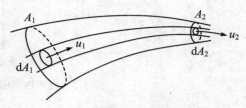

图 3.2　连续性方程推导简图

$$\rho_1 u_1 \, dA_1 = \rho_2 u_2 \, dA_2$$

忽略液体的可压缩性，即假定 $\rho_1 = \rho_2$，则

$$u_1 \, dA_1 = u_2 \, dA_2$$

对 A_1 和 A_2 进行面积分，有

$$\int_{A_1} u_1 \, dA_1 = \int_{A_2} u_2 \, dA_2 \tag{3.4}$$

采用平均流速计算流量，有

$$q_1 = q_2 \quad \text{或} \quad v_1 A_1 = v_2 A_2 \tag{3.5}$$

式中，q_1、q_2 分别是通流截面 A_1 和 A_2 的流量；v_1、v_2 分别为通流截面上的平均流速。

由于两个通流截面是任取的，故有

$$q = vA = C \tag{3.6}$$

这就是液体做恒定流动时的**连续性方程**。

由此得出结论：在密封管路内做恒定流动的理想液体，不管平均流速和通流截面沿流程怎样变化，流过各个截面的流量是不变的。

连续性方程在液压传动技术中应用非常广泛。如图 3.3(a)所示的简单系统，根据连续性方程，有

$$v_1 A_1 = v_2 A_2 = q$$

由此可见，若液压泵活塞上的速度为 v_1，则液压缸活塞的运动速度必为 v_2，且

$$v_2 = v_1 \frac{A_1}{A_2}$$

上式说明，调节 v_1 的大小，v_2 就会产生相应的变化。

如图 3.3(b)所示，在液压泵与液压缸之间分一支流量可被控制的支路，则连续性方程为

$$v_1 A_1 = v_2 A_2 + q_3 \quad \text{或} \quad v_2 = \frac{1}{A_2}(v_1 A_1 - q_3)$$

由此可见，当 v_1 不可调时，调节 q_3 也可以使 v_2 产生相应的变化。

在液压技术中，v_1 和 q_3 都能在一定范围内实现无级调节，因此 v_2 也能实现无级调节，这也是液压传动技术能得到广泛应用的原因之一。

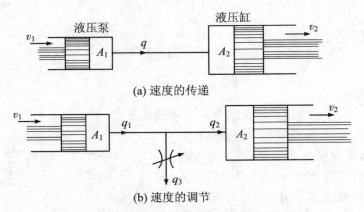

(a) 速度的传递

(b) 速度的调节

图 3.3　连续性方程在液压传动系统中的应用

二、活塞式液压缸的工作原理和特性

液压缸按其结构特点，可分为活塞式、柱塞式、伸缩式、摆动式等类型。这里主要研究活塞式液压缸的结构、工作原理及特性计算。

活塞式液压缸可分为双杆式和单杆式两种结构。

1. 双杆活塞式液压缸

图 3.4 所示为双杆活塞式液压缸的工作原理图，活塞两端都有活塞杆伸出。根据安装方式不同可分为缸筒固定式和活塞杆固定式两种。

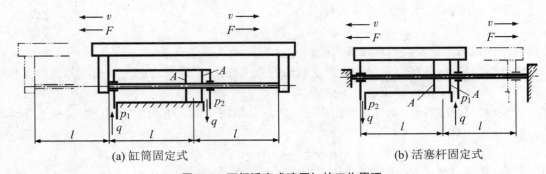

(a) 缸筒固定式　　　　　　　　　　(b) 活塞杆固定式

图 3.4　双杆活塞式液压缸的工作原理

图 3.4(a)所示为缸筒固定式的双杆活塞式液压缸。其进出口布置在缸筒两端，活塞通过活塞杆带动工作台移动，当活塞的有效行程为 l 时，整个工作台的最大行程为 $3l$。具有这种结构的机床占地面积大，一般适用于小型机床。当要求工作台行程较长时，可采用图 3.4(b)所示的活塞杆固定式。这种结构是，缸体与工作台相连，活塞杆通过支架固定在机床上，动力由缸体传出。这种安装形式中，工作台的移动范围等于液压缸有效行程 l 的 2 倍，即 $2l$。因此，此种结构占地面积小，可将进、出油腔设置在固定的空心活塞杆的两端，也可以设置在缸筒的两端。

液压与气压传动技术

由于双杆活塞式液压缸两端的活塞杆直径通常是相等的，因此其左、右两个腔的有效面积也相等，当分别向左、右腔输入相同压力和流量的油液时，液压缸左、右两个方向的推力和速度相等。当活塞的直径为 D，活塞杆的直径为 d，液压缸进、出油腔的压力分别为 p_1 和 p_2，输入流量为 q 时，双杆活塞缸的推力 F 和速度 v 分别为

$$F = A(p_1 - p_2) = \frac{\pi}{4}(D^2 - d^2)(p_1 - p_2) \tag{3.7}$$

$$v = \frac{q}{A} = \frac{4q}{\pi(D^2 - d^2)} \tag{3.8}$$

两式中，A 表示活塞的有效工作面积。

双杆活塞式液压缸在工作时，一个活塞杆受拉，另一个活塞杆不受力。

2. 单杆活塞式液压缸

图 3.5 所示为单杆式活塞缸的工作原理图，活塞只有一端带活塞杆。单杆活塞式液压缸也有缸筒固定式和活塞杆固定式两种，其工作台移动范围都是活塞有效行程的两倍。

① 当无杆腔进油、有杆腔回油时，如图 3.5(a) 所示，活塞的推力 F_1 和运动速度 v_1 分别为

$$F_1 = p_1 A_1 - p_2 A_2 = \frac{\pi}{4}D^2(p_1 - p_2) + \frac{\pi}{4}d^2 p_2 \tag{3.9}$$

$$v_1 = \frac{q_1}{A_1} = \frac{4q}{\pi D^2} \tag{3.10}$$

② 当有杆腔进油、无杆腔回油时，如图 3.5(b) 所示，活塞的推力 F_2 和运动速度 v_2 分别为

$$F_2 = p_1 A_2 - p_2 A_1 = \frac{\pi}{4}D^2(p_1 - p_2) + \frac{\pi}{4}d^2 p_1 \tag{3.11}$$

$$v_2 = \frac{q_1}{A_2} = \frac{4q}{\pi(D^2 - d^2)} \tag{3.12}$$

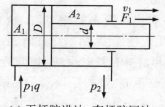
(a) 无杆腔进油、有杆腔回油

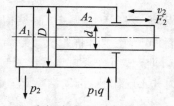
(b) 有杆腔进油、无杆腔回油

图 3.5 单杆活塞式液压缸的工作原理

比较①和②的推力和速度，由于 $A_1 > A_2$，故活塞杆伸出时比活塞杆缩回时的速度慢，但推力大，即 $v_1 < v_2$，$F_1 > F_2$；反之则相反。

在实际生产中，把活塞杆伸出行程作为工作进给行程，把活塞杆缩回行程作为快速退回行程。其往返的速度比为

$$\lambda_v = \frac{v_2}{v_1} = \frac{D^2}{D^2 - d^2} \tag{3.13}$$

上式表明，活塞杆的直径越小，其速度比越接近 1，活塞往返速度差值越小。

③ 差动连接。所谓差动连接是指活塞缸左、右都通入高压油，如图 3.6 所示。差动连接左、右两个腔的压力相同，但由于无杆腔的有效面积大于有杆腔的有效面积，故活塞向右

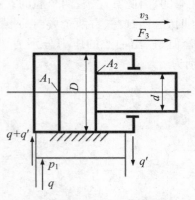

运动,同时右腔排出的油液(流量为 q')进入左腔,增大了左腔的流量($q+q'$),故加快了活塞的运动速度。

差动连接时,活塞产生的推力 F_3 为

$$F_3 = p_1(A_1 - A_2) = \frac{\pi}{4}p_1 d^2 \qquad (3.14)$$

活塞的运动速度为 v_3,进入液压缸的总流量为

$$q_1 = p' + q = v_3 A_1$$

且右腔排出的流量为 $q' = v_3 A_2$,于是有

$$q_1 = v_3 \frac{\pi D^2}{4} = q + \frac{\pi(D^2 - d^2)}{4}$$

图 3.6 单杆式活塞缸差动连接

所以,活塞的运动速度 v_3 大小为

$$v_3 = \frac{4q}{\pi d^2} \qquad (3.15)$$

此时,活塞可以获得较大的运动速度。

单杆活塞式液压缸结构紧凑,运动范围为其有效行程的两倍,故应用广泛。在实际生产中,单杆活塞式液压缸常用于能够实现"快速接近(v_3)—慢速进给(v_1)—快速退回(v_2)"工作循环的组合机床液压传动系统中。

任务二 活塞式液压缸的结构设计

一、活塞式液压缸的典型结构

图 3.7 所示为单杆活塞式液压缸结构图,它主要由缸筒 4、活塞 6、活塞缸 7、前端盖 8、后端盖 1、密封件 5 等主要部件组成。缸筒与端盖用螺栓连接、活塞与缸筒、活塞杆与端盖有两种密封形式,即橡塑组合密封与唇形密封。该液压缸具有双向缓冲功能,工作时压力油经进油口,单向阀进入工作腔,推动活塞运动,当活塞临近终点时,缓冲套切断油路,排油只能

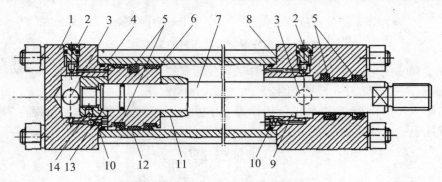

图 3.7 单杆活塞式液压缸结构

1. 后端盖　2. 缓冲节流阀　3. 进出油口　4. 缸筒　5. 密封件　6. 活塞　7. 活塞缸　8. 前端盖
9. 导向套　10. 单向阀　11. 缓冲套　12. 导向环　13. 无杆端缓冲套　14. 螺栓

液压与气压传动技术

经节流阀排出,起节流缓冲作用。

由此可看出,液压缸的结构基本上可以分为缸筒和缸盖组件(缸体组件)、活塞和活塞杆组件(活塞组件)、密封装置、缓冲装置和排气装置五个部分。

1. 缸筒和缸盖组件

缸体组件与活塞组件构成密封的工作腔,承受油压。因此缸体组件要有足够的强度、较高的表面精度和可靠的密封性。其使用材料、连接方式与工作压力有关,当工作压力 $p<$ 10 MPa 时使用铸铁缸筒,当压力 p 为 10～20 MPa 时使用无缝钢管,当 $p>$20 MPa 时使用铸钢或锻钢。

① 法兰连接,如图 3.8(a)所示。结构简单、加工方便、连接可靠,但要求缸筒端部有足够的壁厚,用以安装螺栓或旋入螺钉。缸筒端部一般用铸造、镦粗或焊接方式制成粗大的外径。

② 半环连接,如图 3.8(b)所示。工艺性好、连接可靠、结构紧凑,但削弱了缸筒的强度。这种连接常用于无缝钢管缸筒与缸盖的连接中。

③ 螺纹连接,如图 3.8(c)所示。体积小、重量轻、结构紧凑,但缸筒端部结构复杂,常用于无缝钢管或铸钢的缸筒上。

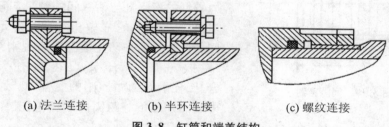

(a) 法兰连接　　　　(b) 半环连接　　　　(c) 螺纹连接

图 3.8　缸筒和端盖结构

④ 拉杆连接。结构简单、工艺性好、通用性强,但端盖的体积和重量较大,拉杆受力后会变形,影响密封效果,适用于长度较小的中低压缸。

⑤ 焊接式连接。强度高、制造简单,但焊接时易引起缸筒变形,且无法拆卸。

2. 活塞和活塞杆组件

活塞和活塞杆组件由活塞、活塞杆和连接件等组成。活塞一般用耐磨铸铁制造而成,活塞杆不论是空心的还是实心的,大多用钢料制造而成。活塞和活塞杆的连接方式很多,但无论采用哪种连接方式,都必须保证连接可靠。整体式和焊接式活塞结构简单,轴向尺寸紧凑,但损坏后需整体更换。锥销连接加工容易,装配简单,但承载能力小,且需要有必要的防止脱落措施。螺纹式连接,如图 3.9(a)所示,其结构简单,装拆方便,但需备有螺母防松装置。半环连接,如图 3.9(b)所示,其连接强度高,但结构复杂,装拆不便。

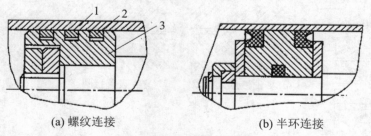

(a) 螺纹连接　　　　　　　(b) 半环连接

图 3.9　活塞与活塞杆连接形式

1. 缸筒　2. 密封　3. 活塞

3. 密封装置

密封装置的作用是用来阻止有压工作介质的泄漏,防止外界空气、灰尘、污垢与异物的侵入。其中起密封作用的元件称为密封件。通常在液压系统或元件中,存在工作介质的内泄漏和外泄漏。内泄漏会降低系统的容积效率,恶化设备的性能指标甚至使其无法正常工作。外泄漏导致流量减小,不仅污染环境,还有可能引起火灾,严重时可引起设备故障和人身事故。系统中若侵入空气,就会降低工作介质的弹性模量,产生气穴现象,有可能引起振动和噪声。灰尘和异物既会堵塞小孔和缝隙,又会增加液压缸中做相互运动的元件之间的磨损,缩短了使用寿命,并且加速了内、外泄漏。所以为了保证液压设备工作的可靠性,延长其工作寿命,密封装置与密封件不容忽视。液压缸的密封主要指活塞、活塞杆处的动密封和缸盖等处的静密封。常用的密封方法有以下几种:

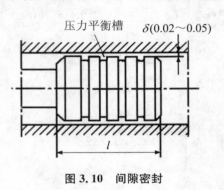

图 3.10　间隙密封

（1）间隙密封

间隙密封是依靠两个运动件配合面之间的微小间隙,使其产生液体摩擦阻力,以此来防止泄漏的一种方法。该密封方法只适用于直径较小、压力较低的液压缸与活塞间的密封。间隙密封属于非接触式密封,它靠做相对运动的元件配合面之间的微小间隙来防止泄漏以实现密封（图 3.10）,常用于柱塞式液压泵（马达）中柱塞和缸体的配合、圆柱滑阀的摩擦副的配合中。通常在阀芯的外表面开几条等距离的均压槽,其作用是增强对中性,减小液压卡紧力,增大密封能力,减轻磨损。均压槽宽度为 0.3～0.5 mm,深为 0.5～1.0 mm,其间隙值可取 0.02～0.05 mm。这种密封摩擦阻力小,结构简单,但磨损后不能自动补偿。

（2）密封圈密封

① O 形密封圈。O 形密封圈是由耐油橡胶制成的截面为圆形的圆环,它具有良好的密封性,且结构紧凑,运动件的摩擦阻力小,装卸方便,容易制造,价格低,故在液压系统中应用广泛。图 3.11(a)所示为其外形图。图 3.11(b)所示为装入密封沟槽的情况,δ_1、δ_2 是装配 O 形圈后的预压缩量,通常用压缩率来表示,压缩率达到 10%～20% 时,才能取得满意的密封效果。当油液工作大于 10 MPa 时,O 形圈在做往复运动的过程中容易被油液压入间隙而

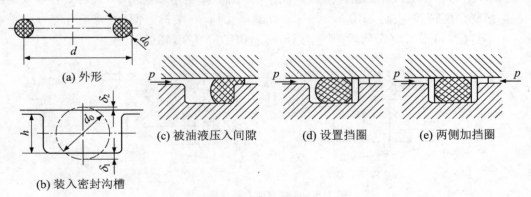

(a) 外形

(b) 装入密封沟槽

(c) 被油液压入间隙

(d) 设置挡圈

(e) 两侧加挡圈

图 3.11　O 形密封圈密封

过早损坏,如图 3.11(c)所示。为此需在 O 形圈低压侧设置聚四氟乙烯或尼龙制成的挡圈,如图 3.11(d)所示,其厚度为 1.25～2.50 mm。双向受压时,两侧都要加挡圈,如图 3.11(e)所示。

②V 形密封圈。V 形密封圈的形状如图 3.12 所示,它由纯耐油橡胶或多层夹织物橡胶压制而成,通常由支承环、密封环和压环组成,分别如图 3.12 的分图(a)、(b)、(c)所示。当压环压紧密封环时,支撑环使密封环产生变形而起密封作用。当工作压力高于 10 MPa 时,可增加密封环的数量,以提高密封效果。安装时,密封环的开口应面向压力高的一侧。V 形密封圈性能良好,耐高压,寿命长。通过调节压紧力,可获得最佳的密封效果,但 V 形密封装置的摩擦阻力及结构尺寸较大,主要用于活塞组件的往复运动中。它适宜在工作压力 $p<50$ MPa、温度为 $-40～80$ ℃的条件下工作。

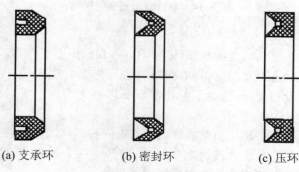

(a) 支承环 (b) 密封环 (c) 压环

图 3.12　V 形密封圈

③Y 形密封圈。Y 形密封圈属唇形密封圈,其截面为 Y 形,主要用于往复运动中的密封,是一种密封性、稳定性和耐压性较好,摩擦阻力小,寿命较长的密封圈,故应用很广泛。Y 形密封圈的唇边与偶合面紧密接触,并在压力油作用下产生较大的接触应力,以此达到密封效果,如图 3.13 所示。当液压力升高时,唇边与偶合面贴得更紧,接触压力更高,密封性能更好。Y 形密封圈根据截面长宽比例不同分为宽断面和窄断面两种形式。一般适用于工作压力 $p<20$ MPa、工作温度为 $-30～100$ ℃、速度 $v\leqslant0.5$ m/s 的情况。

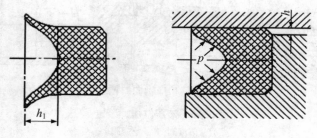

图 3.13　Y 形密封圈

目前,液压缸中广泛使用的是小的窄断面 Y 形密封圈,它是宽断面的改型产品,截面的长是宽的 2 倍以上,因而不易翻转,稳定性好,它有等高唇和不等高唇两种,后者又有轴用密封圈和孔用密封圈两种,分别如图 3.14 的分图(a)、(b)所示。其短唇与密封面接触,滑动摩擦阻力小,耐磨性好,寿命长;长唇与非运动表面有较大的预压缩量,摩擦阻力大,工作时不窜动。一般适用于工作压力 $p\leqslant32$ MPa、使用温度为 $-30～100$ ℃的情况。

液压缸高压腔中的油液向低压腔泄漏称为内泄漏,液压缸中的油液向外部泄漏称为外泄漏。由于存在内、外泄漏,使液压缸的容积效率降低,从而影响其工作性能,严重时使系统压力上不去,甚至无法工作,且外泄漏还会污染环境。因此为了防止泄漏,液压缸中需要密封的地方必须采取相应的密封装置。

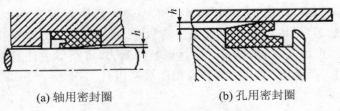

(a) 轴用密封圈　　　　　(b) 孔用密封圈

图 3.14　窄断面 Y 形密封圈

4. 缓冲装置

运动件当质量较大,且运动速度较高($v > 0.2$ m/s)时,由于惯性力较大而具有很大的动量。在这种情况下,当活塞运动到缸筒的终端时,会与端盖发生机械碰撞,产生很大的冲击力和噪声,严重影响运动精度,甚至会引起事故。所以在大型高速或高精度的液压设备中,常设有缓冲装置。

缓冲装置的工作原理是:利用活塞或缸筒在其走向行程终端的过程中,在活塞和缸盖之间封住一部分油液,迫使它从小孔或缝隙中挤出,以产生很大的阻力,使工作件受到制动逐渐减慢运动速度,达到避免活塞和缸盖相互撞击的目的。

(1) 固定节流缓冲

图 3.15(a)所示是缝隙节流,当活塞移动到其端部,活塞上的凸台进入缸盖的凹腔,将密封在回油腔中的油液从凸台和凹腔之间的环状缝隙中挤压出去,从而造成背压,迫使运动活塞降速制动,以实现缓冲。这种液压缓冲装置(图 3.15)结构简单,缓冲效果好,但冲击压力较大。

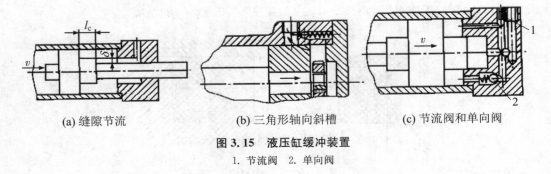

(a) 缝隙节流　　　　　(b) 三角形轴向斜槽　　　　　(c) 节流阀和单向阀

图 3.15　液压缸缓冲装置

1. 节流阀　2. 单向阀

(2) 可变节流缓冲

可变节流缓冲油缸有多种形式。其特点是,在缓冲过程中,节流口面积随着缓冲行程的增大而逐渐减小,缓冲腔中的压力几乎保持不变。图 3.15(b)所示为在活塞上开有横截面为三角形的轴向斜槽,当活塞移近液压缸缸盖时,活塞与缸盖间的油液需经三角槽流出,从而在回油腔中形成背压,以达到缓冲的目的。

（3）可调节流缓冲

图 3.15（c）所示为在缸盖中装有针形节流阀 1 和单向阀 2。当活塞移近缸盖时，凸台进入凹腔，由于它们的间隙较小，所以回油腔中的油液只能经节流阀流出，从而在回油腔中形成背压，以达到缓冲的目的。调节节流阀的开口大小就能调节制动速度。

5. 排气装置

一般利用空气比重比油小的特点，在液压缸内腔的最高部位设置排气孔或专门的排气装置。

图 3.16 所示为采用排气塞和排气阀的液压缸排气装置。当松开排气阀螺钉时，带着空气的油液便通过锥面间隙经小孔溢出，待系统内气体排完后，便拧紧螺钉，将锥面密封，也可在缸盖的最高部位处开排气孔，用长管道向远处排气阀排气。所有的排气装置都是按此基本原理工作的。

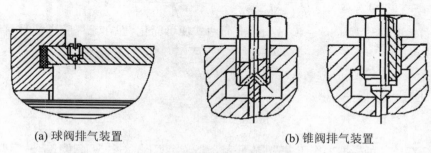

(a) 球阀排气装置　　　　　　　　　　(b) 锥阀排气装置

图 3.16　液压缸排气装置

二、活塞式液压缸的设计计算

液压缸一般来说是标准件，但有时也需要自行设计。本节主要介绍活塞式液压缸主要尺寸的计算及强度、刚度的验算方法。

液压缸的设计是在对所设计的液压系统进行工况分析、负载计算和确定了其工作压力的基础上进行的。首先根据使用要求确定液压缸的类型，再按负载和运动要求确定液压缸的主要尺寸，必要时需进行强度验算，最后进行结构设计。

液压缸的主要尺寸包括液压缸的内径 D、缸的长度 L、活塞杆直径 d。主要根据液压缸的负载、活塞运动速度和行程等来确定上述参数。

1. 液压缸工作压力的确定

液压缸要承受的负载包括有效工作负载、摩擦阻力和惯性力等。液压缸的工作压力按负载确定。对于不同用途的液压设备，由于工作条件不同，采用的压力范围也不同。设计时，液压缸的工作压力可按负载大小及液压设备类型参考表 3.1、表 3.2 来确定。

表 3.1　液压缸的公称压力

等级	1	2	3	4	5	6	7	8	9	10
范围/MPa	0.6 以下	0.6～1.0	1.0～2.5	2.5～4.0	4.0～6.3	6.3～10.0	10.0～16.0	16.0～25.0	25.0～31.5	31.5～40.0

表 3.2　各类液压设备常用的工作压力

设备类型	一般机床	一般冶金设备	农业机、小型工程机	液压机、重型机、轧机压下装置、起重运输机
工作压力/MPa	1.0~6.3	6.3~16.0	10.0~16.0	20.0~32.0

2. 液压缸主要尺寸的确定

液压缸内径 D 和活塞杆直径 d 可根据最大总负载和选取的工作压力来定,对单杆式液压缸而言,在无杆腔进油并不考虑机械效率时,有

$$D = \sqrt{\frac{4F_1}{\pi(p_1 - p_2)} - \frac{d^2 p_2}{p_1 - p_2}} \tag{3.16}$$

在有杆腔进油并不考虑机械效率时,有

$$D = \sqrt{\frac{4F_2}{\pi(p_1 - p_2)} - \frac{d^2 p_2}{p_1 - p_2}} \tag{3.17}$$

一般情况下,选取回油背压 $p_2 = 0$。这时,上面两式便可简化,即在无杆腔进油时,有

$$D = \sqrt{\frac{4F_1}{\pi p_1}} \tag{3.18}$$

在有杆腔进油时,有

$$D = \sqrt{\frac{4F_2}{\pi p_1} + d^2} \tag{3.19}$$

式中,活塞杆直径 d 可根据工作压力选取,见表 3.3。当液压缸对往复速度比有一定要求时,有

$$d = D\sqrt{\frac{\varphi - 1}{\varphi}} \tag{3.20}$$

表 3.3　液压缸的活塞杆直径推荐值

液压缸的工作压力 p/MPa	5	5~7	7
活塞杆直径	(0.50~0.55)D	(0.60~0.70)D	0.70D

液压缸的速度比推荐值如表 3.4 所示。

表 3.4　液压缸的往复速度比推荐值

液压缸的工作压力 p/MPa	10	10~20	>20
往复速度比	1.33	1.46~2.00	2.00

计算所得的液压缸内径 D 和活塞杆直径 d 应圆整标准参见《新编液压工程手册》。

如图 3.17 所示,液压缸的缸筒长度由活塞最大行程、活塞长度、活塞杆导向套长度、活塞杆密封长度和特殊要求的长度确定。

对于一般液压缸,其最小导向长度 H 应满足

$$H \geqslant \frac{L}{20} + \frac{D}{2} \tag{3.21}$$

式中,L 为液压缸的最大工作行程;D 为缸筒内径。单位都为 m。

一般导向套滑面的长度 A,在缸筒内径 $D < 80$ mm 时,取为 $(1.0~1.6)D$;在缸筒内径 $D > 80$ mm 时,则取为 $(0.6~1.0)d$。

活塞宽度 B 取为 $(0.6\sim1.0)D$。为了保证最小导向长度而过分地增大导向套长度和活塞宽度是不适宜的。最好的方法是在导向套与活塞之间装一隔套 K，其长度 C 由所需的最小导向长度决定，即

$$C = H - \frac{1}{2}(A+B) \tag{3.22}$$

采用隔套不仅能保证最小导向长度，而且可以扩大导向套及活塞的通用性。

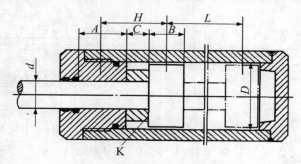

图 3.17　液压缸结构的尺寸

3. 液压缸的校核

（1）缸筒壁厚的校核

中高压液压缸一般用无缝钢管做缸筒，大多属于薄壁筒，即 $\delta/D\leqslant0.08$。此时，可根据材料力学中薄壁圆筒的计算公式校核缸筒的壁厚：

$$\delta \geqslant \frac{p_{max}D}{2[\sigma]} \tag{3.23}$$

当 $\delta/D\geqslant0.30$ 时，可用下式校核缸筒的壁厚：

$$\delta \geqslant \sqrt{\frac{[\sigma]+0.4p_{max}}{[\sigma]-1.3p_{max}}} \tag{3.24}$$

当液压缸采用铸造的方式制缸筒时，壁厚由铸造工艺确定，这时应按厚壁圆筒计算公式校核壁厚。当 $\delta/D=0.08\sim0.30$ 时，可用下式校核缸筒的壁厚：

$$\delta \geqslant \frac{p_{max}D}{2.3[\sigma]-3p_{max}} \tag{3.25}$$

以上三式中，p_{max} 为缸筒内的最高工作压力；$[\sigma]$ 为缸筒材料的允许应力。

（2）液压缸稳定性的校核

活塞杆长度由液压缸最大行程 L 决定。对于工作行程中受压的活塞杆，当活塞杆长度 L 与其直径 d 之比大于 15 时，应对活塞杆进行稳定性校核。关于稳定性校核的内容可查阅《液压设计手册》。

任务三　其他类型液压缸的结构

一、柱塞式液压缸

活塞式液压缸的内壁要求精加工，当液压缸较长时加工就比较困难。因此在行程较长的

情况下多采用柱塞式液压缸。柱塞式液压缸的内壁不需要精加工,只需对柱塞杆进行精加工。

如图 3.18(a)所示,柱塞式液压缸由缸筒 1、柱塞 2、导向套 3、密封圈 4、压盖 5 等零件组成。它结构简单,制造方便,成本低。

柱塞式液压缸只能在压力油作用下产生单向运动,回程借助于运动件的自重或外力的作用。为了得到双向运动,柱塞式液压缸常成对使用,如图 3.18(b)所示。为减轻质量,防止柱塞水平放置时因自重而下垂,常把柱塞做成空心的形式。

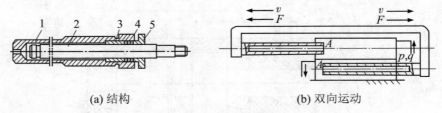

(a) 结构　　　　　　　　　　(b) 双向运动

图 3.18　柱塞式液压缸

1. 缸筒　2. 柱塞　3. 导向套　4. 密封圈　5. 压盖

当柱塞的直径为 d、输入高压油的流量为 q、压力为 p 时,柱塞产生的作用力为

$$F = pA = \frac{\pi d^2}{4} p \tag{3.26}$$

柱塞的运行速度为

$$v = \frac{q}{A} = \frac{4q}{\pi d^2} \tag{3.27}$$

二、组合式液压缸

1. 增压液压缸

增压液压缸又称增压器。增压液压缸将输入的低压油转变为高压油,供液压系统中的高压支路使用。其工作原理如图 3.19 所示。它由直径不同(D 和 d)的两个液压缸串联而成。大缸为活塞缸,是原动缸;小缸是柱塞缸,为输出缸。设输入缸的压力为 p_1,输出缸的压力为 p_2,根据力平衡关系,有

$$\frac{\pi d^2}{4} p_2 = \frac{\pi D^2}{4} p_1$$

整理得

$$p_2 = \frac{D^2}{d^2} p_1 = K p_1 \tag{3.28}$$

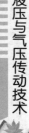

(a) 单作用　　　　　　　　　　(b) 双作用

图 3.19　增压缸的工作原理

式中,比值 $K = D^2/d^2$ 称为增压比。$K > 1$,故 $p_2 > p_1$,实现增压。

增压比代表其增压能力。显然,增压是在降低有效流量的基础上得到的,也就是说增压液压缸仅仅能增大输出的压力,并不能增大输出的能量。

单作用增压缸在柱塞运动到终点时,不能再输出高压液体,需要将活塞退回到左端位置再向右行,这时才又输出高压液体,即只能在一次行程中输出高压液体。为了克服这一缺点,可采用双作用增压液压缸,如图 3.19(b)所示,有两个高压端连续向系统供油。

2. 伸缩套筒液压缸

伸缩套筒液压缸又称多级液压缸,它由两级或多级活塞式液压缸套装而成,如图 3.20 所示。前一级活塞式液压缸的活塞就是后一级活塞式液压缸的缸筒。伸缩缸逐个伸出时,有效工作面积逐次减小。因此,当输入流量相同时,外伸速度逐次增大;当负载恒定时,液压缸的工作压力逐次增高。空载缩回的顺序一般是从小活塞到大活塞,收缩后液压缸总长度较短,结构紧凑,适用于安装空间受限制而要求行程很长的情况。例如,起重机伸缩臂液压缸、自卸汽车举升液压缸等。

在输入压力 p_1 和输入流量 q 保持不变的情况下,逐级输出的推力和速度分别为

$$F_i = p_1 \frac{\pi}{4} D_i^2 \eta_{mi} \tag{3.29}$$

$$v_i = \frac{4q}{\pi D_i^2} \eta_{vi} \tag{3.30}$$

式中,下标 i 表示套筒缸的级数。

3. 齿轮液压缸

齿轮液压缸又称无杆活塞式液压缸,它由两个活塞和一套齿轮齿条传动装置组成,如图 3.21 所示,当压力油推动活塞左右做往复运动时,齿条就推动齿轮件做往复旋转,从而齿轮驱动工作部件(如组合机床中的旋转工作台)做周期性的旋转运动。它多用于自动线、组合机床等的转位或分度机构中。

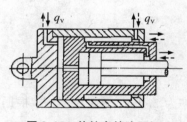

图 3.20 伸缩套筒液压缸

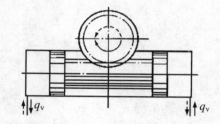

图 3.21 齿轮齿条液压缸

任务四 液压马达的结构、工作原理和特性

一、液压马达概述

液压马达是把液体压力能转换为机械能的装置。从原理上讲,液压泵可以作液压马达

项目 三 液压缸的特性认识和结构设计

使用,液压马达也可作液压泵使用。事实上,同类型的液压泵和液压马达虽然在结构上相似,但由于两者的工作情况不同,所以两者在结构上也有某些差异。一般液压马达和液压泵不能互逆使用。

根据其排量是否可调,液压马达可分为定量马达和变量马达;根据转速高低和转矩大小,液压马达可分为高速小转矩液压马达和低速大转矩液压马达,额定转速高于 500 r/min 的属于高速液压马达,额定转速低于 500 r/min 的属于低速液压马达。另外,有些液压马达只能做小于某一角度的摆动运动,称为摆动式液压马达。各类液压马达的图形符号如图 3.22 所示。

(a) 定量马达   (b) 变量马达   (c) 双向定量马达   (d) 双向变量马达   (e) 摆动马达

图 3.22　液压马达的图形符号

高速液压马达的基本类型有齿轮式、螺杆式、叶片式和轴向柱塞式等。它们的主要特点是转速较高,转动惯量小,便于起动和制动,调速和换向的灵敏度高。通常高速液压马达的输出转矩不大(仅几十牛·米到几百牛·米),所以又称为高速小转矩液压马达。

二、液压马达的性能参数

1. 转速

若液压马达的排量为 V,欲使其以转速 n 旋转,在理想情况下,油液的流量只需要 $q_t(Vn)$,但因有泄漏存在,液压马达的实际输入流量为 q,则 $q > q_t$,容积效率为 η_v,则

$$\eta_v = \frac{q_t}{q} = \frac{Vn}{q} \tag{3.31}$$

其中,液压马达的输出转速

$$n = \frac{q\eta_v}{V} \tag{3.32}$$

2. 转矩

液压马达的理论输入功率为 pq_t,理论输出功率为 $2\pi T_t n$。不考虑损失,根据能量守恒定律,则

$$\begin{cases} pq_t = 2\pi T_t n \\ pV = 2\pi T_t \\ T_t = \dfrac{pV}{2\pi} \end{cases} \tag{3.33}$$

因为存在机械摩擦损失,液压马达的实际输出转矩为 T,则 $T < T_t$,若其机械效率为 η_m,则

$$\eta_m = \frac{T}{T_m} \tag{3.34}$$

其中,液压马达的转矩为

$$T = T_t\eta_m = \frac{pV\eta_m}{2\pi} \tag{3.35}$$

三、液压马达的工作原理及应用

1. 齿轮液压马达

齿轮液压马达的结构与齿轮泵相似,但工作原理与泵互逆。如图 3.23 所示,当高压油输入后,因作用在两个齿轮上的压力作用面积存在差值而产生转矩,从而推动齿轮克服负载阻力矩而转动。图中 K 为两个齿轮的啮合点。设齿轮的齿高为 h,啮合点 K 到齿根的距离分别为 a 和 b。由于 a 和 b 都小于 h,所以当压力油作用在齿面上时(如图 3.23 中箭头所示,凡齿面两边受力平衡的部分都未用箭头表示),在两个齿轮上就各有一个使它们产小转矩的作用力矩 $pB(h-a)$ 和 $pB(h-b)$,其中 p 为输入油液的压力,B 为齿宽。在上述作用力下,两个齿轮按图示方向回转,并把油液带到低压腔排出。和一般齿轮泵一样,齿轮液压马达由于密封性较差,容积效率较低,所以输入的油压不能过高,因而不能产生较大转矩,并且它的转速和转矩都是随着齿轮的啮合情况而脉动的。因此齿轮液压马达一般多用于高转速低转矩的情况。

2. 叶片液压马达

叶片液压马达一般是双作用式定量马达,其工作原理如图 3.24 所示。当压力为 p 的油液从进油口进入叶片之间时,位于进油腔中的叶片 5 因两面均受压力油的作用而不产生转矩。位于封油区的叶片一面受压力油作用,另一面受出油口低压油的作用,所以能产生转矩。同时叶片 1 和 3 及叶片 2 和 4 受力方向相反,叶片 1、3 产生的转矩使转子顺时针回转,叶片 2、4 产生的转矩使转子逆时针回转,但叶片 1、3 伸出长,作用面积大,因此转子做顺时针方向(正转)转动。叶片 1、3 和叶片 2、4 产生的转矩差就是叶片液压马达的输出转矩,定子的长、短半径差值和转子的直径越大,输入的油压越高,马达输出的转矩也就越大。当改变输油方向时,马达实现反转。

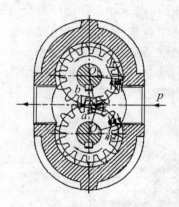

图 3.23　齿轮马达的工作原理

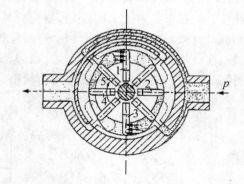

图 3.24　叶片马达的工作原理

叶片液压马达体积小,转动惯量小,因此动作灵敏,可适应换向频率较高的系统。但泄漏较大,不能在很低转速下工作。所以叶片液压马达一般适用于高速低转矩以及要求动作灵敏的工作情况。

3. 轴向柱塞式液压马达

图 3.25 所示为斜盘式轴向柱塞式液压马达的工作原理图。图中斜盘和配流盘固定不动,柱塞轴向安置在缸体中,缸体和马达轴相连一起旋转,斜盘倾角为 γ。当液压泵高压油进

入马达的压油腔之后,滑履在压力油的作用下压向斜盘,其反作用力为 F_N。F_N 可分解成两个分力,轴向分力 F 沿柱塞轴线向右,与柱塞所受的液压力平衡;径向分力 F_T 与柱塞轴线垂直,使得压油区的柱塞都对转子中心产生一个转矩,驱动液压马达逆时针旋转做功。单个柱塞产生的转矩 T_Z 为

$$T_Z = F_T \cdot l = \frac{\pi}{4} d^2 p \tan \gamma \cdot R \sin \varphi_i \tag{3.36}$$

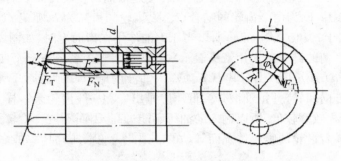

图 3.25　轴向柱塞式液压马达的工作原理

改变输入油液方向,液压马达做顺时针转动;改变斜盘倾角 γ 可以改变液压马达的排量,从而可以调节液压马达输出的转速或转矩。

轴向柱塞式液压马达的总转矩是脉动的。柱塞数目越多,转矩脉动越小,柱塞数目为单数时脉动较小。

轴向柱塞式液压马达的结构简单,体积小,质量轻,工作压力高。

4. 摆动式液压马达

摆动式液压马达是一种实现往复摆动运动的执行元件,它有单叶片式和双叶片式两种结构。图 3.26(a)为单叶片摆动式马达,当压力油从孔 a 进入时,推动叶片 1 和轴一起做逆时针方向转动,回油从孔 b 排出;当压力油从孔 b 进入时,推动叶片和轴一起做顺时针方向转动,回油从孔 a 排出。定子 2 的作用是将高、低压油腔隔开,故其摆动角度小于 310°。图 3.26(b)为双叶片摆动式马达。它有两个进油口和两个出油口,其摆动角度小于 100°。与单叶片式比较,在结构尺寸和输入油的压力、流量都相同的条件下,输出转矩能增加一倍。输出轴不受径向力作用,机械效率高。但转角较小,内泄漏较大,容积效率较低。

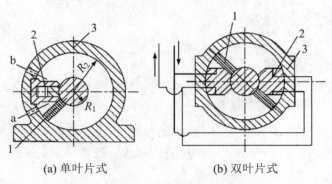

(a) 单叶片式　　　　　(b) 双叶片式

图 3.26　摆动式液压马达的工作原理

1. 叶片　2. 定子　3. 缸筒

四、液压马达的选用

为了获得连续回转和转矩,一般应尽量采用电动机,原因是液压马达成本高,结构复杂。但要求结构特别紧凑和大范围的无级调速时更适合选用液压马达。在精度低、价格低、效率低的场合可以选用齿轮马达;在要求高速小转矩及动作灵敏的场合(如磨床液压系统)应采用叶片式液压马达;在低速大转矩、大功率的场合应采用柱塞式液压马达。

选择的液压马达应尽量与液压泵匹配,减少损失,提高效率。同时需注意以下几点:

① 液压马达的启动性能。不同类型的液压马达,内部受力部件的力平衡性不同,摩擦力也不同,所以启动机械效率不同,差别较大。如齿轮液压马达的启动机械效率只有 0.6 左右,而高性能低转速大转矩的液压马达可达 0.9 左右。

② 液压马达的转速及低速稳定性。液压马达的转速取决于供油的流量及马达本身的排量。要提高容积效率,密封性必须要好。泄漏太多,低速时转速转矩不稳定。故选用时,尽量选用高性能的液压马达,如低速大转矩液压马达。

③ 调速范围。在从低速到高速的很宽范围内工作时,其调速范围越大越好,否则还必须加装变速机构,使传动机构复杂化。调速范围为允许的最高和最低转速之比值。调速范围大的液压马达不但有好的低速稳定性,还有好的高速性能。

习 题

3.1 液压缸有哪些类型?它们的工作特点是什么?

3.2 柱塞式、活塞式和伸缩套筒式液压缸在结构上有什么特点?各适用于什么场合?

3.3 液压缸由哪些部分组成?密封、缓冲和排气的作用是什么?

3.4 什么是差动连接和往返速比?如差动缸 v_3 是 v_2 的 3 倍,A_1/A_2 是多少?

3.5 差动液压缸无杆腔面积 $A_1=50 \text{ cm}^2$,有杆腔面积 $A_2=25 \text{ cm}^2$,负载 $F=2.76\times10^4 \text{ N}$,活塞以 $1.5\times10^{-2} \text{ m/s}$ 的速度运动。试求:

① 供油压力大小;

② 所需的供油量;

③ 液压缸的输入功率。

3.6 液压马达和液压泵有哪些相同点和不同点?哪些是高速马达,哪些是低速马达?

3.7 怎样计算液压缸的几何尺寸?

3.8 在某一工作循环中,若要求快进与快退速度相等,则单杆活塞式液压缸具体需要满足哪些条件?

3.9 某液压系统执行元件为双活塞式液压缸,液压缸的工作压力 $p=3.5 \text{ MPa}$,活塞直径 $D=0.09 \text{ m}$,活塞杆直径 $d=0.04 \text{ m}$,工作进给速度 $v=0.015\,2 \text{ m/s}$。问液压缸能克服多大的阻力?液压缸所需要的流量为多少?

3.10 已知某差动连接液压缸,进油流量 $q_v=30 \text{ L/min}$,进油压力 $p=4 \text{ MPa}$,要求活塞往复运行速度均为 6 m/min。试计算此液压缸内径 D 和活塞杆直径 d,以及输出推力 F。

项目四　方向控制回路的构建

任务一　方向控制阀的结构和工作原理

方向控制阀简称方向阀，是液压系统中必不可少的控制元件，其基本工作原理是利用阀芯与阀体间相对位置的改变，实现油路间的通断，从而满足系统对液流方向的控制。常见的方向控制阀类型有以下几种：

一、单向阀

液压系统中常见的单向阀有普通单向阀和液控单向阀两种。

1. 普通单向阀

普通单向阀的作用是，使油液只沿一个方向流动，不许它反向倒流。图 4.1(a)所示是一种管式普通单向阀的结构。压力油从阀体左端的通口 P_1 流入时，克服弹簧 3 作用在阀芯 2 上的力，使阀芯向右移动，打开阀口，并通过阀芯 2 上的径向孔 a、轴向孔 b 从阀体右端的通口流出。但是压力油从阀体右端的通口 P_2 流入时，它和弹簧力一起使阀芯锥面压紧在阀座上，使阀口关闭，油液无法通过。图 4.1(b)所示是单向阀的图形符号。

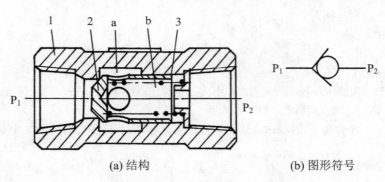

(a) 结构　　　　　　　　　　　(b) 图形符号

图 4.1　单向阀

1. 阀体　2. 阀芯　3. 弹簧

2. 液控单向阀

图 4.2(a)所示是液控单向阀的结构。当控制口 K 处无压力油通入时，它的工作原理和普通单向阀一样，压力油只能从通口 P_1 流向通口 P_2，不能反向倒流。当控制口 K 有控制压力油时，因控制活塞 1 右侧 a 腔通泄油口，活塞 1 右移，推动顶杆 2 顶开阀芯 3，使通口 P_1 和

P_2 接通,油液就可在两个方向自由通流。图 4.2(b)所示是液控单向阀的图形符号。

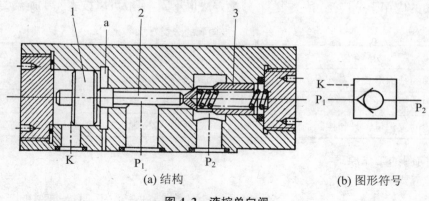

(a) 结构   (b) 图形符号

图 4.2　液控单向阀

1. 活塞　2. 顶杆　3. 阀芯

3. 单向阀的应用

液控单向阀具有良好的单向密封性能,常用于执行元件需要较长时间保压、锁紧等情况,也用于防止立式液压缸停止时自动下滑及速度换接等回路中。图 4.3 所示的回路中采用了两个液控单向阀(又称双向液压锁)。

在垂直设置的液压缸下腔管路上安装有一个液控单向阀,可将液压缸(即负载)较长时间锁定在任意位置上,并可防止由于换向阀的内部泄漏引起带有负载的活塞杆落下,如图 4.4 所示。

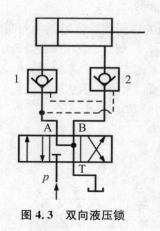

图 4.3　双向液压锁

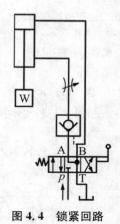

图 4.4　锁紧回路

二、换向阀

换向阀借助于阀芯与阀体之间的相对运动,使与阀体相连的各油路接通、断开或改变液流方向,以实现液压元件的启动、停止或变换方向。

换向阀的种类很多,按阀芯相对于阀体的运动方式来分有滑阀式和转阀式两大类。滑阀式利用柱状阀芯相对阀体的往复直线位移来改变内部通道连接方式,从而控制油路通断和改变液流方向;而转阀式利用柱状阀芯与阀体的旋转位移实现上述作用。滑阀式在液压系统中远比转阀式使用广泛。

1. 换向阀的分类及图形符号

换向阀的应用十分广泛,种类很多,分类方法也不同,一般可以按表4.1所给方式分类。

表 4.1　换向阀的分类

分 类 方 法	类 型
按阀的结构形式分	滑阀式、转阀式、球阀式、锥阀式
按阀的操纵方式分	手动、机动、电磁、液动、电液动、气动
按阀的工作位置数和控制通路数分	二位二通、二位三通、二位四通、三位四通等

2. 换向阀的工作原理

(1) 滑阀式换向阀

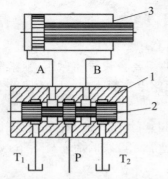

图 4.5　滑阀式三位五通换向阀的工作原理图

1. 阀体　2. 阀芯　3. 液压缸

以图 4.5 的滑阀式三位五通换向阀的工作原理为例。液压阀由阀体和阀芯组成。阀体的内孔开有五个沉割槽,对应外接的五个油口,称为五通阀。阀芯上有三个台肩与阀体内孔配合。在液压系统中,一般设 P、T(T_1、T_2)为压力油口和回油口;A、B 为接负载的工作油口(下同)。在图示位置(中间位置),各油口互不相通;若使阀芯 2 右移一段距离,则油口 P 与 A 相通,B 与 T_2 相通,液压缸活塞右移;若使阀芯左移,则油口 P 与 B 相通,A 与 T_1 相通,液压缸活塞左移。

(2) 转阀式换向阀

以图 4.6(a) 的转阀式三位四通换向阀的工作原理图为例。该阀由阀体 1、阀芯 2 和使阀芯转动的操作手柄 3 组成. 在图示位络,油口 P 与 A 相通、B 与 T 相通;当操作手柄转换到"止"位络时,油口 P、A、B 与 T 均不相通,当操作手柄转换到另一位络时,则油口 P 与 B 相通,A 与 T 相通。图 4.6(b) 所示是它的图形符号图。

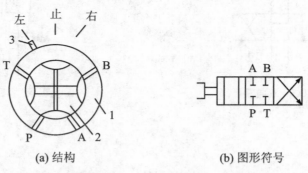

(a) 结构　　　　　　　　　　　　(b) 图形符号

图 4.6　转阀式三位四通换向阀的工作原理

1. 阀体　2. 阀芯　3. 手柄

(3) 液压传动系统对换向阀性能的要求

① 油液流经换向阀时的压力损失要小。

② 互不相通的油口间的泄漏要小。

③ 换向要平稳、迅速且可靠。

液压与气压传动技术

3. 滑阀式换向阀

（1）阀体和阀芯的几种配合形式

上面以三位五通换向阀为例介绍了滑阀式换向阀的工作原理。实际应用时，常常在阀体内将两个 T 口沟通并封闭其中一个，成为四通换向阀，如图 4.7（a）所示。对于这类具有代表性的阀，阀体和阀芯之间可以具有多种配合形式。图 4.7（b）所示为三槽二台肩换向阀，其油口通断情况很明显，它的结构简单，但回油压力直接作用在阀芯两端，对阀芯两端的密封性要求较高。图 4.7（c）所示为五槽四台肩换向阀，结构稍复杂些。图 4.7（d）所示为四槽四台肩换向阀，它将两个 T 口的连通从阀体改到阀芯。无论结构上如何变化，其油口通断的工作原理是相同的，都用 4.7（e）的图形符号表示。

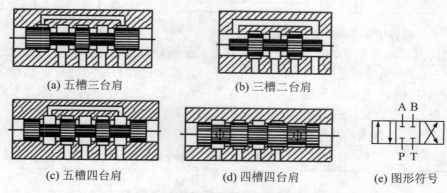

图 4.7　阀体和阀芯的配合形式举例

（2）位置数、通路数及中位机能

① 换向阀的位置数。位置数是指正常工作时换向阀在外力作用下所能实现的工作位置数目（简称"位数"）。如图 4.7（e）所示，在图形符号中，位数用粗实线方格（或长方格）表示，有几位即画几个格。

② 换向阀的通路数。通路数是指换向阀外连工作油口的数目。在图形符号中，用 T 表示油路被阀芯封闭，用 | 或/或箭头表示油路连通，注意箭头方向不一定表示流动方向。一个方格内油路与方格的交点数即为通路数，有几个交点就是几通。

表 4.2 列出了几种常用换向阀的结构原理及图形符号。

表 4.2　换向阀的结构原理及图形符号

名　称	结构原理	图形符号
二位二通		
二位三通		
二位五通		

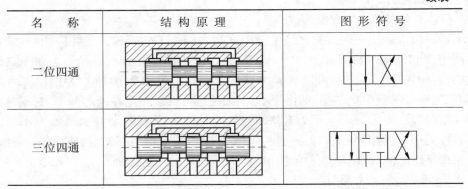

名　称	结构原理	图形符号
二位四通		
三位四通		

（3）换向阀的中位机能

换向阀都有两个或两个以上工作位置,其中未受到外部操纵作用时所处的位置为常态位。对于三位阀,图形符号的中间位置为常态位,在这个位置其油口连通方式称为中位机能。换向阀的阀体一般设计成通用件,对同规格的阀体配以台肩结构、轴向尺寸及内部通孔等不同的阀芯,可实现常态位各油口的不同中位机能。

表 4.3 列出了常用的几种中位机能的名称、结构原理、图形符号和中位特点。

表 4.3　三位四通换向阀的中位机能举例

名称	结构原理	图形符号	中位特点
O			液压阀从其他位置转换到中位时,执行元件立即停止,换向位置精度高,但液压冲击大;液压执行元件停止工作后,油液被封闭在阀后的管路及元件中,重新启动时较平稳;在中位时液压泵不卸荷
H			换向平稳,液压缸冲出量大,换向位置精度低;执行元件浮动,重新启动时有冲击;液压泵在中位时卸荷
Y			P口封闭,A口、B口、T口导通。换向平稳,液压缸冲出量大,换向位置精度低;执行元件浮动,重新启动时有冲击;液压泵在中位时不卸荷
P			T口封闭,P口、A口、B口导通。换向平稳,液压缸冲出量大,换向位置精度低;执行元件浮动(差动液压缸不能浮动),重新启动时有冲击;液压泵在中位时不卸荷
M			液压阀从其他位置转换到中位时,执行元件立即停止,换向位置精度高,但液压冲击大;液压执行元件停止工作后,执行元件及管路充满油液,重新启动时较平稳;在中位时液压泵卸荷

从表 4.3 中可以看出,不同的中位机能具有各自的特点。液压阀连接着动力元件和执

行元件,一般情况下,换向阀的入口接液压泵,出口接液压马达或液压缸。分析中位机能的特点,就是要分析液压阀在中位时或在液压阀中位与其他工作位置转换时对液压泵和液压执行元件工作性能的影响。通常考虑以下几个因素:

① 系统保压与卸荷。当液压阀的 P 口被堵塞时,系统保压,这时的液压泵可用于多缸系统。如果液压阀的 P 口与 T 口相通,则液压泵输出的油液直接流回油箱,没有压力,称为系统卸荷。

② 换向精度与平稳性。若 A 口、B 口封闭,液压阀从其他位置转换到中位,则执行元件立即停止,换向位置精度高,但液压冲击大,换向不平稳;反之,若 A 口、B 口都与 T 口相通,液压阀从其他位置转换到中位时,执行元件不易制动,换向位置精度低,但液压冲击小。

③ 启动平稳性。若 A 口、B 口封闭,执行元件停止工作后,阀后的元件及管路充满油液,重新启动时较平稳;若 A 口、B 口与 T 口相通,执行元件停止工作后,元件及管路中油液泄漏回油箱,重新启动时不平稳。

④ 执行元件浮动。液压阀在中位时,可以靠外力使执行元件运动来调节其位置,称为浮动。如 A 口、B 口互通时的双出杆液压缸,或 A 口、B 口、T 口连通等情况。

4. 几种常用滑阀式换向阀的结构

在液压传动系统中广泛采用的是滑阀式换向阀,在这里主要介绍这种换向阀的几种典型结构。

(1) 手动换向阀

图 4.8(b)为自动复位式手动换向阀的结构,放开手柄 1、阀芯 2 在弹簧 3 的作用下自动回复到中位。该阀适用于动作频繁、工作持续时间短的场合,操作比较完全,常用于工程机械的液压传动系统中。

如果将该阀阀芯右端弹簧 3 的部位改为可自动定位的结构形式,即成为可在三个位置定位的手动换向阀。图 4.8(a)为其图形符号。

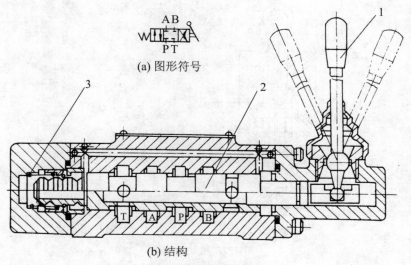

(a) 图形符号

(b) 结构

图 4.8 手动换向阀
1. 手柄 2. 阀芯 3. 弹簧

（2）机动换向阀

机动换向阀又称行程阀，主要用来控制机械运动部件的行程，它借助于安装在工作台上的挡铁或凸轮来迫使阀芯移动，从而控制油液的流动方向。机动换向阀通常是二位的，有二通、三通、四通和五通几种，其中二位二通机动换向阀又分常闭和常开两种。图4.9(a)为滚轮式二位三通常闭式机动换向阀，在图示位置阀芯2被弹簧1压向上端，油口P和A通，B口关闭。当挡铁或凸轮压住滚轮4使阀芯2移动到下端时，就使油口P和A断开，P和B接通，A口关闭。图4.9(b)所示为其图形符号。

（3）电磁换向阀

电磁换向阀利用电磁铁的通电吸合与断电释放而直接推动阀芯，从而控制液流方向。它的电气信号由按钮开关、限位开关、行程开关等电气元件发出，从而可以使液压系统方便地实现各种操作及自动顺序动作。

电磁铁按使用电源的不同，可分为交流和直流两种；按衔铁工作腔是否有油液又可分为干式和湿式两种。交流电磁铁启动力较大，不需要专门的电源，吸合、释放快，动作时间约为0.01～0.03 s。其缺点是若电源电压下降15%以上，则电磁铁吸力明显减小，若衔铁不做动作，干式电磁铁会在10～15 min后烧坏线圈（湿式电磁铁为1.0～1.5 h），且冲击及噪声较大，寿命低，因而在实际使用中，交流电磁铁允许的切换频率一般为10次/min，不得超过30次/min。直流电磁铁工作较可靠，吸合、释放动作时间约为0.05～0.08 s，允许使用的切换频率较高，一般可达120次/min，最高可达300次/min，且冲击小、体积小、寿命长。但需有专门的直流电源，成本较高。此外，还有一种整体直流电磁铁，电磁铁本身带有整流器，通入的交流电经整流后再供给直流电磁铁。目前，国外新开发了一种油浸式电磁铁，不但衔铁，而且激磁线圈也都浸在油液中工作，它具有寿命更长，工作更平稳可靠等特点，但由于造价较高，应用面不广。

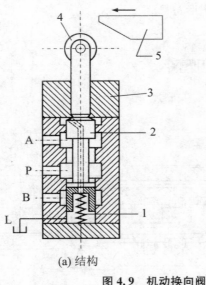

(a) 结构　　　　　　　(b) 图形符号

图4.9　机动换向阀

1. 弹簧　2. 阀芯　3. 阀体　4. 滚轮　5. 挡块

图4.10(a)所示为二位三通交流电磁换向阀的结构，在图示位置，油口P和A相通，油口B断开。当电磁铁通电吸合时，推杆1将阀芯2推向右端，这时油口P和A断开，而与B

相通。而当磁铁断电释放时，弹簧 3 推动阀芯复位。图 4.10(b)所示为其图形符号。

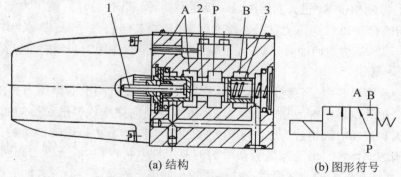

(a) 结构   (b) 图形符号

图 4.10　二位三通交流电磁换向阀
1. 推杆　2. 阀芯　3. 弹簧

如前所述，电磁换向阀就其工作位置来说，有二位和三位等。二位电磁换向阀有一个电磁铁，靠弹簧复位；三位电磁换向阀有两个电磁铁，图 4.11 所示为一种三位五通电磁换向阀的结构和图形符号。

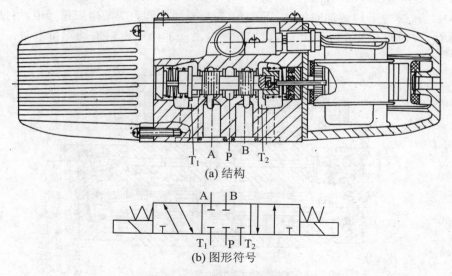

(a) 结构

(b) 图形符号

图 4.11　三位五通电磁换向阀

（4）液动换向阀

液动换向阀通过控制油路的压力油来改变阀芯位置，图 4.12 所示为三位四通液动换向

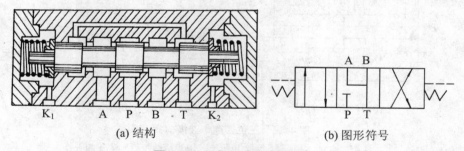

(a) 结构   (b) 图形符号

图 4.12　三位四通液动换向阀

阀的结构和图形符号。阀芯是由其两端密封腔中油液的压差来移动的,当控制油路的压力油从阀右边的控制油口 K_2 进入右腔时,K_1 接通回油,阀芯向左移动,使压力油口 P 与 B 相通,A 与 T 相通;当 K_1 接通压力油,K_2 接通回油时,阀芯向右移动,使得 P 与 A 相通,B 与 T 相通;当 K_1、K_2 都接通回油时,阀芯在两端弹簧和定位套作用下回到中间位置。

（5）电液换向阀

在大中型液压设备中,当通过阀的流量较大时,作用在滑阀上的摩擦力和液动力较大,此时电磁换向阀的电磁铁推力相对太小,需要用电液换向阀来代替电磁换向阀。电液换向阀由电磁滑阀和液动滑阀组合而成。电磁滑阀起先导作用,它可以改变液流的方向,从而改变液动滑阀阀芯的位置。由于操纵液动滑阀的液压推力可以很大,所以主阀阀芯的尺寸可以做得很大,允许有较大的油液流量。这样用较小的电磁铁就能控制较大的液流。

图 4.13 所示为弹簧对中型三位四通电液换向阀的结构和图形符号,当先导电磁滑阀左边的电磁铁通电后使其阀芯向右移动,来自主阀的 P 口或外接油口的控制压力油可经先导电磁滑阀的 A′口和左边的单向阀进入主阀左端工作腔,并推动主阀阀芯向右移动。这时主阀阀芯右端工作腔中的控制油液可通过右边的节流阀经先导电磁滑阀的 B′口和 T′口,再从主阀的 T 口或外接油口流回油箱(主阀阀芯的移动速度可由右边的节流阀调节),使主阀的 P 口与 A 口、B 口与 T 口的油路相通;反之,由先导电磁滑阀右边的电磁铁通电,可使主阀的 P 口与 B 口、A 口与 T 口的油路相通;当先导电磁滑阀的两个电磁铁均不带电时,先导电磁

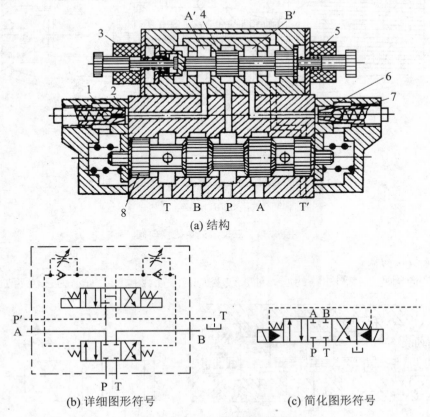

(a) 结构

(b) 详细图形符号　　　　　　　　　　(c) 简化图形符号

图 4.13　三位四通电液换向阀

1、6. 节流阀　2、7. 单向阀　3、5. 电磁铁　4. 电磁阀阀芯　8. 主阀阀芯

阀阀芯在其对中弹簧作用下回到中位,此时来自主阀的 P 口或外接油口的控制压力油不再进入主阀阀芯的左、右两个工作腔,主阀阀芯左、右两个工作腔的油液通过先导电磁滑阀中间位置的 A′、B′两个口与先导电磁阀 T′口相通[图 4.13(b)],再从主阀的 T 口或外接油口流回油箱。主阀阀芯在两端对中弹簧的预压力的推动下,依靠阀体定位,准确地回到中位,此时主阀的 P、A、B 和 T 口均不通。电液换向阀除了上述的弹簧对中的以外还有液压对中的,在液压对中的电液换向阀中,先导电磁滑阀在中位时,A′、B′两个口均与 P 口连通,而 T′口则封闭,其他方面与弹簧对中的电液换向阀基本相似。

5. 滑阀的液压卡紧现象

一般滑阀的阀孔和阀芯之间有很小的缝隙,当缝隙均匀且缝隙中有油液时,移动阀芯所需的力只需克服黏性摩擦力,这个摩擦力是相当小的。但在实际使用中,特别是在中高压系统中,当阀芯停止运动一段时间后(一般为 5 min 以后),这个阻力可以大到几百牛,使阀芯很难重新移动。这就是所谓的液压卡紧现象。

引起液压卡紧的原因,有的是由于脏物进入缝隙而使阀芯移动困难,有的是由于缝隙过小,阀芯在油温升高时膨胀而卡死,但是主要原因来自滑阀副几何形状误差和同心度变化所引起的径向不平衡液压力。如图 4.14(a)所示,当阀芯和阀体孔之间无几何形状误差,且轴心线平行但不重合时,阀芯周围缝隙内的压力分布是线性的(如图中 A_1 和 A_2 曲线所示),且各向相等,阀芯上不会出现不平衡的径向力。当阀芯因加工误差而带有倒锥(锥部大端朝向高压腔),且轴心线平行而不重合时,阀芯周围缝隙内的压力分布如图 4.14(b)中曲线 A_1 和 A_2 所示,这时阀芯将受到径向不平衡力[图 4.14(b)中阴影部分]的作用而使偏心距越来越大,直到两者表面接触为止,这时径向不平衡力达到最大值;当阀芯带有顺锥(锥部大端朝向低压腔)时,产生的径向不平衡力将使阀芯和阀孔间的偏心距减小。图 4.14(c)所示为阀芯表面有局部凸起(相当于阀芯碰伤、残留毛刺或缝隙中楔入脏物)时,阀芯受到的径向不平衡力会将阀芯的凸起部分推向孔壁。

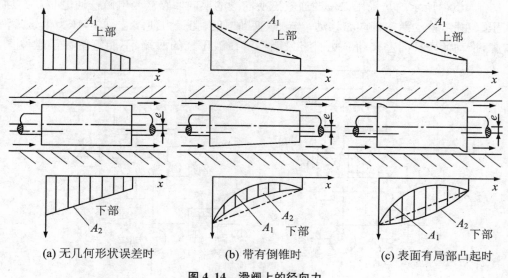

(a) 无几何形状误差时　　(b) 带有倒锥时　　(c) 表面有局部凸起时

图 4.14　滑阀上的径向力

当阀芯受到径向不平衡力作用而与阀孔接触后,缝隙中存留液体被挤出,阀芯与阀孔间的摩擦变成半干摩擦乃至干摩擦,因而使重新移动阀芯时所需的力增大了很多。

滑阀的液压卡紧现象不仅存在于换向阀中,在其他的液压阀中也普遍存在,在高压系统中更为突出,特别是滑阀的停留时间越长,液压卡紧力越大,以致造成移动滑阀的推力(如电磁铁推力)不能克服卡紧阻力,使滑阀不能复位。为了减小径向不平衡力,一方面,应严格控制阀芯和阀孔的制造精度,在装配时,尽可能使其成为顺锥形式;另一方面,在阀芯上开环形均压槽,也可以大大减小径向不平衡力。

任务二　方向控制回路的构建和特性

方向控制回路的作用是利用各种方向控制阀来控制液压系统中各油路油液的通、断及变向,实现执行元件的启动、停止或换向。常用的方向控制回路有换向回路、锁紧回路和制动回路等。

一、换向回路

换向回路的作用是变换执行元件的运动方向。系统对换向回路的基本要求是:换向可靠、灵敏、平稳,换向精度合适。执行元件的换向过程一般包括执行元件的制动、停留和启动三个阶段。

1. 简单换向回路

液压系统中执行元件运动方向的变换一般由换向阀实现,根据执行元件换向的要求,对于采用二位(或三位)四通(或五通)换向阀的回路,控制方式可以是人力、机械、电动、液动和电液动等。

图4.15(a)所示的是采用二位四通电磁换向阀的换向回路。当电磁铁通电时,压力油进入液压缸左腔,推动活塞杆向右移动;当电磁铁断电时,弹簧力使阀芯复位,压力油进入液压缸右腔,推动活塞杆向左移动。此回路只能停留在液压缸的两端,不能停留在任意位置上。

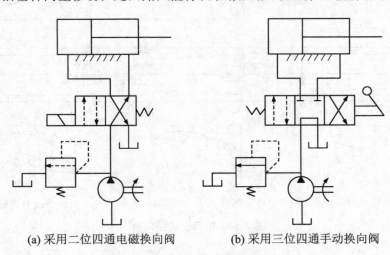

(a) 采用二位四通电磁换向阀　　　　(b) 采用三位四通手动换向阀

图4.15　换向回路

图 4.15(b)所示的是采用三位四通手动换向阀的换向回路。当阀中位工作时,M 型滑阀机能使泵卸荷,液压缸左、右两个腔油路封闭,活塞制动;当阀左位工作时,液压缸左腔进油,活塞向右移动;当阀右位工作时,液压缸右腔进油,活塞向左移动,此回路可以使执行元件在任意位置停止运动。

　　三位四通手动换向阀除了能使执行元件正反两个方向的运动外,还有不同的中位滑阀机能,可使系统得到不同的性能。一般的液压缸,在换向过程中的制动和启动由缓冲装置来调节;液压马达在换向过程中的制动则需要设置制动阀等来调节。换向过程中停留的时间长短,取决于换向阀的切换时间,也可以通过电路来控制。

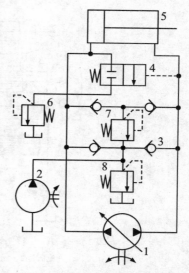

　　在闭式系统中,可通过采用双向变量泵控制液流的方向来实现执行元件的换向,如图 4.16 所示。液压缸 5 的活塞向右移动时,其进油流量大于排油流量,双向变量泵 1 的吸油侧流量不足,辅助泵 2 通过单向阀 3 来补充流量;改变双向变量泵 1 的供油方向,活塞向左移动,排油流量大于吸油流量,泵 1 吸油侧多余的油液通过由液压缸 5 进油侧压力控制的二位四通阀 4 和背压阀 6 排回油箱。溢流阀 8 限定补油压力,使泵吸油侧有一定的吸入压力。溢流阀 7 是防止系统过载的安全阀。这种回路适用压力较高、流量较大的场合。

图 4.16　采用双向变量泵的换向回路
1. 双向变量泵　2. 辅助泵　3. 单向阀
4. 二位四通阀　5. 液压缸　6. 背压阀　7、8. 溢流阀

2. 复杂换向回路

　　当需要频繁、连续自动做往复运动,并对换向过程有很多附加要求时,则需采用复杂的连续换向回路。

　　对于对换向要求高的主机(如各类磨床),若用手动换向阀就不能实现自动往复运动。采用机动换向阀,利用工作台上的行程挡块推动连接在换向阀杆上的拨杆来实现自动换向,但当工作台慢速移动到换向阀位于中间位置时,工作台会因失去动力而停止运动,出现“换向死点”,不能实现自动换向;当工作台高速移动时,又会因换向阀芯移动过快而引起换向冲击。若采用电磁换向阀,由行程挡块推动行程开关发出换向信号,使电磁换向阀做推动换向,可避免“换向死点”,但电磁换向阀的动作一般较快,存在换向冲击,而且电磁换向阀还有换向频率不高、寿命短、易出故障等缺陷。为了解决上述矛盾,采用特殊设计的机动换向阀,以行程挡块推动机动先导阀,由它通过控制一个可调式液动换向阀来实现工作台的换向,既可避免“换向死点”,又可消除换向冲击。这种换向回路,按换向要求不同分为时间控制制动式和行程控制制动式。

1. 时间控制制动式连续换向回路

　　如图 4.17 所示,这种回路中的主油路只受液动换向阀 3 控制。在换向过程中,当先导阀 2 在左端位置时,控制油路中的压力油经单向阀 7 通向换向阀 3 右端,换向阀左端的油经节流阀 5 流回油箱,换向阀芯向左移动,阀芯上的制动锥面逐渐关小回油通道,活塞速度逐渐减小,并在换向阀 3 的阀芯移过 l 距离后将通道闭死,使活塞停止运动。换向阀阀芯上的

制动锥半锥角 α 大小一般取为 $1.5°\sim3.5°$，在对换向要求不高时还可以取大一些。制动锥长度 l 可根据试验确定，一般取为 $3\sim12$ mm。当节流阀 5 和 8 的开口大小调定之后，换向阀阀芯移过距离 l 所需的时间（即活塞制动所经历的时间）也就确定不变了（不考虑油液黏度变化的影响）。因此，这种制动方式称为时间控制制动式。

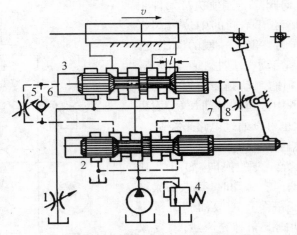

图 4.17　时间控制制动式连续换向回路

1、5、8. 节流阀　2. 先导阀　3. 换向阀　4. 溢流阀　6、7. 单向阀

　　这种换向回路的主要优点是：其制动时间可根据主机部件运动速度的快慢、惯性的大小，通过节流阀 5 和 8 进行调节，以便控制换向冲击，提高工作效率；换向阀中位机能采用 H 型，对减小冲击量和提高换向平稳性都有利。其主要缺点是：换向过程中的冲击量受运动部件的速度和其他一些因素的影响，换向精度不高。这种换向回路主要用于工作部件运动速度较高，要求换向平稳无冲击，但换向精度要求不高的场合，如用于平面磨床、插床、拉床和刨床液压系统中。

　　2. 行程控制制动式连续换向回路

　　如图 4.18 所示，主油路除受液动换向阀 3 控制外，还受先导阀 2 控制。当先导阀 2 在

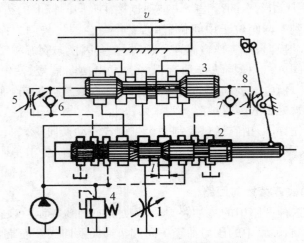

图 4.18　行程控制的制动的连续换向回路

1、5、8. 节流阀　2. 先导阀　3. 换向阀　4. 溢流阀　6、7. 单向阀

液压与气压传动技术

换向过程中向左移动时,先导阀阀芯的右制动锥将液压缸右腔的回油通道逐渐关小,使活塞移动的速度逐渐减慢,对活塞进行预制动。当回油通道被关得很小(轴向开口量为 0.2～0.5 mm),活塞速度变得很慢时,换向阀 3 的控制油路才开始切换,换向阀阀芯向左移动,切断主油路通道,使活塞停止运动,并随即使它在相反的方向启动。无论运动部件原来的移动快慢如何,先导阀总是要先移动一段固定的行程 l,将工作部件先进行预制动后,再由换向阀来使它换向。因此,这种制动方式称为行程控制制动式。先导阀制动锥半锥角 α 一般取为 $1.5°～3.5°$,长度 l 为 5～12 mm,合理选择制动锥度能使制动平稳(而换向阀上没有必要采用较长的制动锥,一般制动锥长度只有 2 mm,半锥角较大,$\alpha=5°$)。

这种换向回路的换向精度较高,冲出量较小,但由于先导阀的制动行程恒定不变,制动时间的长短和换向冲击的大小将受运动部件速度的影响。这种换向回路主要用在主机工作部件运动速度不大,但换向精度要求较高的场合,如内、外圆磨床的液压系统中。

二、锁紧回路

锁紧回路的功能是通过切断执行元件的进、出油通道来使它停在任意位置,并防止其停止运动后因外界因素而发生窜动。使液压缸锁紧的最简单的方法是利用三位换向阀的 O 型或 M 型中位机能来封闭液压缸的两个腔,使活塞在行程范围内的任意位置停止。但由于滑阀的泄漏,不能长时间保持在停止位置不动,所以锁紧精度不高。最常用的方法是采用液控单向阀作锁紧元件。

图 4.19 所示为用液控单向阀锁紧回路。在液压缸的两条油路上串接液控单向阀,它能在液压缸不工作时,使活塞在两个方向的任意位置上迅速、平稳、可靠且长时间地锁紧。其锁紧精度主要取决于液压缸的泄漏情况,而液控单向阀本身的密封性很好。两个液控单向阀做成一体时,称为双向液压锁。

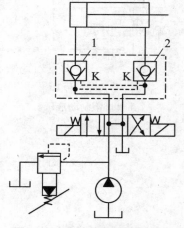

图 4.19　液控单向阀锁紧回路
1、2. 液控单向阀

采用液控单向阀锁紧的回路,必须注意换向阀中位机能的选择。如图 4.19 所示,采用 H 型机能,换向阀中位工作时能使两个控制油口 K 直接通油箱,液控单向阀立即关闭,活塞停止运动。如果采用 O 型或 M 型中位机能,活塞移动至换向阀处于中位时,由于液控单向阀控制腔的压力油被封住,液控单向阀不能立即关闭,直到控制腔的压力油卸压后,才能关闭,因而对其锁紧的位置精度有所影响。

这种回路广泛应用于工程机械、起重运输机械等有较高锁紧要求的场合。

三、制动回路

在用液压马达作执行元件的场合,利用制动器锁紧可解决因执行元件内泄漏影响锁紧精度的问题,达到安全可靠锁紧的目的。为防止突然断电发生事故,制动器一般都采用弹簧上闸制动、液压松闸的结构。如图 4.20 所示,有三种制动回路连接方式。

在图 4.20(a)中,制动液压缸 4 为单作用缸,它与起升液压马达 3 的进油路相连接。当系统有压力油时,制动器松开;当系统无压力油时,制动器在弹簧力作用下上闸锁紧。起升回路需放在串联油路的末端,即起升马达的回油直接通回油箱。若将该回路置于其他回路之前,则当其他回路工作而起升回路不工作时,起升马达的制动器也会被打开,容易发生事故。制动回路中单向节流阀的作用是:制动时快速,松闸时滞后,以防止开始起升时,负载因松闸过快而造成负载先下滑再上升的现象。

在图 4.20(b)中,制动液压缸为双作用液压缸,其两个腔分别与起升马达的进、出油路相连接。起升马达在串联油路中的布置不受限制,因为只有在起升马达工作时,制动器才会松闸。

在图 4.20(c)中,制动液压缸通过梭阀 6 与起升马达的进、出油路相连接。当起升马达工作时,无论是负载起升还是下降,压力油都会经梭阀与制动液压缸相通,使制动器松闸。为了使起升马达不工作时制动器油缸的油与油箱相通而使制动器上闸锁紧,回路中的换向阀必须选用 H 型中位机能的换向阀。因此,制动回路必须置于串联油路的末端。

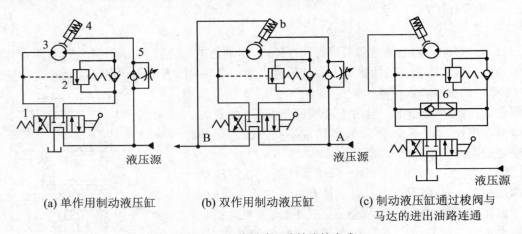

(a) 单作用制动液压缸　　　　(b) 双作用制动液压缸　　　(c) 制动液压缸通过梭阀与
马达的进出油路连通

图 4.20　三种制动回路的连接方式
1. 换向阀　2. 缺荷阀　3. 马达　4. 液压缸　5. 节流阀　6. 梭阀

习　　题

4.1　何谓换向阀的"通"和"位",并举例说明。

4.2　试说明三位四通阀 O 型、M 型、H 型中位机能的特点和它们的应用场合。

4.3　试比较普通单向阀和液控单向阀的区别。

4.4　画出二位、三位四通电磁换向阀的图形符号。

4.3　电液换向阀适用于什么场合,它的先导阀中位机能为 O 型可以吗? 为什么?

4.4　不同操作方式的换向阀组成的换向回路各有什么特点?

4.5　闭锁回路中的三位换向阀的中位机能是否可任意选择? 为什么?

4.6　在液压系统中,当工作部件停止运动后,使泵卸荷有什么好处? 举例说明几种常用的卸荷方法?

4.7　什么是液压锁? 它的工作原理是什么?

液压与气压传动技术

项目四附录 方向控制回路的构建实验

实验一 活塞缸往返运行回路

一、实验目的

1. 熟悉换向阀的工作原理及图形符号。
2. 了解换向阀的工业应用领域。
3. 培养学习液压传动课程的兴趣和进行实际工程设计的积极性,拓宽知识面,为进行创新设计打好一定的知识基础。
4. 培养利用不同类型的换向阀设计类似换向回路的能力。

二、实验器材

三位四通电磁换向阀 1 只;液压缸 1 只;直动式溢流阀 1 只;油管若干;压力表(量程:0~10 MPa) 1 只。

三、实验原理

学生可以根据个人兴趣,安装并运行一个或多个液压换向回路,同时要查看液压缸的运行状态。现以 O 型的三位四通电磁换向阀为例构建液压活塞缸往返运行实验。附图 4.1 所示分别为其回路的工作原理图和控制电路图,其基本工作原理为:电磁铁 YA1 得电,液压缸伸出;电磁铁 YA2 得电,液压缸缩回。

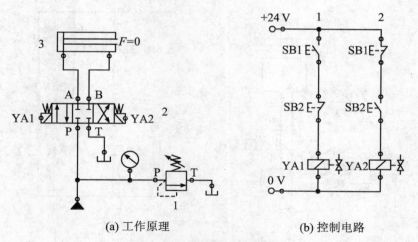

(a) 工作原理   (b) 控制电路

附图 4.1 活塞缸往返运行回路

(a) 1. 溢流阀 2. 三位四通电磁换向阀 3. 液压缸

四、实验步骤

1. 读懂回路图,根据工作原理图选择液压元件,并且检查其性能的完好性。

2. 将检查好的液压元件安装在插件板的适当位置,按照回路要求,通过快速接头和软管把各个元件合理连接起来(包括压力表)。(注:并联油路可用多孔油路板。)

3. 对照回路图仔细检查,确认安装无误后,再正确连接控制电路。

4. 当确认回路和控制电路均正确无误后,旋松泵出油口处的溢流阀 1,将其控制压力调为最低;再启动油泵,按要求调节溢流阀,将系统压力调到实验所需的压力,但要求小于实验台系统额定压力。

5. 开启电源,当开关 SB1 闭合时,电磁铁 YA1 得电,电磁换向阀 2 换向,液压缸伸出;当开关 SB2 闭合时,电磁铁 YA2 得电,电磁换向阀 2 换向,液压缸缩回。反复操作开关 SB1 和 SB2,观察液压缸的运行情况。

6. 实验完毕后,应先旋松溢流阀 1,再停止油泵工作。确认回路中压力为零后,取下连接油管和元件,归类放入规定的地方,并保持系统的清洁性。

五、注意事项

1. 检查油路搭接是否正确。

2. 检查电路连接是否正确(检查 PLC 输入是否要求外接电源)。

3. 检查油管接头搭接是否牢固(搭接后,可以稍微用力拉一下)。

4. 检查电路搭接是否正确,开始实验前需检查并运行。如有错误,要先修正,直到错误排除,再启动泵站,开始实验。

回路必须搭接溢流阀,启动泵站前,完全打开溢流阀;实验完成后,完全打开溢流阀,停止泵站。

六、实验拓展图

压力继电器自动换向回路如附图 4.2 所示。

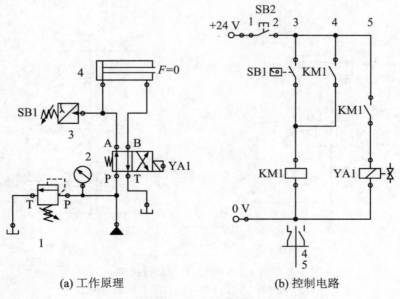

(a) 工作原理   (b) 控制电路

附图 4.2　拓展回路 I

液压与气压传动技术

接近开关控制继电器自动换向回路如附图4.3所示。

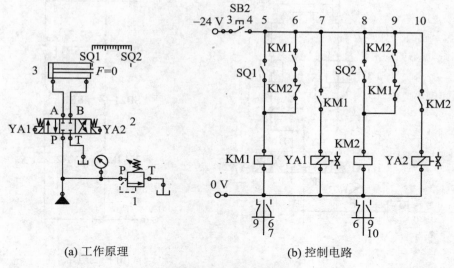

(a) 工作原理   (b) 控制电路

附图4.3　拓展回路Ⅱ

七、思考题

1. 什么叫液压传动? 结合液压传动系统图说明它是怎样实现能量传递的。
2. 液压传动系统一般由哪几个部分组成? 各个部分的功能是什么?
3. 液压传动系统的压力和工作机构的运动速度分别是由什么决定的?

实验二　液压锁紧回路

一、实验目的

1. 了解液压锁紧回路在工业中的作用。
2. 了解接近开关的工作原理和使用方法。
3. 掌握典型的液压锁紧回路的工作原理及其应用。
4. 掌握普通单向阀和液控单向阀的工作原理、图形符号及其应用。

二、实验器材

三位四通电磁换向阀1只;液控单向阀2只;液压缸1只;动式溢流阀1只;压力表1只;油管及导线若干。

三、实验原理

附图4.4所示为液压锁紧回路,其基本工作原理是:三位四通电磁换向阀2当位于中位时,两只液控单向阀双向锁紧,液压缸4保持停留不动的工作状态;当位于左位时,液压缸伸出;当位于右位时,液压缸缩回。

在工业生产中,在工作停留时段,经常需要液压系统保持液压缸闭锁。如起重汽车的支撑液压缸,在起重时支撑液压缸必须闭锁;在起吊重物转移或停留时,起重缸或马达必须闭锁等。

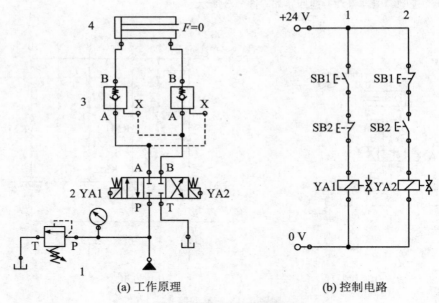

(a) 工作原理 (b) 控制电路

附图 4.4　液压锁紧回路

(a) 1. 溢流阀　2. 三位四通电磁换向阀　3. 液控单向阀　4. 液压缸

四、实验步骤

1. 读懂液压锁紧回路图,根据工作原理图选择恰当的液压和电器元件,并按图把实物连接起来。

2. 认真检查回路,确认回路搭接正确。当确认回路正确无误后,旋松泵出口处的溢流阀,使其控制压力调为最低;再启动油泵,按要求调节溢流阀,使系统压力调整到实验所需的压力,但要求小于实验台系统额定压力。

3. 开启电源开关,闭合开关 SB1,三位四通电磁换向阀 2 换向,液压缸 4 伸出;闭合开关 SQ2,电磁换向阀换向,液压缸缩回;按停止按钮,液压缸保持停留状态,液控单向阀相互锁紧,液压缸保持工作位置,注意液压缸此时两端压力表的读数。

4. 实验完毕后,打开溢流阀,液压泵卸荷,停止油泵电机,待系统压力为零后,拆卸油管及液压阀,并把它们放回规定的位置,整理好实验台。

五、注意事项

1. 检查油路搭接是否正确。

2. 检查电路连接是否正确(检查 PLC 输入是否要求外接电源)。

3. 检查油管接头搭接是否牢固(搭接后,可以稍微用力拉一下)。

4. 检查电路搭接是否正确,开始实验前需检查并运行。如有错误,要先修正,直到错误排除,再启动泵站,开始实验。

5. 回路必须搭接溢流阀,启动泵站前,完全打开溢流阀;实验完成后,完全打开溢流阀,停止泵站。

六、实验拓展

采用行程开关控制电磁换向阀自动换向的液压锁紧回路。

七、思考题

1. 液控单向阀是怎样工作的? 与普通单向阀有什么区别?

2. 三位换向阀中位机能的类型有哪些？各有什么特点？
3. 讨论锁紧回路的应用。

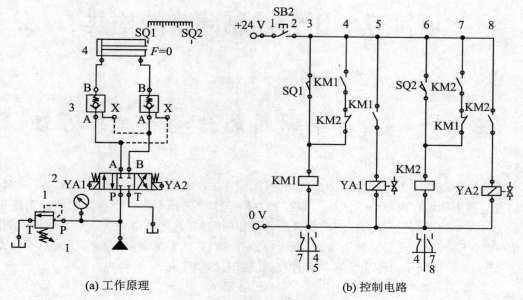

(a) 工作原理　　　　　　　　　(b) 控制电路

附图 4.5　拓展回路

项目
四
方向控制回路的构建

项目五　压力控制回路的构建

任务一　压力控制阀的结构和工作原理

在液压传动系统中,控制液压力高低的液压阀称为压力控制阀,简称压力阀。这类阀的共同点是利用作用在阀芯上的液压力和弹簧力相平衡的原理工作。在具体的液压系统中,根据工作需要的不同,对压力控制的要求是各不相同的:有的需要稳定液压系统中某处的压力值(或者压差、压力比等),如溢流阀、减压阀、安全阀(有的需要限制液压系统的最高压力)等定压阀;有的将液压力作为信号,从而控制其动作,如顺序阀、压力继电器等。

一、溢流阀

溢流阀的主要作用是对液压系统定压或进行安全保护。几乎所有的液压系统都需要用到它,其性能好坏对整个液压系统是否能正常工作有很大影响。

1. 直动式溢流阀

直动式溢流阀依靠系统中的压力油直接作用在阀芯上与弹簧力等相平衡,以控制阀芯的启闭动作,图 5.1(a)所示是一种低压直动式溢流阀,P 是进油口,T 是回油口,进油压力经阀芯 4 中间的阻尼孔作用在阀芯的底部端面上,当进油压力较小时,阀芯在调压弹簧 2 的作用下处于下端位置,将 P 和 T 两个油口隔开。当油压力升高时,在阀芯下端所产生的作用力超过弹簧的压紧力 F。此时,阀芯上升,阀口被打开,将多余的油液排回油箱,阀芯上的阻尼孔用来对阀芯的动作产生阻尼,以提高阀的工作平衡性,调整螺帽 1 可以改变弹簧的压紧力,这样也就调整了溢流阀进油口处的油液压力 p。

溢流阀将被控压力作为信号来改变弹簧的压缩量,从而改变阀口的通流面积和系统的溢流量,以此来达到定压目的。当系统压力升高时,阀芯上升,阀口通流面积增加,溢流量增大,进而使系统压力下降。溢流阀内部通过阀芯的平衡和运动构成的这种负反馈作用是其定压作用的基本原理,也是所有定压阀的基本工作原理。弹簧力的大小与控制压力成正比,因此提高被控压力,一方面可用减小阀芯的面积来达到,另一方面可增大弹簧力,因受结构限制,需采用劲度大的弹簧。这样,在阀芯位移相同的情况下,弹簧力变化较大,因而该阀的定压精度较低。所以,这种低压直动式溢流阀一般用于压力小于 2.5 MPa 的小流量场合。图 5.1(b)所示为直动式溢流阀的图形符号。在常位状态下,溢流阀进、出油口之间是不相通的,而且作用在阀芯上的液压力是由进油压力产生的,经溢流阀阀芯的泄漏油液经内泄漏通道进入回油口 T。

采取适当的措施,直动式溢流阀也可用于高压大流量的场合。例如,德国力士乐

(Rexroth)公司开发的通径为 6～20 mm、压力为 40～63 MPa 和通径为 25～30 mm、压力为 31.5 MPa 的直动式溢流阀,最大流量可达到 330 L/min,其中较为典型的锥形溢流阀结构如图 5.2 所示。从图 5.2 中的锥阀式结构的局部放大图可以看出,在锥阀的下部有一个阻尼活塞 3,活塞的侧面被铣扁,以便将压力油引到活塞底部。该活塞除了能增加运动阻尼以提高阀的工作稳定性外,还可以使锥阀导向开启后不会倾斜。此外,锥阀上部有一个偏流盘 1,盘上的环形槽用来改变液流方向:一方面,可补偿锥阀 2 的液动力;另一方面,由于液流方向的改变,产生一个与弹簧力相反方向的射流力,当通过溢流阀的流量增加时,虽然锥阀阀口增大引起了弹簧力增加,但由于与弹簧力方向相反的射流力同时增加,结果抵消了弹簧力的增量,有利于提高阀的通量和工作压力。

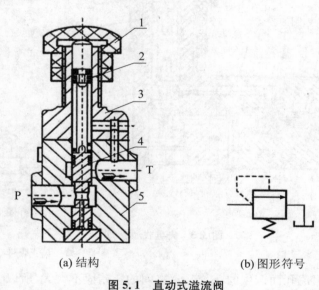

(a) 结构　　　　　　　　(b) 图形符号

图 5.1　直动式溢流阀

1. 螺帽　2. 调压弹簧　3. 上盖　4. 阀芯　5. 阀体

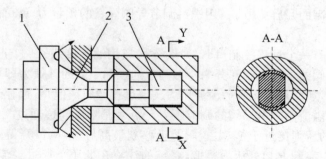

图 5.2　直动式锥型溢流阀

1. 偏流盘　2. 锥阀　3. 活塞

2. 先导式溢流阀

图 5.3 所示为先导式溢流阀的结构示意图,在图中压力油从 P 口进入,通过阻尼孔 3 后作用在导阀阀芯 4 上,当进油口压力较低,导阀上的液压作用力不足以克服导阀右边的导阀弹簧 5 的作用力时,导阀关闭,没有油液流过阻尼孔。所以主阀阀芯 2 两端压力相等,在较软的主阀弹簧 1 作用下,主阀阀芯 2 处于最下端位置,溢流阀阀口 P 和 T 隔断,没有溢流。

当进油口压力升高到作用在导阀上的液压力大于导阀弹簧作用力时,导阀打开,压力油就可通过阻尼孔经导阀流回油箱。由于阻尼孔的作用,主阀阀芯上端的液压力 p_2 小于下端的液压力 p_1,当这个压差作用在面积为 A_B 的主阀阀芯上的力等于或超过主阀弹簧力 F_s、轴向稳态液动力 F_{bs}、摩擦力 F_f 和主阀阀芯自重 G 时,主阀阀芯开启,油液从 P 口流入,经主阀阀口由 T 流回油箱,实现溢流,即有

$$\Delta p = p_1 - p_2 \geqslant F_s - F_{bs} + G \pm F_f / A_B$$

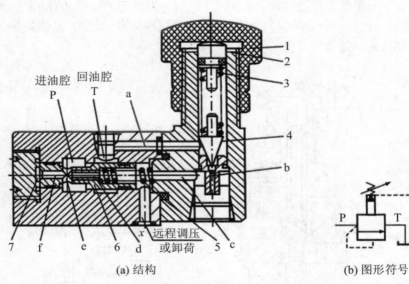

图 5.3　先导式溢流阀

1. 主阀弹簧　2. 主阀阀芯　3. 阻尼孔　4. 导阀阀芯　5. 导阀弹簧　6. 主阀阀芯　7. 阀座

　　由于油液通过阻尼孔而产生的 p_1 与 p_2 之间的压差值不太大,所以主阀阀芯只需一个小劲度的软弹簧即可。作用在导阀阀芯 4 上的液压力 p_2 与其导阀阀芯面积的乘积即为导阀弹簧 5 的调压弹簧力。由于导阀阀芯一般为锥阀,受压面积较小,所以用一个劲度不太大的弹簧即可调整较高的开启压力 p_2,用螺钉调节导阀弹簧的预紧力,就可调节溢流阀的溢流压力。

　　先导式溢流阀有一个远程控制口 K,如果将 K 口用油管接到另一个远程调压阀(远程调压阀的结构和溢流阀的先导控制部分一样),调节远程调压阀的弹簧力即可调节溢流阀主阀阀芯上端的液压力,从而对溢流阀的溢流压力实现远程调压。但是,远程调压阀所能调节的最高压力不得超过溢流阀本身导阀的调节压力。当远程控制口 K 通过二位二通阀接通油箱时,主阀阀芯上端的压力接近于零,主阀阀芯上移到最高位置,阀口开得很大。由于主阀弹簧劲度较小,这时溢流阀 P 口处压力很低,系统的油液在低压下通过溢流阀流回油箱,实现卸荷。

3. 溢流阀的主要性能

溢流阀的主要性能包括静态性能和动态性能,在此做一简单的介绍。

(1) 静态性能

① 压力调节范围。压力调节范围是指调压弹簧在规定的范围内调节时,系统压力能平稳地上升或下降,且压力无突跳和迟滞时的最大和最小调定压力。溢流阀的最大允许流量为其额定流量,在额定流量下工作时;溢流阀应无噪声。溢流阀的最小稳定流量取决于它的

压力平稳性要求,一般规定为额定流量的 15%。

② 启闭特性。启闭特性是指溢流阀在稳态下从开启到闭合的过程中,被控压力与通过溢流阀的溢流量之间的关系。它是衡量溢流阀定压精度的一个重要指标,一般用溢流阀处于额定流量、调定压力 p_s 时,开始溢流的开启压力 p_k 及闭合压力 p_b 分别用各自与 p_s 的百分比来衡量,前者称为开启比 p'_k,后者称为闭合比 p'_b,即

$$p'_k = \frac{p_k}{p_s} \times 100\%$$

$$p'_b = \frac{p_b}{p_s} \times 100\%$$

式中,p_s 可以是溢流阀调压范围内的任何一个值。显然上述两个百分比越大,则开启压力和闭合压力与调定压力越接近,溢流阀的启闭特性就越好,一般应使 $p'_k \geqslant 90\%$,$p'_b \geqslant 85\%$,直动式和先导式溢流阀的启、闭特性曲线如图 5.4 所示。

③ 卸荷压力。当溢流阀的远程控制口 K 与油箱相连时,额定流量下的压力损失称为卸荷压力。

（2）动态性能

当溢流阀在溢流量发生由零至额定流量的阶跃变化时,它的进油口压力也就是它所控制的系统压力。如图 5.5 所示,压力迅速升高并超过额定压力的调定值,然后逐步衰减到最终的稳定压力,从而完成其动态过渡过程。

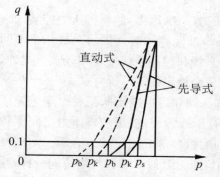

图 5.4　溢流阀的启闭特性曲线

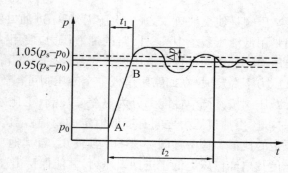

图 5.5　溢流阀的进油口压力响应特性曲线

若定义瞬时压力峰值与调定压力 p_s 的差值为压力超调量 Δp,则压力超调率 $\overline{\Delta p}$ 为

$$\overline{\Delta p} = \frac{\Delta p}{p_s} \times 100\%$$

它是衡量溢流阀动态定压误差的一个性能指标。一个性能良好的溢流阀,其 $\overline{\Delta p}$ 一般为 10%～30%。

4. 溢流阀的应用

在液压系统中维持定压是溢流阀的主要作用。它常用于节流调速系统中,和流量控制阀配合使用,调节进入系统的流量,并保持系统的压力基本恒定。如图 5.6（a）所示,溢流阀 2 并联于系统中,进入液压缸 4 的流量由节流阀 3 调节。由于定量泵 1 的流量大于液压缸 4 所需的流量,油压升高,将溢流阀 2 打开,多余的油液经溢流阀 2 流回油箱。因此在这里,溢流阀的作用就是在不断的溢流过程中保持系统压力基本不变。

用于过载保护的溢流阀一般称为安全阀,如图 5.6（b）所示的变量泵调速系统中溢流阀

作安全阀使用。在正常工作时,安全阀 6 关闭,不溢流,只有在系统发生故障,压力升至安全阀的调整值时,阀口才打开,使变量泵排出的油液经安全阀 6 流回油箱,以保证液压系统的安全。

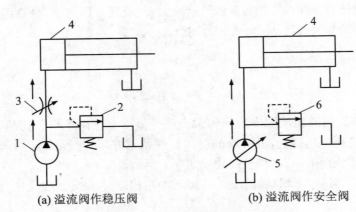

(a) 溢流阀作稳压阀   (b) 溢流阀作安全阀

图 5.6   溢流阀的作用

1. 定量泵 2. 溢流阀 3. 节流阀 4. 液压缸 5. 变量泵 6. 安全阀

二、减压阀

减压阀是使出油口压力(二次压力)低于进油口压力(一次压力)的一种压力控制阀。其作用是用低液压系统中某一回路的油液压力,使用一个油源能同时提供两个或几个不同的输出压力。减压阀在各种液压设备的夹紧系统、润滑系统和控制系统中应用较多。此外,当油液压力不稳定时,在回路中串入一个减压阀可得到一个稳定的较低压力。

减压阀按其调节性能又分为定差减压阀、定比减压阀和定值减压阀三种。定差减压阀能保持进、出油口压力之间有近似恒定的差值;定比减压阀能使进、出油口压力之间保持近似恒定的比值。这两种阀一般不单独使用,与其他功能组合形成相辅的组合阀。定值减压阀能使其出油口压力低于进油口压力,并能保持出油口压力近似恒定。与溢流阀一样,减压阀也分为先导式和直动式两种。

1. 先导式减压阀

先导式减压阀由先导阀和主阀两部分组成。图 5.7 所示为先导式减压阀的结构原理图,压力为 p_1 的压力油从阀的进油口 A 流入,经过缝隙 δ 减压后,压力降低为 p_2,再从出油口 B 流出。当出口压力大于调定压力时,锥阀就被顶开,主滑阀右端油腔中的部分压力油便经锥阀开口及泄油孔 Y 流入油箱。由于主滑阀阀芯内部阻尼小孔 R 的作用,滑阀右端油腔中的油压降低,阀芯失去平衡而向右移动,因而缝隙 δ 减小,减压作用增强,使出口压力 p_2 降低到调定的数值。当出口压力 p_2 小于调定压力时,其作用过程与上述相反。由于进、出油口均接压力油,所以泄油口要单独接回油箱。通过远控口来控制主阀阀芯上腔的压力,可实现远程调压与多级调压。减压阀出油口压力的稳定数值可以通过上部调压螺钉来调节。

由此可以看出,先导式减压阀和先导式溢流阀进、出油口之间有如下几点不同:

① 减压阀起减压作用时,保持出油口压力基本不变,而溢流阀保持进油口压力基本

不变。

② 在不工作时,减压阀进、出油口互通,而溢流阀进、出油口不通。

③ 为保证减压阀出油口压力调定值恒定,它的导阀弹簧腔需通过泄油口单独外接油箱;而溢流阀的出油口是直接通油箱的,所以它的导阀弹簧腔和泄油口可通过阀体上的通道和出油口相通,不必单独外接油箱。

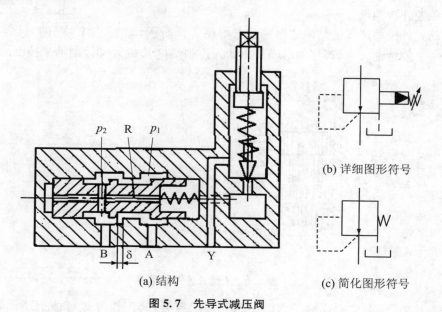

(b) 详细图形符号

(c) 简化图形符号

(a) 结构

图 5.7　先导式减压阀

2. 减压阀的应用

在液压系统中,一个液压泵常常需要若干个执行元件供油。当执行元件所需要的工作压力不同时,就要分别控制。若某个执行元件所需的供油压力较液压泵压力低,则可在此分路中串联一个减压阀,所需压力由减压阀来调节控制,如控制油路、夹紧回路、润滑油路就常采用减压阀。

图 5.8 所示是驱动夹紧机构的减压回路。液压泵供给主系统的油压由溢流阀来控制,同时经减压阀、单向阀、换向阀向夹紧缸供油。夹紧缸的压力由减压阀调节,并稳定在调定值上。

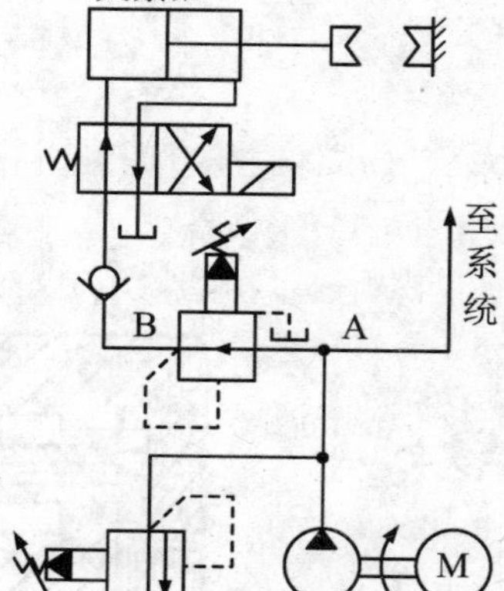

图 5.8　减压阀的应用

三、顺序阀

1. 顺序阀的工作原理

顺序阀是用来控制液压系统中各执行元件动作的先后顺序的。根据控制压力的不同,顺序阀又可分为内控式和外控式两种。前者用阀的进油口压力控制阀芯的启闭,后者用外来的控制压力油控制阀芯的启闭(即液控顺序阀)。顺序阀也有直动式和先导式两种,一般前者用于低压系统,后者用于中高压系统。

对于直动式顺序阀,当进油口压力较低时,阀芯在弹簧作用下处于下端位置,进油口和出油口不相通。当作用在阀芯下端的油液压力大于弹簧的预紧力时,阀芯向上移动,阀口打开,油液便经阀口从出油口流出,从而操控另一执行元件或其他元件动作。由此可见,顺序阀和溢流阀的结构基本相似,不同的只是顺序阀的出油口通向系统的另一个压力油路,而溢流阀的出油口通油箱。此外,由于顺序阀的进、出油口流经的油均为压力油,所以它的泄油口必须单独外接油箱。

直动式外控顺序阀的结构和图形符号如图 5.9 所示,和上述顺序阀的差别仅仅在于其下部有一个控制油口 K,阀芯的启闭是由通入控制油口 K 的外部控制油来控制的。

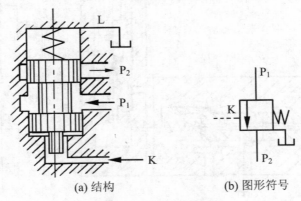

(a) 结构   (b) 图形符号

图 5.9 直动式外控顺序阀

图 5.10 所示为先导式顺序阀的结构和图形符号,其工作原理可仿上述先导式溢流阀推演。

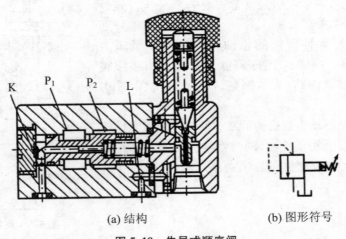

(a) 结构   (b) 图形符号

图 5.10 先导式顺序阀

将先导式顺序阀和先导式溢流阀进行比较,它们之间有以下不同:

① 溢流阀的进油口压力在通流状态下基本不变,而顺序阀在通流状态下其进油口压力由出油口压力而定,如果出油口压力 p_2 比进油口压力 p_1 低得多,p_1 基本不变,而当 p_2 增大到一定程度时,p_1 也随之增加,则 $p_1 = p_2 + \Delta p$,Δp 为顺序阀上的损失压力。

② 溢流阀为内泄漏,而顺序阀需单独引出泄漏通道,为外泄漏。

液压与气压传动技术

③ 溢流阀的出油口必须回油箱,顺序阀的出油口可接负载。

2. 顺序阀的类型和应用

应用顺序阀,可以使两个以上的执行元件按预定的顺序做动作。此外,顺序阀用作背压阀、平衡阀、卸荷阀,或用来保证油路的最低工作压力。

图 5.11 所示为定位、夹紧顺序动作回路,夹具上实现限定位后夹紧工作顺序的液压回路。油液经二位四通电磁换向阀进入缸 A 下腔,实现定位动作。在这个过程中,由于压力未达到顺序调定值,故夹紧缸不做动作。待定位完成,油压升高,达到顺序阀调定值时,顺序阀开启,油液经顺序阀进入夹紧缸,进行夹紧。为保证工作的可靠性,顺序阀调定压力大于定位缸压力 0.5~0.8 MPa。

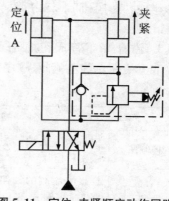

图 5.11　定位、夹紧顺序动作回路

四、压力继电器

1. 压力继电器的工作原理

压力继电器是一种将油液的压力信号转换成电信号的电液控制元件,当油液压力达到压力继电器的调定压力时,压力继电器即发出电信号,以控制电磁铁、电磁离合器、继电器等元件做动作,使油路卸压、换向,执行元件实现顺序动作,或关闭电动机,使系统停止工作,起安全保护作用。图 5.12 所示为常用柱塞式压力继电器的结构和图形符号。当从压力继电器下端进油口通入的油液压力达到调定压力值时,柱塞 1 上移,此位移通过杠杆 2 放大后推动开关 4 做动作。改变弹簧 3 的压缩量即可以调节压力继电器的动作压力。

2. 压力继电器的应用

图 5.13 所示为一卸荷回路。当工作行程结束后,卸荷阀先切换到中位,使泵卸荷,同时液压缸上腔通过节流阀卸荷。当压力降至压力继电器的调定压力时,微动开关复位并发出信号,使电磁换向阀切换至右位,压力油打开液控单向阀,液压缸上腔回油,活塞上升。

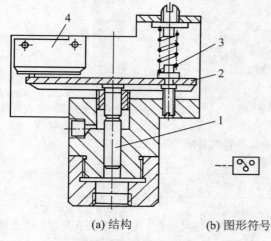

(a) 结构　　(b) 图形符号

图 5.12　压力继电器
1. 柱塞　2. 杠杆　3. 弹簧　4. 开关

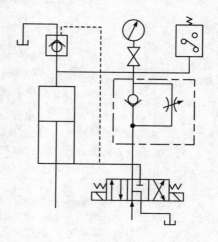

图 5.13　卸荷回路

五、压力控制阀的性能比较和常见故障排除方法

1. 溢流阀、顺序阀和减压阀的性能比较

表 5.1 所示为溢流阀、顺序阀和减压阀在性能上的比较。

表 5.1　溢流阀、顺序阀、减压阀性能比较

	溢 流 阀	减 压 阀	顺 序 阀
控制压力	由从阀的进油端引压力油去实现控制	由从阀出油口引压力油实现控制	由从进油口或从外部油源引压力油实现控制
连接方式	连接溢流阀的油路与主油路并联,阀出油口直接通油箱	串联在减压回路上,出油口与减压油路相连	并联在主油路上,出油口与工作回路相连
泄漏回油方式	内泄回油	外泄回油	外泄回油
阀芯状态	原始状态一般为常闭	原始状态是正常的,工作状态是微开的	原始状态是常闭的,工作状态、中阀口常开

2. 压力控制阀常见故障及排除方法

各种压力阀常见故障及排除方法如表 5.2、表 5.3、表 5.4 所示。

表 5.2　溢流阀常见故障及排除方法

故障现象		原 因 分 析	排 除 方 法
1. 调不上压力	(1) 主阀故障	① 主阀阀芯阻尼孔堵塞(装配时主阀阀芯未清洗干净,油液过脏) ② 主阀阀芯在开启位置卡死(如零件精度低,装配质量差,油液过脏) ③ 主阀阀芯复位弹簧折断或弯曲,使主阀阀芯不能复位	① 清洗阻尼孔使之畅通;过滤或更换油液 ② 拆开检修,重新装配;阀盖紧固螺钉紧力要均匀;过滤或更换油液 ③ 更换弹簧
	(2) 先导阀故障	① 调压弹簧折断 ② 调压弹簧未装 ③ 锥阀或钢球未装 ④ 锥阀损坏	① 更换弹簧 ② 补装 ③ 补装 ④ 更换
	(3) 远控口电磁阀故障或远控口未加丝堵而直通油箱	① 电磁阀未通电(常开) ② 滑阀卡死 ③ 电磁铁线圈烧毁或铁芯卡死 ④ 电气线路故障	① 检查电气线路,接通电源 ② 检修、更换 ③ 更换 ④ 检修
	(4) 装错	进、出油口安装错误	纠正错误
	(5) 液压泵故障	① 滑动副之间间隙过大 ② 叶片泵的多数叶片在转子槽内卡死 ③ 叶片和转子方向装反	① 修配间隙到适宜值 ② 清洗,修配间隙到适宜值 ③ 纠正方向

故障现象	原因分析		排除方法
2. 压力调不高	1. 主阀故障（若主阀为锥阀）	① 主阀阀芯锥面密封性差 a. 主阀阀芯锥面磨损或不圆 b. 阀座锥面磨损或不圆 c. 锥面处有脏物粘住 d. 主阀阀芯锥面与阀座锥面不同心 e. 主阀阀芯工作有卡滞现象，阀芯不能与阀座严密结合 ② 主阀压盖处有泄漏（如密封垫损坏，装配不良，压盖螺钉有松动等）	① a. 更换并配研 b. 更换并配研 c. 清洗并配研 d. 修配使之结合良好 e. 修配使之结合良好 ② 拆开检修，更换密封垫，重新装配，并确保螺钉拧紧力均匀
	(2) 先导阀故障	① 调压弹簧弯曲，或太弱，或长度过短 ② 锥阀与阀座结合处密封性差（如锥阀与阀座磨损，锥阀接触面不圆，接触面太宽进入脏物或被胶质粘住）	① 更换弹簧 ② 检修、更换、清洗，使之达到要求
3. 压力突然升高	(1) 主阀故障	主阀阀芯工作不灵敏，在关闭状态突然卡死（如零件加工精度低，装配质量差，油液过脏等）	检修或更换零件，过滤或更换油液
	(2) 先导阀故障	① 先导阀阀芯与阀座结合面突然粘住，脱不开 ② 调压弹簧弯曲造成卡滞	① 清洗、修配或更换油液 ② 更换弹簧
4. 压力突然下降	(1) 主阀故障	① 主阀阀芯阻尼孔突然被堵死 ② 主阀阀芯工作不灵敏，在关闭状态突然卡死（如零件加工精度低，装配质量差，油液过脏等） ③ 主阀盖处密封垫突然破损	① 清洗、过滤或更换油液 ② 检修或更换零件，过滤或更换油液 ③ 更换密封件
	(2) 先导阀故障	① 先导阀阀芯突然破裂 ② 调压弹簧突然折断	① 更换阀芯 ② 更换弹簧
	(3) 远控口电磁阀故障	电磁铁突然断电，使溢流阀卸荷	检查电气故障并消除
5. 压力波动（不稳定）	(1) 主阀故障	① 主阀阀芯动作不灵活，有时有卡住现象 ② 主阀阀芯阻尼孔有时堵有时通 ③ 主阀阀芯锥面与阀座锥面接触不良，磨损不均匀 ④ 阻尼孔径太大，阻尼作用差	① 检修更换零件，压盖螺钉拧紧力应均匀 ② 拆开清洗，检查油质，更换油液 ③ 修配或更换零件 ④ 适当缩小阻尼孔径
	(2) 先导阀故障	① 调压弹簧弯曲 ② 锥阀与锥阀座接触不良，磨损不均匀 ③ 调节压力的螺钉由于锁紧螺母松动而使压力变动	① 更换弹簧 ② 修配或更换零件 ③ 调压后应把锁紧螺母锁紧

故障现象		原因分析	排除方法
6. 振动与噪声	(1) 主阀故障	主阀阀芯在工作时径向力不平衡,导致性能不稳定 ① 阀体与主阀阀芯几何精度低,棱边有毛刺 ② 阀体内粘附有污物,使配合间隙增大或不均匀	① 检查零件精度,对不符合要求的零件应更换,并把棱边毛刺去掉 ② 检修或更换零件
	(2) 先导阀故障	① 锥阀与阀座接触不良,圆周面的圆度不好,粗糙度数值大,造成调压弹簧受力不平衡,使锥阀振荡加剧,产生尖叫声 ② 调压弹簧轴心线与端面不够垂直,这样针阀会倾斜,造成接触不均匀 ③ 调压弹簧在定位杆上偏向一侧 ④ 阀座装偏 ⑤ 调压弹簧侧向弯曲	① 把封油面圆度误差控制在 $0.005 \sim 0.01$ mm 以内 ② 提高锥阀精度,粗糙度应达 $R_a 0.4 \mu m$ ③ 更换弹簧 ④ 提高装配质量 ⑤ 更换弹簧
	(3) 系统存在空气	泵吸入空气或系统存在空气	排除空气
	(4) 阀使用不当	流量超过允许值	在额定流量范围内使用
	(5) 回油不畅	回油管路阻力过高,回油过滤器堵塞或回油管贴近油箱底面	适当增大管径,减少弯头,回油管口应离油箱底面二倍管径以上,更换滤芯
	(6) 远控口管径选择不当	溢流阀远控口至电磁阀之间的管径过大	一般管径取 6 mm 较适宜

表 5.3　减压阀常见故障及排除方法

故障现象		原因分析	排除方法
1. 无二次压力	(1) 主阀故障	主阀阀芯在全闭位置卡死(如零件精度低);主阀弹簧折断,弯曲变形;阻尼孔堵塞	修理或更换零件和弹簧,过滤或更换油液
	(2) 无油源	未向减压阀供油	检查油路
2. 不起减压作用	(1) 使用错误,泄油口不通	① 螺塞未拧开 ② 泄油管细长,弯头多,阻力太大 ③ 泄油管与主回油管道相连,回油背压太大 ④ 泄油通道堵塞	① 将螺塞拧开 ② 更换符合要求的管件 ③ 泄油管必须与回油管道分开,单独流回油箱 ④ 清洗泄油通道
	(2) 主阀故障	主阀阀芯在全开位置时卡死(零件精度低,油液过脏等)	修理或更换零件,检查油质,更换油液
	(3) 锥阀故障	调压弹簧太硬,弯曲并卡住不动	更换弹簧

故障现象		原因分析	排除方法
3. 二次压力不稳定	主阀故障	① 主阀阀芯与阀体几何精度低,工作时不灵敏 ② 主阀弹簧太弱,变形或将主阀阀芯卡住,使阀芯移动困难 ③ 阻尼小孔时堵时通	① 检修,使其动作灵活 ② 更换弹簧 ③ 清洗阻尼小孔
4. 二次压力升不高	(1) 外泄漏	① 顶盖结合面漏油,其原因为密封件老化失效、螺钉松动或拧紧力矩不均等 ② 各堵处有漏油	① 更换密封件,紧固螺钉,并保证力矩均匀 ② 紧固并消除外漏
	(2) 锥阀故障	① 锥阀与阀座接触不良 ② 调压弹簧太弱	① 修理或更换 ② 更换

表 5.4 顺序阀常见故障及排除方法

故障现象	原因分析	排除方法
1. 始终出油,不起顺序阀作用	① 阀芯在打开位置上卡死(如几何精度低、间隙太小,弹簧弯曲、断裂,油液太脏) ② 单向阀在打开位置上卡死(如几何精度低、间隙太小,弹簧弯曲、断裂,油液太脏) ③ 单向阀密封不良(如几何精度低) ④ 调压弹簧断裂 ⑤ 调压弹簧未装 ⑥ 锥阀或钢球未装	① 修理,使配合间隙达到要求,并使阀芯移动灵活;检查油质,若不符合要求应过滤或更换;更换弹簧 ② 修理,使配合间隙达到要求,并使单向阀阀芯移动灵活;检查油质,若不符合要求应过滤或更换;更换弹簧 ③ 修理,使单向阀的密封良好 ④ 更换 ⑤ 补装 ⑥ 补装
2. 始终不出油,不起顺序阀作用	① 阀芯在关闭位置上卡死(如几何精度低,弹簧弯曲,油液太脏) ② 控制油液流动不畅通(如阻尼小孔堵死,或远控管道被压扁堵死) ③ 远控压力不足,或下端盖结合处漏油严重 ④ 通向调压阀油路上的阻尼孔被堵死 ⑤ 泄油管道中背压太高,使滑阀不能移动 ⑥ 调节弹簧太硬,或压力调得太高	① 修理,使滑阀移动灵活,更换弹簧;过滤或更换油液 ② 清洗或更换管道,过滤或更换油液 ③ 提高控制压力,拧紧端盖螺钉并使之受力均匀 ④ 清洗 ⑤ 泄油管道不能接在回油管道上,应单独接回油箱 ⑥ 更换弹簧,适当调整压力
3. 调定压力值不符合要求	① 调压弹簧调整不当 ② 调压弹簧侧向变形,最高压力调不上去 ③ 滑阀卡死,移动困难	① 重新调整所需要的压力 ② 更换弹簧 ③ 检查滑阀的配合间隙,修配使滑阀移动灵活;过滤或更换油液
4. 出现振动与噪声	① 回油阻力(背压)太高 ② 油温过高	① 降低回油阻力 ② 控制油温在规定范围内
5. 单向顺序阀反向不能回油	单向阀卡死	检修

任务二　压力控制回路的构建和特性

压力控制回路利用压力控制阀来控制系统中油液的压力，以满足执行元件对力或转矩的要求。这类回路包括调压回路、卸荷回路、减压回路、增压回路、平衡回路、保压回路等。

一、调压回路

调压回路的作用是，调定或限制液压系统的最高工作压力，或者使执行机构在工作过程的不同阶段实现多级压力变换。一般是由溢流阀来实现这一功能的。

1. 单级调压回路

图 5.14 所示为单级调压回路，这是液压系统中最常见的回路。调速阀 1 调节进入液压缸的流量，定量泵提供的多余的油经溢流阀 2 流回油箱，溢流阀起溢流恒压作用，保持系统压力稳定，且不受负载变化的影响。调节溢流阀可调节系统的工作压力。当取消系统中的调速阀时，系统压力随液压缸所受负载的变化而变化，这时溢流阀起安全阀作用，限定系统的最高工作压力。系统过载时，安全阀开启，定量泵泵出的压力油经安全阀流回油箱。

2. 二级及多级调压回路

图 5.15 所示为二级调压回路。先导式溢流阀 1 的外控口串接二位二通换向阀 2 和远程调压阀 3，构成二级调压回路。当两个压力阀的调定压力关系为 $p_3 < p_1$ 时，系统可通过换向阀的左位和右位分别获得 p_3 和 p_1 两种压力。

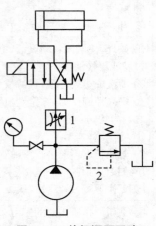

图 5.14　单级调压回路

1. 调速阀　2. 溢流阀

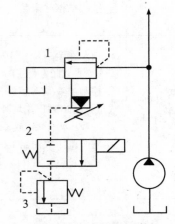

图 5.15　二级调压回路

1. 溢流阀　2. 换向阀　3. 调压阀

如果溢流阀的外控口，通多位换向阀的不同通油口，并联多个调压阀，即可构成多级调压回路。图 5.16 为三级调压回路。主溢流阀 1 的遥控口通过三位四通换向阀 4 分别接具有不同调定压力的远程调压阀 2 和 3：当换向阀位于左位时，压力由调压阀 2 调定；换向阀位于右位时，压力由调压阀 3 调定；换向阀中位时，由主溢流阀 1 来调定系统的最高压力。调压阀的调定压力值必须小于主溢流阀 1 的调定压力值。

3. 无级调压回路

图 5.17 所示为无级调压回路。根据执行元件工作过程各个阶段的不同要求,可通过改变比例溢流阀的输入电流来实现无级调压,这种调压方式容易实现远程控制,而且压力切换平稳。

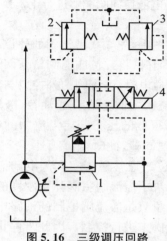

图 5.16 三级调压回路

1. 溢流阀 2、3. 调压阀 4. 换向阀

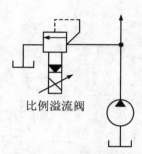

比例溢流阀

图 5.17 无级调压回路

二、卸荷回路

卸荷回路的作用是,在系统执行元件短时间不工作时,在不频繁启停驱动泵的原动机的情况下,使泵在很小的输出功率下运转。所谓卸荷就是使液压泵在输出压力接近零的状态下工作。因为泵的输出功率等于压力和流量的乘积,所以卸荷的方法有两种:一种是将泵的出油口直接接回油箱,泵在零压或接近零压下工作;一种是使泵在零流量或接近零流量下工作。前者称为压力卸荷,后者称为流量卸荷。流量卸荷仅适用于变量泵。

1. 采用换向阀中位机能的卸荷回路

定量泵利用三位换向阀的 M 型、H 型、K 型等中位机能,可构成卸荷回路。图 5.18(a)

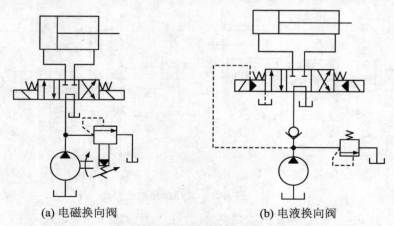

(a) 电磁换向阀   (b) 电液换向阀

图 5.18 采用 M 型中位机能换向阀的卸荷回路

为采用M型中位机能电磁换向阀的卸荷回路。当执行元件停止工作时，换向阀处于中位，液压泵与油箱连通实现卸荷。这种卸荷回路的卸荷效果较好，一般用于液压泵流量小于63 L/min 的系统。但选用的换向阀规格应与泵的额定流量相适应。图 5.18(b)为采用 M 型中位机能电液换向阀的卸荷回路。该回路中，在泵的出油口处设置了一个单向阀，其作用是在泵卸荷时仍能提供一定的控制油压(0.5 MPa 左右)，以保证电液换向阀能够进行正常换向。

2. 采用先导式溢流阀的卸荷回路

图 5.19 为最常用的采用先导式溢流阀的卸荷回路。图中，先导式溢流阀的外控口处接一个二位二通常闭阀(将二位四通阀堵塞两个油口形成)。当电磁阀通电时，溢流阀的外控口与油箱相通，即先导式溢流阀主阀上腔直通油箱，液压泵输出的液压油将以很低的压力开启溢流阀的溢流口而流回油箱，实现卸荷，此时溢流阀处于全开状态(也可以采用二位二通常通阀实现失电卸荷)。卸荷压力的高低取决于溢流阀主阀弹簧刚度的大小。通过换向阀的流量只是溢流阀控制的油路中流量，只需采用小流量阀来进行控制。因此当停止卸荷，使系统重新开始工作时，不会产生压力冲击现象。这种卸荷方式适用于高压大流量系统。但电磁阀连接溢流阀的外控口后，溢流阀上腔的控制容积增大，使溢流阀的动态性能下降，易出现不稳定现象。为此，需要在两个阀间的连接油路上设置阻尼装置，以改善溢流阀的动态性能。选用这种卸荷回路的同时，可以直接选用电磁溢流阀。

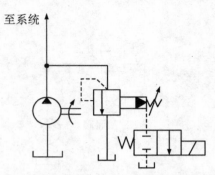

图 5.19 采用先导式溢流阀的卸荷回路

三、减压回路

减压回路的作用是，使系统中的某一部分油路或某个执行元件获得比系统压力低的稳定压力。机床的工件夹紧、导轨润滑及液压系统的控制油路常需要减压回路。

图 5.20 所示为液压系统中的减压回路。最常见的减压回路是在所需低压的支路上串

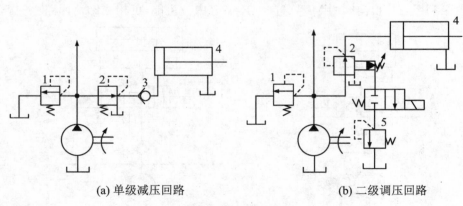

(a) 单级减压回路　　　　　　　　(b) 二级调压回路

图 5.20 减压回路

1. 溢流阀　2. 减压阀　3. 单向阀　4. 液压缸　5. 调压阀

联定值减压阀,如图 5.20(a)所示。回路中的单向阀 3 的作用是,当主油路压力低于减压阀 2 的调定值时,防止液压缸 4 的压力受其干扰,起短时保压作用。

图 5.20(b)是二级减压回路。在先导式减压阀 2 的遥控口上接入远程调压阀 5,当二位二通换向阀处于图示位置时,液压缸 4 的压力由减压阀 2 的调定压力决定;当二位二通换向阀处于右位时,液压缸 4 的压力由远程调压阀 5 的调定压力决定,调压阀 5 的调定压力必须低于减压阀 2 的调定压力。液压泵的最大工作压力由溢流阀 1 调定。减压回路也可以采用比例减压阀来实现无级减压。

为了保证减压回路的工作可靠性,减压阀的最低调定压力不应小于 0.5 MPa,最高调定压力至少比系统调定压力小 0.5 MPa。由于减压阀工作时存在阀口的压力损失和泄漏口的容积损失,故这种回路不宜用在压力降或流量较大的场合。

必须指出的是,负载在减压阀出口处所产生的压力应不低于减压阀的调定压力,否则减压阀不能起到减压、稳压作用。

四、增压回路

增压回路的作用是,使系统中某一支路获得压力较系统压力高且流量不大的油液供应。利用增压回路,液压系统可以采用压力较低的液压泵,甚至可通过压缩空气动力源来获得较高压力的压力油。增压回路中实现油液压力增大的主要元件是增压器,其增压比为增压器大、小活塞的面积之比。

1. 采用单作用增压器的增压回路

图 5.21(a)所示的为单作用增压器的增压回路。它适用于单向作用力大、行程小、作业时间短的场合,如制动器、离合器等。当压力为 p_1 的油液进入增压器的大活塞腔时,小活塞腔即可得到压力为 p_2 的高压油液,增压的倍数等于增压比。当二位四通电磁换向阀右位接入系统时,增压器的活塞返回,补油箱中的油液经单向阀补入小活塞腔。这种回路只能间断增压。

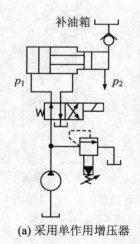
(a) 采用单作用增压器

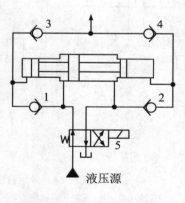
(b) 采用双作用增压器

图 5.21 增压回路
1、2、3、4. 单向阀　5. 换向阀

2. 采用双作用增压器的增压回路

图 5.21(b)所示为采用双作用增压器的增压回路,它能连续输出高压油,适用于对增压行程要求较长的场合。泵输出的压力油经换向阀 5 左位和单向阀 1 进入增压器左端大、小活塞腔,右端大活塞腔的回油通油箱,右端小活塞腔增压后的高压油经单向阀 4 输出,此时单向阀 2、3 被关闭;当活塞移到右端时,换向阀 5 通电换向,活塞向左移动,左端小活塞腔输出的高压液体经单向阀 3 输出。这样增压缸的活塞不断做往复运动,两端便交替输出高压油液,实现了连续增压。

五、保压回路

保压回路的作用是,在执行元件工作循环中的某一阶段,保持系统中规定的压力。

1. 采用蓄能器的保压回路

图 5.22(a)所示为采用蓄能器的保压回路。系统工作时,三位四通电磁换向阀 6 的左位通电,主换向阀左位接入系统,液压泵向蓄能器和液压缸左腔供油,并推动活塞右移。压紧工件后,进油路压力升高,升至压力继电器调定值时,压力继电器发出信号使二位二通电磁阀 3 通电,通过先导式溢流阀使泵卸荷,单向阀自动关闭,液压缸则由蓄能器保压。蓄能器的压力不足时,压力继电器复位使泵重新工作。保压时间的长短取决于蓄能器的容量,调节压力继电器的通断区间即可调节液压缸中压力的最大值和最小值。这种回路既能满足保压工作需要,又能降低功率,以减少系统发热。

图 5.22(b)所示为多缸系统保压回路。进给缸快进时,泵压下降,但单向阀 8 关闭,将夹紧油路和进给油路隔开。蓄能器 5 用于夹紧缸保压并补充泄漏,压力继电器 4 的作用是当夹紧缸压力达到预定值时发出信号,使进给缸做出动作。

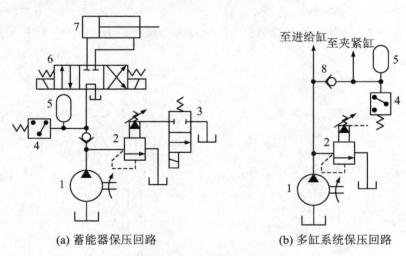

(a) 蓄能器保压回路   (b) 多缸系统保压回路

图 5.22　采用蓄能器的保压回路

1. 液压泵　2. 先导式溢流阀　3. 二位二通电磁阀　4. 压力继电器
5. 蓄能器　6. 三位四通电磁换向阀　7. 液压缸　8. 单向阀

2. 采用液压泵的保压回路

如图 5.23 所示,在回路中增设一个小流量高压补油泵 5,组成双泵供油系统。当液压缸加压完毕要求保压时，由压力继电器4发信号，换向阀2处于中位，主泵1卸载，同时二位二通换向阀8处于左位，由高压补油泵5向密封的保压系统的a点供油，维持系统压力稳定。由于高压补油泵只需补偿系统的泄漏量，所以可选用小流量泵，功率损失小。压力的稳定性取决于溢流阀7的稳压精度。

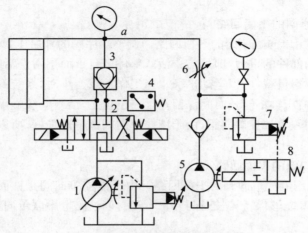

图 5.23　采用液压泵的保压回路

1. 主泵　2. 换向阀　3. 单向阀　4. 压力继电器　5. 高压补油泵
6. 节流阀　7. 溢流阀　8. 二位二通换向阀

3. 采用液控单向阀的保压回路

图 5.24 所示为采用液控单向阀的保压回路。当 YA1 通电时，换向阀右位接入回路，液压缸上腔压力升至电接触式压力表上触点调定的压力值时，上触点接通，YA1 断电，换向阀切换成中位，泵卸荷，液压缸由液控单向阀保压。当液压缸上腔压力下降至下触点调定的压力值时，压力表又发出信号，使 YA1 通电，换向阀右位接入回路，泵向液压缸上腔补油使压力上升，直至上触点调定值。这种回路适用于对保压精度要求不高的场合。

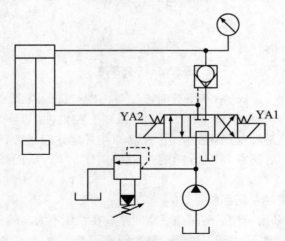

图 5.24　采用液控单向阀的保压回路

六、平衡回路

平衡回路的功能在于使执行元件的回油路保持一定的背压值,以平衡重力负载,使之不会因自重而下落。

1. 采用单向顺序阀的平衡回路

图 5.25(a)是采用单向顺序阀的平衡回路。调整顺序阀的开启压力,使液压缸向上的液压力稍大于垂直运动部件的重力,即可防止活塞部件因自重而下滑。活塞下行时,由于回油路上存在背压支撑重力负载,所以运动平稳。当工作负载变小时,系统的功率损失增大。由于顺序阀存在泄漏,液压缸不能长时间停留在某一位置上,活塞会缓慢下降。若在单向顺序阀和液压缸之间增加一个液控单向阀,由于液控单向阀密封性很好,所以可防止活塞因单向顺序阀泄漏而下滑。

2. 采用液控单向阀的平衡回路

图 5.25(b)是采用液控单向阀的平衡回路。由于液控单向阀是锥面密封的,泄漏量小,故其闭锁性能好,活塞能够保持较长时间停止不动。回油路上串联单向节流阀,以保证下行运动的平稳。

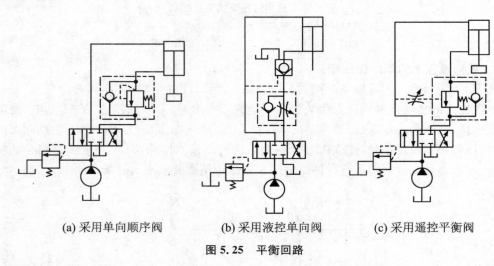

(a) 采用单向顺序阀 (b) 采用液控单向阀 (c) 采用遥控平衡阀

图 5.25 平衡回路

如果回油路上没有节流阀,活塞下行时液控单向阀被进油路上的控制油打开,回油腔没有背压,运动部件因自重而加速下降,造成液压缸上腔供油不足而失压,液控单向阀因控制油路失压而关闭。液控单向阀关闭后,控制油路又建立起压力,该阀再次被打开。液控单向阀时开时闭,使活塞在向下运动的过程中时走时停,从而导致系统产生振动和冲击。

3. 采用遥控平衡阀的平衡回路

图 5.25(c)所示为采用遥控平衡阀的平衡回路。在背压不太高的情况下,活塞因自重而加速下降,活塞上腔因供油不足,压力下降,平衡阀的控制压力下降,阀口关小,回油的背压相应上升,起支撑和平衡重力的作用增强,从而使阀口的大小能自动适应不同负载对背压的要求,保证了活塞下降速度的稳定性。当换向阀处于中位时,泵卸荷,平衡阀遥控口压力为零,阀口自动关闭,由于这种平衡阀的阀芯有很好的密封性,故能起到长时间对活塞进行闭

锁和定位的作用。这种遥控平衡阀又称为限速阀。

必须指出,无论是平衡回路,还是背压回路,在回油管路上都存在背压力,所以都需要提高供油压力。但这两种基本回路也有区别,主要表现在功用和背压力的大小上。背压回路主要用于提高进给系统的稳定性和加工精度,背压力不大。平衡回路通常在立式液压缸的情况下用于平衡运动部件的自重,以防下滑发生事故,其背压力应根据运动部件所受的重力而定。

习　　题

5.1　先导式溢流阀的阻尼小孔起什么作用? 若将其堵塞或加大,会出现什么情况?

5.2　溢流阀、顺序阀和减压阀各起什么作用? 它们在原理、结构和图形符号上有何异同?

5.3　为什么要调节液压系统的压力? 如何调节?

5.4　调压回路、减压回路及增压回路各有什么特点,各用于什么场合?

5.5　在液压系统中,当工作部件停止运动以后,使泵卸荷有什么好处? 举例说明几种常见的卸荷方法。

5.6　在液压系统中为什么要设置背压回路? 背压回路与平衡回路有何区别?

项目五附录　压力控制回路的构建实验

实验一　二级调压回路

一、实验目的

1. 了解先导式溢流阀、直动式溢流阀的工作原理。
2. 掌握并应用溢流阀的二级调压及多级调压工作原理。
3. 了解电气元件的使用方法和应用。

二、实验器材

先导式溢流阀 1 只;直动式溢流 1 只;二位三通电磁换向阀 1 只;二位四通电磁换向阀 1 只;液压缸 1 只;高压油管、导线、压力表若干。

三、实验原理

附图 5.1 所示为二级调压回路图。当电磁铁 YA2 失电时,直动式溢流阀 1 工作,先导式溢流阀不工作,系统的压力由先导式溢流阀控制;当电磁铁 YA2 得电时,直动式溢流阀 2 控制系统的压力。直动式溢流阀可以起远程调压的作用。

值得注意的是,直动式溢流阀的调定压力一定要高于先导式溢流阀的调定压力,否则,直动式溢流阀会不起作用。

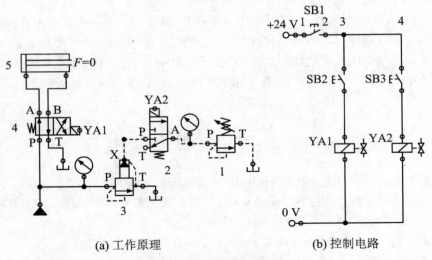

(a) 工作原理　　　　　　　　　　(b) 控制电路

附图 5.1　二级调压回路

（a）1. 直动式溢流阀　2. 二位三通电磁换向阀　3. 先导式溢流阀　4. 二位四通电磁换向阀　5. 液压缸

四、实验步骤

1. 读懂二级调压回路图,依据工作原理图准备好相关实验器材。

2. 按照回路图,连接好液压回路和控制电路。

3. 检查回路连接的准确性,检查溢流阀是否全部打开。

4. 在确认无误的情况下开启系统,启动泵站前,先检查溢流阀是否全打开,要全打开先导式溢流阀 3、直动式溢流阀 1。

5. 启动控制电源,闭合开关 SB1 和 SB2,调节先导式溢流阀 3 所需的压力,压力值从压力表直接读出,持续 1～3 min。

6. 闭合开关 SB1 和 SB3,二位三通电磁换向阀 2 处于导通状态,再调节直动式溢流阀 1 所需的压力值,起远程调压的作用。（注:直动式溢流阀的调定压力要小于先导式溢流阀的调定压力。）

7. 反复 5、6 两个步骤,理解系统调压的工作原理。

8. 实验完毕后完全松开溢流阀,拆卸液压系统,清理和归位相关的实验器材,保持实验台面的清洁。

五、注意事项

1. 检查油路搭接是否正确。

2. 检查电路连接是否正确(检查 PLC 输入是否要求外接电源)。

3. 检查油管接头搭接是否牢固(搭接后,可以稍微用力拉一下)。

4. 检查电路搭接是否正确,开始实验前需检查并运行。如有错误,要先修正,直到错误排除,再启动泵站,开始实验。

5. 回路必须搭接溢流阀,启动泵站前,完全打开溢流阀;实验完成后,完全打开溢流阀,停止泵站。

六、实验拓展:多级远程调压回路

在附图 5.2 所示的液压回路的基础上,将先导式溢流阀的遥控泄油口与二位四通电磁换向阀及几个远程调压阀相连,通过换向阀进行油路切换,从而获得多级供油压力。

液压与气压传动技术

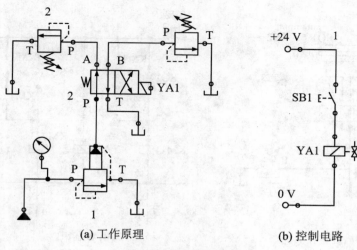

(a) 工作原理   (b) 控制电路

附图 5.2　拓展回路

七、思考题

1. 溢流阀的类型有哪些? 它们是怎样工作的?
2. 比较先导式溢流阀和直动式溢流阀特性的异同。
3. 调压回路有哪些类型?

实验二　卸荷回路

一、实验目的

1. 了解三位四通电磁换阀的各类中位机能(如 H 型和 M 型)的结构、工作原理。
2. 了解卸荷回路的工作原理及其在工业中的应用。
3. 了解 PLC 编程和应用。

二、实验器材

三位四通电磁换向阀(H 型或 M 型)1 只;油缸(参数:行程 200 mm,活塞直径 40 mm,杆径 20 mm)1 只;溢流阀 1 只;压力表 1 只。

三、实验原理

附图 5.3 所示为卸荷回路图。三位四通电磁换向阀的 H 型、M 型、K 型等中位机能均可以实现泵的卸荷。三位四通换向阀 2 当在左位工作时,液压缸伸出;当在右位工作时,液压缸缩回;在中位时,液压泵供油直接回油箱,液压泵实现卸荷。实验所需的 PLC 程序及电路见附图 5.4。

四、实验步骤

1. 读懂卸荷回路图,据此准备好相关实验器材。
2. 按照实验回路图,连接好液压回路和控制电路。
3. 检查回路连接的准确性,在确认无误的情况下,将溢流阀调到最低压力,开启系统,调节压力。

项目

五

压力控制回路的构建

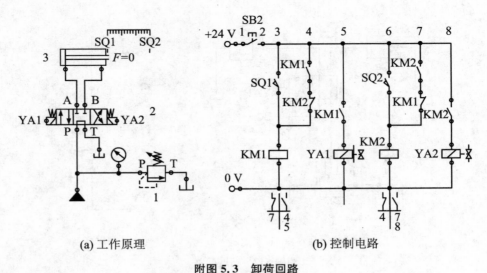

(a) 工作原理　　　　　　　　(b) 控制电路

附图 5.3　卸荷回路

(a) 1. 溢流阀　2. 三位四通电磁换向阀　3. 液压缸

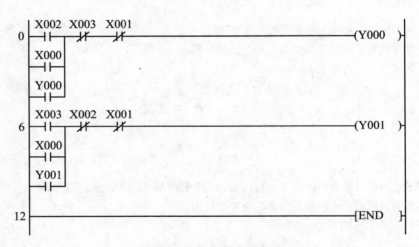

附图 5.4　PLC 程序及电路

4. 闭合 SB2,让液压缸运行,观察泵口压力表的读数;打开开关 SB2,观察泵口压力表的读数是否为零。

5. 用计算机编写好 PLC 程序并成功地下载至 PLC;按照 PLC 接线图搭接线路。

6. 启动泵站,调节溢流阀,确定在安全压力范围内,压力值从压力表上直接读取。

7. 启动 PLC,接近开关 SQ1 感应信号,PLC 输出 Y000,电磁铁 YA1 得电,液压缸伸出。

8. 接近开关 SQ2 感应信号,PLC 输出 Y001,电磁铁 YA2 得电,液压缸缩回。

9. 电磁铁 YA1 和 YA2 均没有输出,从实验工作原理图中可以看出,中位机能是 M 型,因此,实验回路此时处于卸荷状态,此时记录压力表值。(开关 SB2 启动,回路停止工作,观察压力表的压力变化,中位机能处于卸荷状态。)

五、注意事项

1. 检查油路搭接是否正确。

2. 检查电路连接是否正确(检查 PLC 输入是否要求外接电源)。

3. 检查油管接头搭接是否牢固(搭接后,可以稍微用力拉一下)。

4. 检查电路搭接是否正确,开始实验前需检查并运行。如有错误,要先修正,直至错误排除,再启动泵站,开始实验。

5. 回路必须搭接溢流阀,启动泵站前,完全打开溢流阀;实验完成后,完全打开溢流阀,停止泵站。

六、实验拓展

二位二通换向阀控制的卸荷回路见附图 5.5。

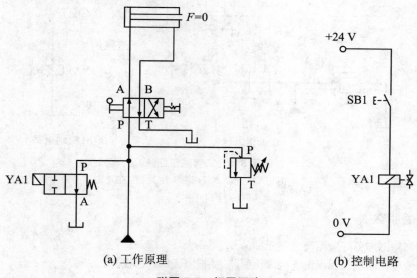

(a) 工作原理　　　　　　　　(b) 控制电路

附图 5.5　拓展回路

七、思考题

1. 泵卸荷有什么意义?

2. 卸荷回路的类型有哪些?

实验三　二级减压回路

一、实验目的

1. 了解减压阀的工作原理。

2. 掌握并应用减压阀的二级调压及多级调压。

3. 了解减压回路在实际生产中的应用范围。

二、实验器材

液压实验台 1 个;先导式减压阀 1 只;二位三通电磁换向阀 1 只;溢流阀 2 只;压力表 2 只;油管若干。

三、实验原理

附图5.6所示为二级减压回路图。当电磁铁YA1不得电时,支路压力由先导式减压阀2控制;当电磁铁YA1得电时,二位三通换向阀接通,支路压力由直动式溢流阀1、4控制。注意:直动式溢流阀的调定压力一定要小于先导式减压阀的调定压力。

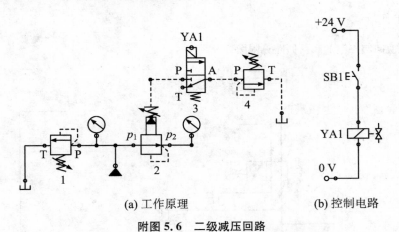

(a) 工作原理　　　　　　　　　　(b) 控制电路

附图5.6　二级减压回路

1、4. 直动式溢流阀　2. 先导式减压阀　3. 二位三通电磁换向阀

四、实验步骤

1. 依据回路图准备好液压与电气元件。

2. 按照液压回路准确无误地连接液压回路,并把溢流阀全部松开。

3. 启动泵站电机,调节直动式溢流阀1的开口,调定系统压力。

4. 调节先导式减压阀2至系统要求的二级压力。

5. 闭合开关SB1,使二位三通电磁换向阀3得电换向,调节直动式溢流阀1至一级压力。(注意:这里一级压力要小于二级压力。)

6. 实验完毕后,应先旋松直动式溢流阀1,然后停止油泵工作。经确认回路中压力为零后,取下连接油管和元件,归类放入规定的地方,并保持台面的清洁。

五、注意事项

1. 检查油路搭接是否正确。

2. 检查电路连接是否正确(检查PLC输入是否要求外接电源)。

3. 检查油管接头搭接是否牢固(搭接后,可以稍微用力拉一下)。

4. 检查电路搭接是否正确,开始实验前需检查并运行。如有错误,要先修正,直到错误排除,再启动泵站,开始实验。

5. 回路必须搭接溢流阀,启动泵站前,完全打开溢流阀;实验完成后,完全打开溢流阀,停止泵站。

六、实验拓展:多级减压回路

多级减压回路通过使用不同出口压力设定值的减压阀,使系统得到多级工作压力。

七、思考题

溢流阀、减压阀和顺序阀有什么异同?各起什么作用?

液压与气压传动技术

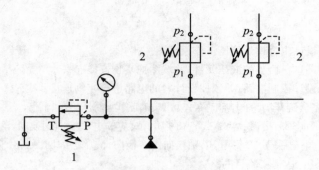

附图 5.7　拓展回路

实验四　液压保压回路

一、实验目的

1. 了解保压回路在工业领域的应用场合。
2. 熟悉并掌握换向阀或单向阀保压回路的应用。

二、实验器材

液压实验台 1 个；三位四通电磁换向阀 1 只；二位四通电磁换向阀 1 只；单向阀 1 只；直动式溢流阀 1 只；液压缸 1 只；压力表 2 只；油管及导线若干。

三、实验原理

附图 5.8 所示为液压保压回路图。当系统开启时，液压缸 5 开始工作，当运行到达工作压力时，断开二位四通电磁换向阀 4 及三位四通电磁换向阀 2，系统保持工作压力；回油时，只要接通换向阀 4 及换向阀 2 即可，从而达到实验要求。

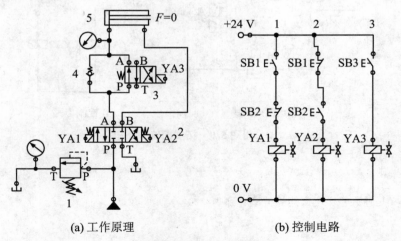

(a) 工作原理　　　　　　　(b) 控制电路

附图 5.8　液压保压回路

1. 直动式溢流阀　2. 三位四通电磁换向阀　3. 二位四通电磁换向阀　4. 单向阀　5. 液压缸

四、实验步骤

1. 根据实验要求设计出合理的液压工作原理图。

2. 根据工作原理图选择恰当的液压元件,并按图把实物连接起来。

3. 根据动作要求设计控制电路,并依据设计好的电路进行实物连接。

4. 检查无误后,完全旋开溢流阀,启动泵站。调节工作所需压力。

5. 闭合开关 SB1 和 SB3,电磁铁 YA1、YA3 得电,对应的电磁换向阀换向,液压缸伸出。

6. 闭合开关 SB2,电磁铁 YA2 得电,电磁换向阀 2 换向,液压缸缩回。断开全部开关,液压缸保持原有工作位置,系统保压,达到实验目的。

7. 实验完毕后,让活塞杆收回,停止油泵电机,待系统压力为零后,拆卸油管及液压阀,放回规定的位置,整理好实验台,并保持系统的清洁。

五、注意事项

1. 检查油路搭接是否正确。

2. 检查电路连接是否正确(检查 PLC 输入是否要求外接电源)。

3. 检查油管接头搭接是否牢固(搭接后,可以稍微用力拉一下)。

4. 检查电路搭接是否正确,开始实验前需检查并运行。如有错误,要先修正,直到错误排除,再启动泵站,开始实验。

5. 回路必须搭接溢流阀,启动泵站前,完全打开溢流阀;实验完成后,完全打开溢流阀,停止泵站。

六、实验拓展

液压油蓄能器补油,最大压力值由压力继电器调定。继电器发出信号时二位四通电磁换向阀卸荷,不发出信号时液压泵给蓄能器冲压。

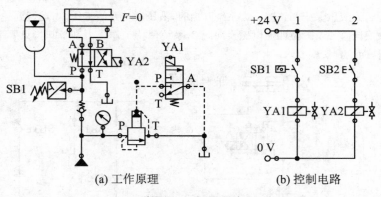

(a) 工作原理　　　　　　(b) 控制电路

附图 5.9　拓展回路

七、思考题

保压的意义是什么?保压回路的类型有哪些?

液压与气压传动技术

项目六 速度控制回路的构建

任务一 流量控制阀的结构原理

一、孔口与缝隙流动

节流阀的节流口通常有三种基本形式：薄壁小孔（$m=0.5$）、细长小孔（$0.5<m<1$）和厚壁小孔（$m=1$）。无论节流口采用何种形式，通过节流口的流量 q 与其前后压差 Δp 的关系均可用式 $q=KA\Delta p^{m}$ 来表示。三种节流口的流量特性曲线如图6.1所示，由图可知：

① 压差对流量的影响。节流阀两端压差 Δp 变化时，通过它的流量要发生变化，三种形式的节流口中，薄壁小孔的流量受压差改变的影响最小。

② 温度对流量的影响。油温影响到油液黏度，对于细长小孔，油温变化时，流量也会随之改变；薄壁小孔黏度对流量几乎没有影响，故油温变化时，流量基本不变。

③ 节流口的堵塞。节流口可能因油液中的杂质或油液氧化后析出的胶质、沥青等而局部堵塞，这就改变了原来节流口通流面积的大小，使流量发生变化，尤其是当节流口较小时，这一影响更为突出，严重时会完全堵塞而出现断流现象。因此节流口的抗堵塞性能也是影响流量稳定性的重要因素，尤其会影响流量阀的最小稳定流量。一般节流口通流面积越大、节流通道越短或水力直径越大，越不容易堵塞，当然油液的清洁度也会产生影响。一般流量控制阀的最小稳定流量为 0.05 L/min。

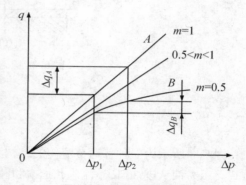

图6.1 节流阀特性曲线

综上所述，为保证流量稳定，节流口的形式以薄壁小孔较为理想。图6.2所示为几种常用的节流口形式。图6.2(a)所示为针阀式节流口，它通道长，湿周大，易堵塞，流量受油温影响较大，一般用于对性能要求不高的场合。图6.2(b)所示为偏心槽式节流口，其性能与针阀式节流口相同，但比针阀式节流口更容易制造，其缺点是阀芯上的径向力不平衡，旋转阀芯时较费力，一般用于压力较低、流量较大和对流量稳定性要求不高的场合。图6.2(c)所示为轴向三角槽式节流口，其结构简单，水力直径中等，可得到较小的稳定流量，且调节范围较大，节流通道有一定的长度，油温变化对流量有一定的影响，目前被广泛应用。图6.2(d)所示为周向缝隙式节流口，沿阀芯周向开有一条宽度不等的狭槽，转动阀芯就可改变开口大小，阀口做成薄刃形，通道短，水力直径大，不易堵塞，油温变化对流量影响小，因此其性能接近于薄壁小孔,适用于低压小流量场合。图 6.2(e)所示为轴向缝隙式节流口,在阀孔的衬套上加工出图示薄壁阀口,对阀芯做轴向移动即可改变开口大小,其性能与周向缝隙式节流口相似。

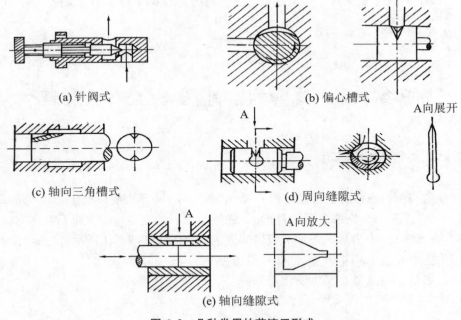

(a) 针阀式　　　　　　　　　　　　　　(b) 偏心槽式　　　　　　　　A向展开

(c) 轴向三角槽式　　　　　　　　　　(d) 周向缝隙式

(e) 轴向缝隙式

图 6.2　几种常用的节流口形式

二、节流阀

图 6.3 所示为一种普通节流阀的结构和图形符号。这种节流阀的节流通道为轴向三角槽式。压力油从进油口 P_1 流入孔道 a 和阀芯 1 左端的三角槽进入孔道 b,再从出油口 P_2 流出。调节手柄 3,可通过推杆 2 使阀芯做轴向移动,以改变节流口的通流截面积来调节流量。

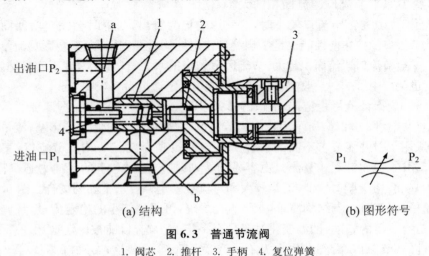

(a) 结构　　　　　　　　　　　　　　　　(b) 图形符号

图 6.3　普通节流阀

1. 阀芯　2. 推杆　3. 手柄　4. 复位弹簧

阀芯在弹簧的作用下始终贴紧在推杆上,这种节流阀的进、出油口可互换。

节流阀的刚度表示它抵抗负载变化的干扰保持流量稳定的能力,即当节流阀开口不变时,阀前后压差 Δp 的变化,会引起通过节流阀的流量发生变化。

从节流阀特性曲线图 6.4 可以发现,节流阀的刚度 T 相当于流量曲线上某点的切线和横坐标夹角 β 的余切,即

$$T = \cot \beta$$

由此可以得出如下结论:

① 同一节流阀,阀前后压差 Δp 相同,节流开口小时,刚度大。

② 同一节流阀,在节流开口一定时,阀前后压差 Δp 越小,刚度越小。为了保证节流阀具有足够的刚度,节流阀只能在某一最低压差 Δp 的条件下,才能正常工作,提高 Δp 将引起压力损失的增加。

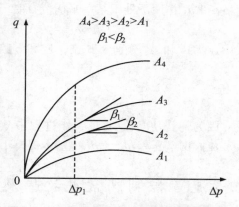

图 6.4 不同开口时节流阀的流量特性曲线

③ 取小的指数 m 可以提高节流阀的刚度,因此在实际使用中尽量采用薄壁小孔式即 $m = 0.5$ 的节流口。

三、调速阀

调速阀是由定差减压阀与节流阀串联而成的组合阀。节流阀用来调节流量,定差减压阀则自动调节节流阀前后压差,使其保持定值,保证节流阀流量不受负载变化的影响。

图 6.5 为调速阀的工作原理。液压泵的出口(即调速阀的进油口)压力 p_1 由泵口稳压

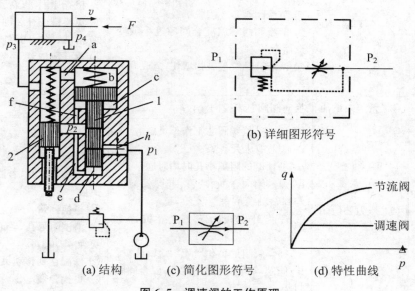

(b) 详细图形符号

(a) 结构　　(c) 简化图形符号　　(d) 特性曲线

图 6.5　调速阀的工作原理

1. 减压阀　2. 节流阀

的溢流阀调整,其值基本不变;调速阀的出口压力 p_3 则由液压缸负载 F 决定。油液先经减压阀产生一次压力降,将压力降到 p_2,p_2 经通道 e、f 作用到减压阀的 d 腔和 c 腔;节流阀的出口压力 p_3 又经反馈通道 a 作用到减压阀的上腔 b,当减压阀的阀芯在弹簧力 F_s、油液压力 p_2 和 p_3 作用下处于某一平衡位置时(忽略摩擦力和液动力等),则有

$$p_2 A_1 + p_2 A_2 = p_3 A + F_s$$

式中,A、A_1 和 A_2 分别为 b 腔、c 腔和 d 腔内压力油作用于阀芯的有效面积,且 $A = A_1 + A_2$。故

$$p_2 - p_3 = \Delta p = \frac{F_s}{A}$$

因为弹簧劲度较小,且工作过程中减压阀阀芯位移很小,可以认为 F_s 基本保持不变。故节流阀两端压差 $p_2 - p_3$ 也基本保持不变,这就保证了节流阀流量的稳定性。

四、流量控制阀常见故障及排除方法

流量控制阀常见故障及排除方法如表 6.1 所示。

表 6.1　流量控制阀常见故障及排除方法

故障现象	原因分析		排除方法
1. 调整节流阀手柄无流量变化	(1) 压力补偿阀不动作	① 阀芯与阀套几何精度低,间隙太小 ② 弹簧侧向弯曲、变形而使阀芯卡住 ③ 弹簧太弱	① 检查精度,修配间隙达到要求,使其移动灵活 ② 更换弹簧 ③ 更换弹簧
	(2) 节流阀故障	① 油液过脏,使节流口堵死 ② 手柄与节流阀阀芯装配位置不合适 ③ 节流阀阀芯连接脱落或未装键 ④ 节流阀阀芯因配合间隙过小或变形而卡死 ⑤ 调节杆螺纹被脏物堵住,造成调节不良	① 检查油质,过滤油液 ② 检查原因,重新装配 ③ 更换键或补装键 ④ 清洗、修配间隙或更换零件 ⑤ 拆开清洗
	(3) 系统未供油	换向阀阀芯未换向	检查原因并消除
2. 执行元件运动速度不稳定(流量不稳定)	(1) 压力补偿阀故障	① 压力补偿阀阀芯工作不灵敏 a. 阀芯有卡死现象 b. 补偿阀的阻尼小孔时堵时通 c. 弹簧侧向弯曲、变形,或弹簧端面与弹簧轴线不垂直 ② 压力补偿阀阀芯在全开位置上卡死 a. 补偿阀阻尼小孔堵死 b. 阀芯与阀套几何精度低,配合间隙过小 c. 弹簧侧向弯曲、变形而使阀芯卡住	① 修配达到移动灵活 ② 清洗阻尼孔,若油液过脏应更换 ③ 更换弹簧 ① 清洗阻尼孔,若油液过脏应更换 ② 修配达到移动灵活 ③ 更换弹簧

液压与气压传动技术

故障现象	原因分析		排除方法
2. 执行元件运动速度不稳定(流量不稳定)	(2) 节流阀故障	① 节流口处积有污物而时堵时通 ② 节流阀外载荷变化引起流量变化	① 拆开清洗,检查油质,若油质不合格应更换 ② 对外载荷变化大的或要求执行元件运动速度非常平稳的系统,应改用调速阀
	(3) 油液品质劣化	① 油温过高,造成节流口流量变化 ② 带有温度补偿的流量控制阀的补偿杆敏感性差,已损坏 ③ 油液过脏,堵死节流口或阻尼孔	① 检查升温原因,降低油温,并控制在要求范围内 ② 选用对温度敏感性强的材料做补偿杆,坏的应更换 ③ 清洗,检查油质,不合格的应更换
	(4) 单向阀故障	在带单向阀的流量控制阀中,单向阀的密封性不好	研磨单向阀,提高密封性
	(5) 管路振动	① 系统中有空气 ② 管路振动使调定的位置发生变化	① 将空气排净 ② 调整后用锁紧装置锁住
	(6) 泄漏	内泄和外泄使流量不稳定,造成执行元件工作速度不均匀	消除泄漏或更换元件

任务二　速度控制回路的构建

在液压传动系统中,调速是为了满足执行元件对工作速度的要求,是系统的核心问题。调速回路不仅对系统的工作性能,而且对其他基本回路的选择起着决定性的作用,因此在液压系统中占有极其重要的地位。

一、调速回路概述

1. 调速回路的基本原理

在液压传动系统中,执行元件主要是液压缸和液压马达。在不考虑液压油的压缩性和元件泄漏的情况下,液压缸的运动速度 v 取决于输入或输出液压缸的流量及相应的有效工作面积,即

$$v = \frac{q}{A}$$

式中,q 为输入(或输出)液压缸的流量;A 为液压缸进油腔(或回油腔)的有效工作面积。由上式可知,要调节液压缸的工作速度,可以改变输入执行元件的流量,也可以改变执行元件的有效工作面积。对于确定的液压缸来说,改变其有效工作面积是比较困难的。因此,通常用改变液压缸输入流量 q 的方法调节液压缸的工作速度。

液压马达的转速 n_M 由马达的输入流量 q 和排量 V_M 决定,即

$$n_M = \frac{q}{V_M}$$

由上式可知,可以改变液压马达的输入流量 q 或排量 V_M 来控制液压马达的转速。

为了改变输入执行元件的流量,可采用定量泵和溢流阀构成的恒压源与流量控制阀的方法,也可以采用变量泵供油的方法。目前,调速回路主要有以下三种调速方式:

① 节流调速。采用定量泵供油,通过改变流量控制阀通流截面的大小调节流入或流出执行元件的流量,以实现调速,多余的流量由溢流阀溢流回油箱。

② 容积调速。通过改变变量泵或变量马达的排量来实现调速。

③ 容积节流调速。综合利用流量阀及变量泵来共同调节执行机构的速度。

2. 调速回路的基本特性

调速回路的调速特性、机械特性和功率特性,实际上都是系统的静态特性,它们基本上决定了系统的性能、特点和用途。

(1) 调速特性

回路的调速特性用回路的调速范围来表征。所谓调速范围是指执行元件在某负载下可能得到的最高工作速度与最低工作速度之比,即

$$R = \frac{v_{max}}{v_{min}}$$

各种调速回路可能的调速范围是不同的,人们希望能在较大的范围内调节执行元件的速度,在调速范围内能灵敏、平稳地实现无级调速。

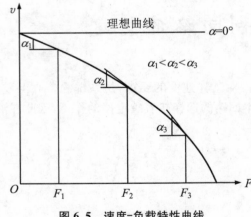

图 6.5　速度-负载特性曲线

(2) 机械特性

机械特性即速度-负载特性,它是调速回路中执行元件运动速度随负载变化而变化的性能。一般地,执行元件运动速度随负载增大而降低。图 6.5 所示为某调速回路中执行元件的速度-负载特性曲线。速度受负载影响的程度常用速度刚度来描述。将速度刚度定义为负载对速度的变化率的负值,即

$$k_v = -\frac{\partial F}{\partial v} = -\frac{1}{\tan \alpha}$$

物理意义是:负载变化时,调速回路抵抗速度变化的能力,亦即引起单位速度变化的负载的变化量。从图 6.5 可知,速度刚度是速度-负载特性曲线上某点处斜率的倒数。在特性曲线上某处的斜率越小,速度刚度就越大,亦即机械特性越硬,执行元件工作速度受负载变化的影响越小,运动平稳性越好。

(3) 功率特性

调速回路的功率特性包括回路的输入、输出功率,功率损失和回路效率。一般不考虑执行元件和管路中的功率损失,这样便于从理论上对各种调速回路进行比较。功率特性好(即能量损失小),效率高,油液发热少。

液压与气压传动技术

二、节流调速回路

节流调速回路是通过在液压回路上采用流量控制阀(节流阀或调速阀)来实现调速的一种回路,一般根据流量控制阀在回路中的位置不同分为进油节流调速回路、回油节流调速回路及旁路节流调速回路三种。

1. 进油节流调速回路

图 6.6 所示为进油节流调速回路。将节流阀串联在液压缸的进油路上,用定量泵供油,且在泵的出油口处并联一个溢流阀。泵输出的油液一部分经节流阀进入液压缸的工作腔,推动活塞运动,多余的油液经溢流阀流回油箱。由于溢流阀处于溢流状态,所以泵的出油口压力保持恒定。调节节流阀的通流面积,即可调节节流阀的流量,从而调节液压缸的工作速度。

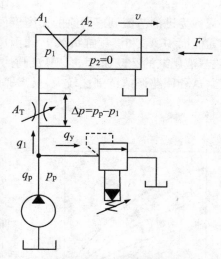

图 6.6　进油节流调速回路

(1) 速度负载特性

① 液压缸要克服负载 F 而运动,其工作腔的油液必须具有一定的工作压力,在稳定工作时活塞的受力平衡方程为

$$p_1 A_1 = p_2 A_2 + F$$

式中,F 为液压缸的负载;A_1、A_2 分别为液压缸无杆腔和有杆腔的有效面积;p_1、p_2 分别为液压缸进油腔、回油腔的压力。当回油腔直接通油箱时,可设 $p_2 \approx 0$,故液压缸无杆腔压力为

$$p_1 = \frac{F}{A_1}$$

这说明液压缸的工作压力 p_1 取决于负载,随负载变化而变化。

② 为了保证油液通过节流阀进入执行元件,节流阀上必须存在一个压差 Δp,且泵的出口压力 p_p 必须大于液压缸的工作压力 p_1,并满足

$$p_\mathrm{p} = p_1 + \Delta p$$

③ 调节节流阀的流量 q_1,才能调节液压缸的工作速度。因此定量泵多余的油液 q_y 必须经溢流阀流回油箱。必须指出,溢流阀溢流是该回路能调速的必要条件。注意,如果溢流阀不能溢流,定量泵的流量 q_p 只能全部进入液压缸,则不能实现调速功能。根据连续性方程,有

$$q_\mathrm{p} = q_1 + q_\mathrm{y} = 常数$$

q_1 越小,液压缸的工作速度就越低,溢流量 q_y 也就越大。

④ 溢流阀工作时处在溢流状态,因此泵的出油口压力 p_p 保持恒定。

⑤ 节流阀的流量 q_1 为

$$q_1 = K A_\mathrm{T} \Delta p^m = K A_\mathrm{T} \left(p_\mathrm{p} - \frac{F}{A_1} \right)^m$$

式中,A_T 为节流阀的通流面积;Δp 为节流阀两端的压差;K 为节流阀的流量系数,对于薄壁

孔，$K = C_d \sqrt{2/\rho}$，对于细长孔，$K = d^2/(32\mu L)$（其中，C_d 为流量系数；ρ、μ 分别为液体密度和动力黏度；d、L 为细长孔直径和长度）；m 为节流指数，且 $0.5 \leqslant m \leqslant 1$，对于薄壁孔，$m = 0.5$，对于细长孔，$m = 1$。

调节节流阀通流面积 A_T，即可改变节流阀的流量 q_1，从而调节液压缸的工作速度。

根据上述讨论，液压缸的运动速度为

$$v = \frac{q_1}{A_1} = \frac{KA_T}{A_1}\left(p_p - \frac{F}{A_1}\right)^m$$

上式称为进油节流调速回路的速度-负载特性方程。由此式可知，液压缸的工作速度是节流阀通流面积 A_T 和液压缸负载 F 的函数，当 A_T 不变时，活塞的运动速度 v 受负载 F 的变化影响；液压缸的运动速度 v 与节流阀的通流面积 A_T 成正比，调节 A_T 就可调节液压缸的速度。这种回路调速范围比较大，最高速度比可达 100 左右。

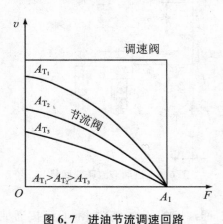

图 6.7 进油节流调速回路
速度-负载特性曲线

图 6.7 所示为进油节流调速回路的速度-负载特性曲线，它是根据进油节流调速回路在节流阀的不同开口情况绘制出来的。这组曲线表示液压缸运动速度随负载变化的规律，曲线越陡，说明负载变化对速度的影响越大，即速度刚度越小。从图中可以看出：当节流阀通流面积 A_T 一定时，负载 F 大的区域，曲线陡，速度刚度小，而负载 F 越小，曲线越平缓，速度刚度越大；在相同负载下工作时，A_T 越大，速度刚度越小，即速度高时速度刚度小；特性曲线交于横坐标轴上的一点处，对应的 F 值为最大值，这说明速度调节不会改变回路的最大承载能力 F_{max}。因为最大负载时缸停止运动（$\Delta p = 0$，$v = 0$），所以该回路的最大承载能力 $F_{max} = p_p A_1$。

进油节流调速回路的速度刚度为

$$k_v = -\frac{\partial F}{\partial v} = \frac{A_1^{1+m}}{mKA_T\,(p_p A_1 - F)^{m-1}} = \frac{p_p A_1 - F}{vm}$$

由此可知，提高系统压力、增大液压缸的工作面积均可提高速度刚度。由上式还可知，小负载、低速时，速度刚度大，速度稳定性好。

（2）功率特性

进油节流调速回路中，泵的供油压力 p_p 由溢流阀确定，所以液压泵的输出功率即回路输入功率为一常数，即

$$P_p = p_p q_p$$

回路输出功率即液压缸输出的有效功率为

$$P_1 = Fv = F\frac{q_1}{A_1} = p_1 q_1$$

回路的功率损失 ΔP 为

$$\Delta P = P_p - P_1 = p_p q_p - p_1 q_1$$
$$= p_p(q_1 + q_y) - (p_p - \Delta p)q_1 = p_p q_y + \Delta p q_1$$

回路效率为

$$\eta_C = \frac{P_1}{P_p} = \frac{Fv}{p_p q_p} = \frac{p_1 q_1}{p_p q_p}$$

这种调速回路的功率损失由溢流损失 $p_p q_y$ 和节流损失 $\Delta p q_1$ 两部分组成。溢流损失是在泵的输出压力 p_p 下，溢流量 q_y 流经溢流阀时产生的功率损失，而节流损失是流量 q_1 在压差 Δp 下流经节流阀时产生的功率损失。

由于回路中存在溢流损失和节流损失这样两种功率损失，所以回路效率比较低，特别是在低速、轻载场合，效率更低。为了提高效率，实际工作中应尽量使液压泵的流量 q_p 接近液压缸的流量 q_1。特别是当液压缸需要快速和慢速两种运动时，应采用双泵供油。

进油节流调速回路适用于轻载、低速、负载变化不大和对速度稳定性要求不高的小功率场合。

2. 回油节流调速回路

图 6.8 所示为回油节流调速回路。这种调速回路将节流阀串联在液压缸的回油路上，定量泵的供油压力由溢流阀调定并基本上保持恒定不变。该回路的调节原理是：借助节流阀控制液压缸的回油量 q_2，实现速度的调节，即

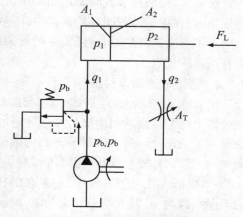

$$\frac{q_1}{A_1} = v = \frac{q_2}{A_2} \quad \text{或} \quad q_1 = \frac{A_1}{A_2} q_2$$

由上式可知，用节流阀调节流出液压缸的流量 q_2，也就调节了流入液压缸的流量 q_1。定量泵多余的油液经溢流阀流回油箱。溢流阀处于溢流状态，泵的出油口压力 p_p 保持恒定，且 $p_1 = p_p$。

图 6.8　回油节流调速回路

稳定工作时，活塞的受力平衡方程为

$$p_p A_1 = p_2 A_2 + F$$

由于节流阀两端存在压差，因此在液压缸有杆腔中形成背压 p_2，负载 F 越小，背压 p_2 越大。当负载 $F = 0$ 时，有

$$p_2 = \frac{A_1}{A_2} p_p$$

液压缸的运动速度方程亦即速度-负载特性方程为

$$v = \frac{q_2}{A_2} = \frac{K A_T}{A_2} \left(p_p \frac{A_1}{A_2} - \frac{F}{A_2} \right)^m$$

式中，A_2 为液压缸有杆腔的有效面积；q_2 为通过节流阀的流量。

回油节流阀调速与进油节流阀调速的速度-负载特性基本相同，若液压缸的两个腔的有效面积相同，则两种节流阀调速回路的速度-负载特性就完全一样了。因此，前面有关进油节流阀调速回路的分析和结论都适用于本回路。

进油节流调速回路与回油节流调速回路虽然流量特性与功率特性基本相同，但也有某些方面的不同，主要有以下几点：

① 承受负负载的能力不同。回油节流调速回路的节流阀使液压缸的回油腔形成一定的背压（$p_2 \neq 0$），因而能承受负负载（负负载是与活塞运动方向相同的负载），并提高了液压缸的速度平稳性。而进油节流调速回路则要在回油路上设置背压阀后，才能承受负负载，但是需要提高调定压力，功率损失大。

② 实现压力控制的难易程度不同。进油节流调速回路容易实现压力控制。当工作元件在行程终点碰到死挡铁后,进油腔压力会上升到等于泵的供油压力,利用这个压力变化,可使并联于此处的压力继电器发出信号,实现对系统的动作控制。而对于回油节流调速回路,液压缸进油腔压力没有变化,难以实现压力控制。工作元件碰到死挡铁后,回油腔压力下降为零,虽然可利用这个变化值使压力继电器失压复位,对系统的下一步动作实现控制,但可靠性差,一般不采用。

③ 调速性能不同。若回路使用单杆缸,则无杆腔进油流量大于有杆腔回油流量。故在缸径、缸速相同的情况下,进油节流调速回路的节流阀开口较大,低速时不易堵塞。因此,进油节流调速回路能获得更低的稳定速度。

④ 停车后的启动性能不同。长时间停车后液压缸内的油液会流回油箱,当液压泵重新向缸供油时,在回油节流阀调速回路中,由于进油路上没有节流阀控制流量,会出现活塞前冲现象;而在进油节流阀调速回路中,活塞前冲很小,甚至没有前冲。

为了提高回路的综合性能,一般常采用进油节流阀调速,并在回油路上加背压阀,使其兼有二者的优点。

3. 旁路节流调速回路

图 6.9(a)所示为旁路节流调速回路的结构。这种回路把节流阀接在与执行元件并联的旁油路上。定量泵输出的流量一部分通过节流阀溢回油箱,一部分进入液压缸,使活塞获得一定的运动速度。通过调节节流阀的通流面积 A_T,就可调节进入液压缸的流量,即可实现调速。溢流阀作安全阀用,正常工作时关闭,过载时才打开,其调定压力为最大工作压力的 $1.1 \sim 1.2$ 倍。在工作过程中,定量泵的压力随负载变化而变化。设泵的理论流量为 q_t,泵的泄漏系数为 k_1,其他符号意义同前,则缸的运动速度为

$$v = \frac{q_1}{A_1} = \frac{q_t - k_1 \dfrac{F}{A_1} - KA_T \left(\dfrac{F}{A_1}\right)^m}{A_1}$$

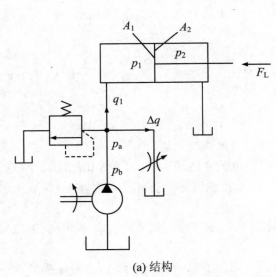
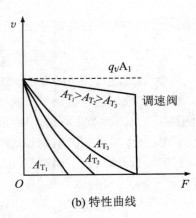

(a) 结构　　　　　　　　　　　(b) 特性曲线

图 6.9　旁路节流调速回路

选取不同的 A_T 值可作出一组速度-负载特性曲线,如图 6.9(b)所示。由曲线可知,当

节流阀通流面积一定而负载增加时,速度下降较前两种回路更为明显,即特性很软,速度稳定性很差;在重载高速时,速度刚度较好,这与前两种回路恰好相反。其最大承载能力随节流口面积 A_T 的增加而减小,即旁路节流调速回路的低速承载能力很差,调速范围也较小。

这种回路只有节流损失而无溢流损失,泵压随负载变化而变化,节流损失和输入功率也随负载变化而变化。因此,这种回路比前两种回路效率高。

由于这种回路的速度-负载特性很软,低速承载能力差,故其应用范围比前两种回路小,只适用于高速、重载、对速度平稳性要求不高的较大功率的系统,如牛头刨床主运动系统、输送机械液压系统等。

三、容积调速回路

节流调速回路由于有节流损失和溢流损失,所以只适用于小功率系统。容积调速回路主要是利用改变变量泵的排量或变量马达的排量来实现调速的,其主要优点是没有节流损失和溢流损失,因而效率高,系统温升小,适用于大功率系统。

容积调速回路根据油液的循环方式可分为开式回路和闭式回路。在开式回路中,液压泵从油箱吸油,执行元件的回油直接回油箱,油液能得到较好的冷却,便于沉淀杂质和析出气体,但油箱体积大,空气和污染物侵入油液的机会增加,侵入后影响系统正常工作。在闭式回路中,执行元件的回油直接与泵的吸油腔相连,结构紧凑,只需较小的补油箱,空气和脏物不易混入回路,但油液的散热条件差,为了补偿回路中的泄漏并进行换油冷却,需附设补油泵。

容积调速回路按照动力元件与执行元件的不同组合,可以分为变量泵-定量执行元件容积调速回路、定量泵-变量马达容积调速回路,以及变量泵-变量马达容积调速回路三种基本形式。

1. 变量泵-定量执行元件容积调速回路

图 6.10 所示是变量泵和定量执行元件组成的容积调速回路。其中分图(a)所示为变量泵和液压缸组成的开式回路,分图(b)所示为变量泵和定量马达组成的闭式回路。显然,改

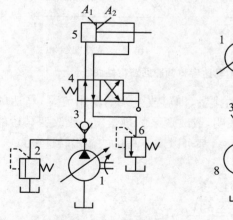

(a) 变量泵–液压缸开式回路

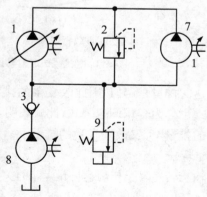

(b) 变量泵–定量马达闭式回路

图 6.10　变量泵-定量执行元件容积调速回路

1. 变量泵　2、9. 溢流阀　3. 单向阀　4. 换向阀　5. 液压缸　6. 背压阀　7. 定量马达　8. 补油泵　9. 溢流阀

变变量泵的排量即可调节液压缸的运动速度和液压马达的转速。两个分图中的溢流阀 2 均起安全阀作用,用于防止系统过载;单向阀 3 用来防止停机时油液倒流入油箱和空气进入系统。

这里重点讨论变量泵-定量马达容积调速回路。在图 6.10(b) 中,为了补偿变量泵 1 和定量马达 7 的泄漏,增加了补油泵 8。补油泵 8 将冷油送入回路,而从溢流阀 9 溢出回路中的多余热油,进入油箱冷却。补油泵的工作压力由溢流阀 9 来调节。补油泵的流量为主泵的 10%～15%,工作压力为 0.5～1.4 MPa。

(1) 速度-负载特性

在图 6.10(b) 回路中,在不考虑管道的泄漏和压力损失时,可得此回路的速度-负载特性曲线,如图 6.11(a) 所示。由图可见,由于变量泵、马达有泄漏,马达的输出转速 n_M 会随负载 T_M 的加大而减小,即速度刚度要受负载变化的影响。负载增大到某值时,马达停止运动[见图 6.11(a) 中的 T'_M],表明这种回路在低速下的承载能力很弱。所以在确定回路的最低速度时,应将这一速度排除在调速范围之外。

定量马达的排量是定值,因此改变泵的排量,即可改变泵的输出流量,马达的转速也随之改变。

(2) 转速特性

在图 6.10(b) 中,若采用容积效率、机械效率表示变量泵和定量马达的损失和泄漏,则定量马达的输出转速 n_M 与变量泵排量 V_p 的关系为

$$n_M = \frac{q_p}{V_M} = \frac{V_p}{V_M} n_p \eta_{pv} \eta_{Mv}$$

式中,η_{pv}、η_{Mv} 分别为泵、马达的容积效率。

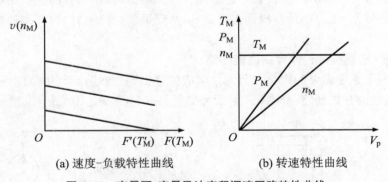

(a) 速度-负载特性曲线　　(b) 转速特性曲线

图 6.11　变量泵-定量马达容积调速回路特性曲线

定量马达的排量是定值,因此改变泵的排量,即可改变泵的输出流量,马达的转速也随之改变。上式也称为容积调速公式,此式表明,或改变泵的排量 V_p,或改变马达的排量 V_M,或既改变泵的排量 V_p 又改变马达的排量 V_M,都可以调节马达的输出转速 n_M。

(3) 转矩特性

马达的输出转矩 T_M 与马达排量 V_M 的关系为

$$T_M = \frac{\Delta p_M V_M}{2\pi} \eta_{Mm}$$

式中,Δp_M 为马达进、出口的压差;η_{Mm} 为马达的机械效率。

上式表明,马达的输出转矩 T_M 与泵的排量 V_p 无关,不会因调速而发生变化。若系统

的负载转矩恒定,则回路的工作压力 p 恒定(即 Δp_M 不变),此时马达的输出转矩 T_M 恒定,故此回路又称为等转矩调速回路。

(4) 功率特性

马达的输出功率 P_M 与变量泵排量 V_p 的关系为

$$P_M = T_M 2\pi n_M = \Delta p_M V_M n_M \quad \text{或} \quad P_M = \Delta p_M V_M n_M \eta_{pv} \eta_{Mv} \eta_{Mm}$$

上式表明,马达的输出功率 P_M 与马达的转速成正比,亦即与泵的排量 V_p 成正比,如图 6.11(b)所示。必须指出,由于泵和马达存在泄漏,所以当 V_p 还未调到零值时,n_M、T_M 和 P_M 已都为零值。这种回路的调速范围大,可持续实现无级调速,一般用于刨床、拉床等。

2. 定量泵-变量马达容积调速回路

图 6.12(a)所示为定量泵-变量马达容积调速回路。在这种容积调速回路中,泵的排量 V_p 和转速 n_p 均为常数,输出流量不变,补油泵 4,溢流阀 3、5 的作用同变量泵-定量马达调速回路中的一样。该回路通过改变变量马达的排量 V_M 来改变其输出转速 n_M。当负载恒定时,回路的工作压力 p 和马达输出功率 P_M 都恒定,而马达的输出转矩 T_M 与排量 V_M 成正比变化,马达的转速 n_M 与其排量 V_M 反相关(按双曲线规律变化),其调速特性如图 6.12(b)所示。由图可知,输出功率 P_M 不变,故此回路又称恒功率调速回路。

当马达的排量 V_M 减小到输出转矩 T_M 不足以克服负载时,马达便停止转动,这样不仅不能用在运转过程中使马达通过 $V_M=0$ 点的方法来实现平稳换向,而且其调速范围也很小,这种回路很少单独使用。

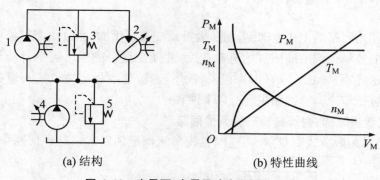

(a) 结构   (b) 特性曲线

图 6.12 定量泵-变量马达容积调速回路
1. 定量泵   2. 变量马达   3、5. 溢流阀   4. 补油泵

3. 变量泵-变量马达容积调速回路

图 6.13(a)所示为变量泵-变量马达容积调速回路。改变双向变量泵 1 的供油方向,可使双向变量马达 2 正转或反转。回路左侧的两个单向阀 6 和 8 可使补油泵 4 实现双向补油,补油压力由溢流阀 5 调定。右侧两个单向阀 7 和 9 使安全阀 3 在双向变量马达 2 的正、反两个方向都能起过载保护作用。

这种调速回路实际上是上述两种容积调速回路的组合。由于泵和马达的排量均可改变,故增大了调速范围,其调速特性曲线如图 6.12(b)所示。在工程中,一般都要求执行元件在启动时有低的转速和大的输出转矩,而在正常工作时,都希望有较高的转速和较小的输出转矩。因此,在使用这种回路时,在低速段,将双向变量马达的排量调到最大,使双向变量马达能够获得最大的输出转矩,然后通过调节双向变量泵的输出流量来调节双向变量马达的转速。随着转速升高,双向变量马达的输出功率也随之增加,在此过程中,双向变量马达的转矩不变,这一段是变量泵和定量马达容积调速方式。在高速段,使双向变量泵处于最大排量状态,然后通过调节双向变量马达的排量来调节双向变量马达的转速。随着双向变量马达转速的升高,输出转矩随之降低,双向变量马达的输出功率保持不变。这一段是定量泵和变量马达容积调速方式。

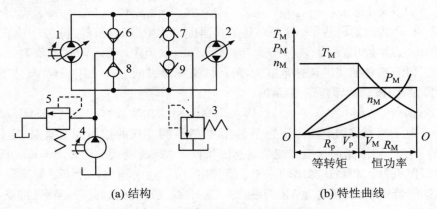

(a) 结构   (b) 特性曲线

图 6.13　变量泵-变量马达容积调速回路
1. 双向变量泵　2. 双向变量马达　3. 安全阀　4. 补油泵　5. 溢流阀　6~9. 单向阀

四、容积节流调速回路

容积节流调速回路的工作原理是,用压力补偿变量泵供油,通过用流量控制阀调整进入或流出液压缸的流量来调节液压缸的运动速度,并使变量泵的输出流量自动与液压缸所需流量相适应。这种调速回路,没有溢流损失,效率较高,速度稳定性也比一般的容积调速回路好。常见的容积节流调速回路主要有以下两种:

1. 限压式变量泵-调速阀容积节流调速回路

图 6.14 所示为限压式变量泵-调速阀容积节流调速回路。在这种回路中,由限压式变

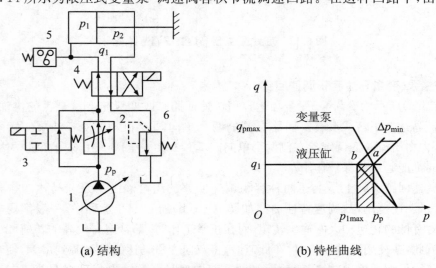

(a) 结构   (b) 特性曲线

图 6.14　限压式变量泵-调速阀容积节流调速回路
1. 限压式变量泵　2. 调速阀　3. 电磁阀　4. 二位四通电磁阀　5. 压力继电器　6. 背压阀

量泵 1 供油，为获得更低的稳定速度，一般将调速阀 2 安装在进油路中，回油路中装有背压阀 6。空载时泵以最大流量进入液压缸使其快进，进入工作进给（简称工进）时，电磁阀 3 通电使其所在油路断开，压力油经调速阀 2 流入缸内。工进结束后，压力继电器 5 发出信号，使电磁阀 3 和二位四通电磁阀 4 换向，调速阀被短接，液压缸快退，油液经背压阀 6 返回油箱，也可将调速阀 2 放在回油路上，但对于单杆缸，为获得更低的稳定速度，应放在进油路上。

当回路处于工进阶段时，液压缸的运动速度由调速阀中节流阀的通流面积 A_T 来控制。变量泵的输出流量 q_p 和供油压力 p_p 自动保持相应的恒定值。由于这种回路中泵的供油压力基本恒定，因此也称为定压式容积节流调速回路。

为了保证调速阀正常工作，其最小压差一般应在 0.5 MPa 左右，系统最大工作压力 $p_1 \leqslant p_p - \Delta p_{Tmin}$。

一般地，限压式变量泵的压力-流量特性曲线在调定后是不会改变的。因此，当负载 F 变化并使 p_1 发生变化时，调速阀的自动调节作用使调速阀内节流阀上的压差 Δp 保持不变，流过此节流阀的流量 q_1 也不变，从而使泵的输出压力 p_p 和流量 q_p 也不变，回路保持在原状态下工作，速度稳定性好。

如果不考虑泵、缸和管路的效率损失，回路的效率为

$$\eta = \frac{\left(p_1 - p_2 \dfrac{A_2}{A_1}\right) q_1}{p_p q_1} = \frac{p_1 - p_2 \dfrac{A_2}{A_1}}{p_p}$$

如果背压 $p_2 = 0$，则

$$\eta = \frac{p_1}{p_p} = \frac{p_p - \Delta p_T}{p_p} = 1 - \frac{\Delta p_T}{p_p}$$

从上式可知，当负载较小时，p_1 减小，使调速阀的压差 Δp_T 增大，造成节流损失增大。低速时，泵的供油流量较小，而对应的供油压力很大，泄漏增加，回路效率严重降低。因此，这种回路不宜用在低速、变载且轻载的场合，适用于负载变化不大的中小功率场合，如组合机床的进给系统等。

2. 压差式变量泵-节流阀容积节流调速回路

这种调速回路采用压差式变量泵供油，用节流阀控制进入液压缸或从液压缸流出的油液流量（图 6.15）。图中，节流阀安装在进油路上，其中阀 7 为背压阀，阀 9 为安全阀。泵的配流盘上的吸排油窗口对称分布于垂直轴两侧，变量机构由定子两侧的控制缸 1、2 组成，节流阀前的压力 p_p 反馈作用在控制缸 2 的有杆腔和控制缸 1 上，节流阀后的压力 p_1 反馈作用在控制缸 2 的无杆腔，控制缸 1 的直径与控制缸 2 的活塞杆直径相等，亦即节流阀两端压差在定子两侧的作用面积相等。定子的移动（即偏心距的调节）靠控制缸

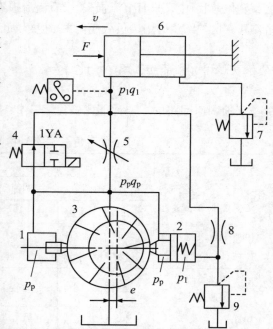

图 6.15 压差式变量泵-节流阀容积节流调速回路
1、2. 控制缸 3、4. 二位二通电磁阀 5. 节流阀
6. 液压缸 7. 背压阀 8. 阻尼孔 9. 安全阀

两个腔的压差与弹簧力 F_s 的平衡来实现。压差增大时,偏心距减小,供油量减小。压差一定时,供油量也一定。调节节流阀的开口量,既改变了其两端的压差,也改变了泵的偏心距,使其输油量与通过节流阀进入液压缸的流量相适应。阻尼孔 8 用以增加变量泵定子移动阻尼,改善动态特性,避免定子发生振荡。

系统在图示位置时,泵排出的油液经电磁阀 4 进入液压缸 6,故 $p_p = p_1$,泵的定子两侧的液压作用力相等,定子仅受 F_s 的作用,从而使定子与转子间的偏心距 e 最大,泵的流量最大,液压缸 6 实现快进。快进结束,YA1 通电,二位二通电磁阀 4 关闭,泵的油液经节流阀 5 进入液压缸 6,故 $p_p > p_1$,定子右移,使 e 减小,泵的流量就自动减小至与节流阀 5 调定的开口量相适应为止,液压缸 6 用以实现慢速工进。

设 A 为控制缸 2 活塞右端的面积,A_1 为控制缸 1 柱塞和控制缸 2 活塞杆的面积,则作用在泵定子上的平衡力方程式为

$$p_p A_1 + p_p (A - A_1) = p_1 A + F_s$$

故得节流阀前、后压差为

$$\Delta p_T = p_p - p_1 = \frac{F_s}{A}$$

由上式可知,节流阀的工作压差由作用在变量泵控制柱塞上的弹簧推力 F_s 决定。由于弹簧刚度小,工作中伸缩量也很小(不超过 e),F_s 基本恒定,则节流阀前、后压差 Δp 基本上不随外负载变化而变化,所以通过节流阀进入液压缸的油液流量也近似等于常数。

当外负载 F 增大(或减小)时,液压缸 6 工作压力 p_1 就增大(或减小),泵的工作压力 p_p 也相应增大(或减小),故又称此回路为变压式容积节流调速回路。由于泵的供油压力随负载变化而变化,回路中又只有节流损失,没有溢流损失,所以其效率比限压式变量泵-调速阀调速回路要高。这种回路适用于负载变化大、速度较低的中小功率场合,如某些组合机床进给系统。

五、三种调速回路的比较

三种调速回路的主要性能比较见表 6.2。

表 6.2   三种调速回路主要性能比较

主要性能	回路类型	节流调速回路				容积调速回路	容积节流调速回路	
		用节流阀调节		用调速阀调节			限压式	压差式
		进、回路	旁路	进、回路	旁路			
机械特性	速度稳定性	较差	差	好		较好	好	
	承载能力	较好	较差	好		较好	好	
调速特性（调速范围）		较大	小	较大		大	较大	
功率特性	效率	低	较高	低	较高	最高	较高	高
	发热	大	较小	大	较小	最小	较小	小
适用范围		小功率轻载或低速中低压系统				大功率重载或高速的中高压系统	中小功率的中压系统	

六、速度换接和快速运动回路

速度换接回路的作用是使液压执行元件在一个工作循环中，从一种运动速度换成另一种运动速度。有快速-慢速、慢速-慢速两种换接回路，这种回路需有较高的换接平稳性和换接精度。

1. 快速-慢速换接回路

图6.16所示为用行程阀实现的速度换接回路。该回路可使执行元件完成"快进—工进—快退—停止"这一自动工作循环。在图示位置，电磁换向阀2处在右位，液压缸7快进，此时，溢流阀处于关闭状态。当活塞所连接的液压挡块压下行程阀6时，行程阀上位工作，液压缸右腔只能经过节流阀5回油，构成回油节流调速回路，活塞工进速度转变为慢速，此时，溢流阀处于溢流恒压状态。当电磁换向阀2通电处于左位时，压力油经单向阀4进入液压缸右腔，液压缸左腔的油液直接流回油箱，活塞快速退回。这种回路的快速—慢速的换接过程比较平稳，换接点的位置比较准确。缺点是行程阀必须安装在装备上，管路连接较复杂。

若将行程阀6改为电磁换向阀2，则安装比较方便，除行程开关需装在机械设备上外，其他液压元件可集中安装在液压站中，但速度换接的平稳性以及换向精度较差。

2. 慢速-慢速换接回路

某些机床要求工作行程有两种进给速度，一般第一进给速度大于第二进给速度。为实现两种工作进给速度，常用两个调速阀串联或并联在油路中，用换向阀进行切换。

（1）两个调速阀并联式速度换接回路

图6.17所示为两个调速阀并联式速度换接回路。液压泵输出的压力油经三位电磁换向阀4左位、调速阀1和电磁换向阀3进入液压缸，液压缸得到由调速阀1所控制的第一种工作速度。当需要第二种工作速度时，电磁换向阀3通电切换，使调速阀2接入回路，压力油经调速阀2和电磁换向阀3的右位进入液压缸，这时活塞就得到调速阀2所控制的工作速度。在这种回路中，调速阀1、2各自独立调节流量，互不影响，一个工作时，另一个没有油

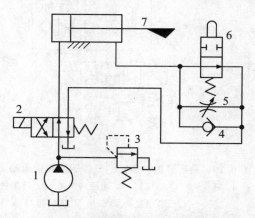

图6.16 用行程阀实现的速度换接回路
1. 液压泵　2. 电磁换向阀　3. 溢流阀　4. 单向阀
5. 节流阀　6. 行程阀　7. 液压缸

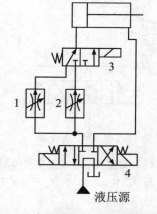

图6.17 两个调速阀并联式速度换接回路
1、2. 调速阀　3. 电磁换向阀　4. 三位电磁换向阀

液通过。没有工作的调速阀中的减压阀开口处于最大位置。电磁换向阀3换向,由于减压阀瞬时来不及响应,会使调速阀瞬时通过过大的流量,易造成执行元件突然前冲的现象,速度换接不平稳。

(2)两个调速阀串联式速度换接回路

图6.18所示为两个调速阀串联式速度换接回路。在图示位置,压力油经电磁换向阀4、调速阀1和电磁换向阀3进入液压缸,执行元件的运动速度由调速阀1控制。当电磁换向阀3通电切换时,调速阀2接入回路,由于调速阀2的开口调得比调速阀1小,压力油经电磁换向阀4、调速阀1和调速阀2进入液压缸,执行元件的运动速度由调速阀2控制。这种回路在调速阀2没起作用之前,调速阀1一直处于工作状态,在速度换接的瞬间,它可防止进入调速阀2的油液流量突然增加,速度换接比较平稳。但由于油液经过两个调速阀,因此能量损失比两个调速阀并联时大。

3. 快速运动回路

快速运动回路的作用在于使执行元件获得尽可能大的工作速度,以提高系统的工作效率。常见的快速运动回路有以下几种:

(1)液压缸差动连接的快速运动回路

如图6.19所示,当换向阀处于图示位置时,液压缸有杆腔的回油和液压泵供给的油液合在一起进入液压缸无杆腔,使活塞快速向右运动。这种回路结构简单,应用较多,但液压缸的速度提高有限,差动连接与非差动连接的速度之比为 $v_1'/v_1=A_1/(A_1-A_2)$,有时仍不能满足快速运动的要求,常常需要和其他方式联合使用。在这种回路中,泵的流量和液压缸有杆腔排出的流量合在一起流过的阀和管路应按合成流量来选择其规格,否则压力损失会很大,在系统快速运动时,易导致泵的供油压力升高。

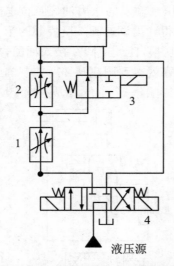

图 6.18 调速阀串联式速度换接回路
1、2. 调速阀　3. 电磁换向阀　4. 三位电磁换向阀

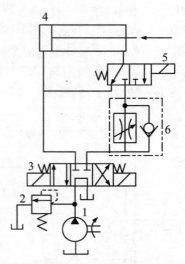

图 6.19 液压缸差动连接的三位四通快速运动回路
1. 液压泵　2. 溢流阀　3. 电磁换向阀　4. 液压缸
5. 三位三通电磁换向阀　6. 单向调速阀

(2)采用蓄能器的快速运动回路

图6.20所示为采用蓄能器的快速运动回路。对于某些间歇工作且停留时间较长的液压设备(如冶金机械)及某些工作存在快、慢两种速度的液压设备(如组合机床),常采用由蓄

能器和定量泵共同供油。其中定量泵可选较小的流量规格。在系统不需要流量或工作速度很低时,泵的全部流量或大部分流量进入蓄能器储存待用,在系统工作需要流量或要求快速运动时,由泵和蓄能器同时向系统供油。

（3）采用双泵供油的快速运动回路

图 6.21 所示为采用双泵供油系统的快速运动回路。低压大流量泵 1 和高压小流量泵 2 组成的双联泵向系统供油,外控顺序阀(卸荷阀)3 和溢流阀 5 分别设定双泵供油和小流量泵 2 供油时系统的工作压力。系统压力低于外控顺序阀 3 的调定压力时,两个泵同时向系统供油,活塞快速向右运动;当系统压力达到或超过外控顺序阀 3 的调定压力时,低压大流量泵 1 通过外控顺序阀 3 卸荷,单向阀 4 自动关闭,只有高压小流量泵 2 向系统供油,活塞慢速向右运动。外控顺序阀 3 的调定压力应高于快速运动时的系统压力,但至少比溢流阀 5 的调定压力低 10%～20%。低压大流量泵 1 卸荷减少了功率损耗,回路效率较高,常用于执行元件快进和工进速度相差较大的场合。

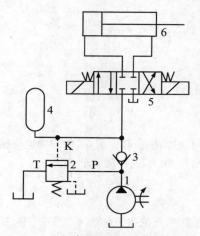

图 6.20 采用蓄能器的快速运动回路

1. 定量泵 2. 顺序阀 3. 单向阀
4. 蓄能器 5. 三位四通电磁换向阀

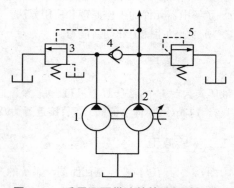

图 6.21 采用双泵供油的快速运动回路

1. 低压大流量泵 2. 高压小流量泵
3. 外控顺序阀 4. 单向阀 5. 溢流阀

习　　题

6.1　节流阀可以反接,而调速阀不能反接,为什么?

6.2　节流阀的最小稳定流量有什么意义?影响最小稳定流量的主要因素有哪些?

6.3　如何计算通过节流阀的流量?影响节流阀流量的因素有哪些?

6.4　如何调节执行元件的运动速度?常用的调速方法有哪些?

6.5　调速阀有何特点?其工作原理是什么?

6.6　调速回路的工作原理及分类是怎样的?

6.7　在三种节流调速回路中,能否用定值减压阀后面串联节流阀来代替调速阀?如果能,效果怎样?

6.8　容积节流调速回路的流量阀和变量泵之间是如何实现流量匹配的?

6.9　定量泵-变量马达容积调速回路能否做成开式回路?试与闭式回路进行比较。

6.10　试比较节流调速、容积调速和容积节流调速的特点。

6.11 为什么要在液压系统中设置快速运动回路？执行元件实现快速运动的方法有哪些？

6.12 试绘出液压缸差动连接快速运动回路的简单原理示意图。

项目六附录　流量控制回路的构建实验

实验一　两级换速控制回路

一、实验目的

1. 熟悉各液压元件的工作原理。

2. 熟悉 PLC 软件的编程，以及工作方式。

3. 了解两级换速回路的工作原理和在工业中的实际应用。

4. 了解电器元件的工作原理和使用方法。

5. 增加强动手能力和创新能力。

二、实验器材

液压实验台 1 个；液压缸 1 只；直动式溢流阀 1 只；三位四通电磁换向阀 1 只；二位三通电磁换向阀 1 只；调速阀（或单向节流阀）1 只；接近开关及其支架 3 套；油管、压力表、四通若干。

三、实验原理

附图 6.1 为两级换速控制回路图。系统的速度可以由调速阀 3 及电磁换向阀 4 调定。当电磁换

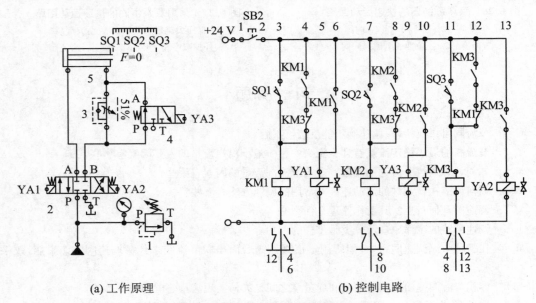

(a) 工作原理　　　　　(b) 控制电路

附图 6.1　两级换速控制回路

(a) 1. 直动式溢流阀　2. 三位四通电磁换向阀　3. 调速阀　4. 二位三通电磁换向阀　5. 液压缸

向阀 4 没有导通时,速度由调速阀 3 调节;但当其导通时,系统处于没有背压的情况,调速阀 3 被电磁换向阀 4 短接,调速阀失去调速功能,从而达到快速运动的实验要求。电磁换向阀 4 由接近开关 SQ2 控制;电磁换向阀 2 的通断由接近开关 SQ1 和 SQ3 来控制。实验所需的 PLC 程序及电路见附图 6.2。

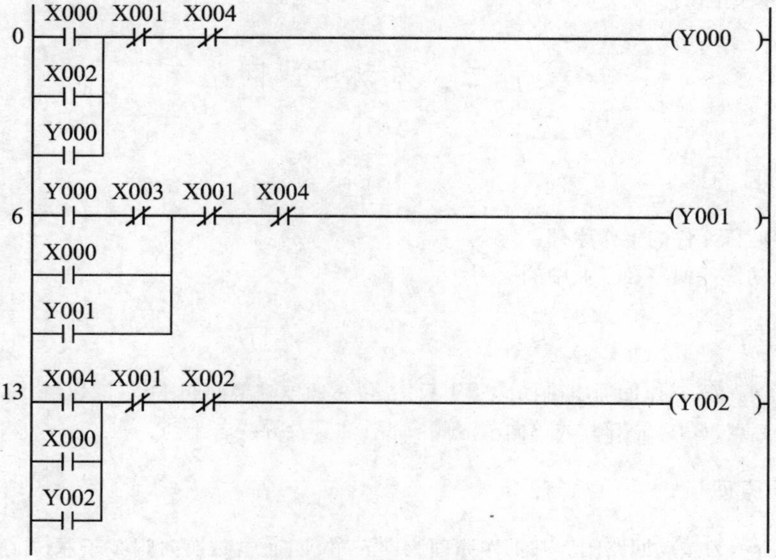

附图 6.2 PLC 程序及电路

四、实验步骤

1. 根据实验要求设计出合理的工作原理图(提供两种控制,可供选择)。
2. 根据工作原理图选择恰当的液压元件,并按图把实物连接起来。
3. 根据动作要求设计电路,并依据设计好的电路进行实物连接。
4. 在开启泵站前,请先检查搭接的回路和电路是否正确,经测试无误,方可开始实验。
5. 启动泵站前,请先完全打开溢流阀 1,调定系统压力到工作压力。
6. 接近开关 SQ1 感触信号,电磁铁 YA1 得电,电磁换向阀 2 换向,液压缸快速伸出。直到接近开关 SQ2 感触信号,电磁铁 YA3 得电,电磁换向阀 4 换向,调速阀 3 受压,调节调速阀的开口,改变液压缸速度,液压缸减速运行。
7. 接近开关 SQ3 感触信号,电磁铁 YA2 得电,电磁换向阀 2 换向(电磁铁 YA1 和 YA3 失电),液压缸快速缩回。直到接近开关 SQ1 感触信号,重复刚开始步骤。
8. 实验完毕后,打开直动式溢流阀,停止油泵电机,待系统压力为零后,拆卸油管及液压阀,并把它们放回规定的位置,整理好实验台,保持系统的清洁。

五、注意事项

1. 检查油路搭接是否正确。
2. 检查电路连接是否正确(检查 PLC 输入是否要求外接电源)。
3. 检查油管接头搭接是否牢固(搭接后,可以稍微用力拉一下)。
4. 检查电路搭接是否正确,开始实验前需检查并运行。如有错误,要先修正,直到错误排除,再启动泵站,开始实验。
5. 回路必须搭接溢流阀,启动泵站前,完全打开溢流阀;实验完成后,完全打开溢流阀,停止泵站。

项目 六 速度控制回路的构建

123

1. 换速控制回路的类型有哪些？比较各种换速控制回路的特性。
2. 说明换接回路的实现方式和特点。

实验二　差动快速回路

一、实验目的

1. 熟悉各液压元件的工作原理；
2. 熟悉差动快速回路在工业中的运用；

二、实验器材

液压实验台 1 个；三位四通电磁换向阀 1 只；二位三通电磁换向阀 1 只；液压缸 1 只；溢流阀 1 只；接近开关及其支架 3 套；调速阀(或单向节流阀)1 只；油管及导线若干。

三、实验原理

附图 6.3 所示为差动回路图。其工作原理为：当三位四通电磁换向阀 2 于左位工作时，活塞杆向右运行；当二位三通电磁换向阀 3 于左位工作，液压缸形成差动快速运动；当接近开关 SQ2 感应到信号时，电磁铁 YA3 得电，使二位三通电磁换向阀 3 在右位工作，回油经过调速阀 5，调节调速阀即可控制活塞的前进速度，达到工作要求。

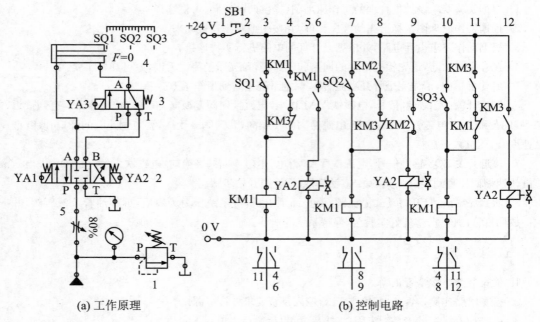

(a) 工作原理　　　　　　　　　　　　　(b) 控制电路

附图 6.3　差动回路

(a) 1. 溢流阀　2. 三位四通电磁换向阀　3. 二位四通电磁换向阀　4. 液压缸　5. 调速阀

四、实验步骤

1. 根据实验要求,设计合理的回路图。
2. 根据工作原理图选择恰当的液压元件,并按图把实物连接起来。
3. 根据动作要求设计电路,并依据设计好的电路进行实物连接。
4. 经过检查确认正确无误后,完全打开溢流阀1(系统溢流阀做溢流阀使用,不得随意调整)再启动油泵,按要求调节压力。
5. 接近开关 SQ1 感触信号,电磁铁 YA1 得电,电磁换向阀 2 换向,液压缸 4 伸出,与二位三通形成差动。
6. 接近开关 SQ2 感触信号,电磁铁 YA3 得电,电磁换向阀 3 换向,液压缸 4 工进。
7. 接近开关 SQ3 感触信号,电磁铁 YA2 得电,电磁换向阀 2 换向,电磁铁 YA3 失电,电磁换向阀 3 换向,液压缸 4 缩回。
8. 观察液压缸的运动状态,液压缸的伸出部分形成差动,达到所需的工作过程,达到实验目的。
9. 实验完毕后,打开溢流阀,停止油泵电机,待系统压力为零后,拆卸油管及液压阀,并把它们放回规定的位置,整理好实验台。

五、注意事项

1. 检查油路搭接是否正确。
2. 检查电路连接是否正确(检查 PLC 输入是否要求外接电源)。
3. 检查油管接头搭接是否牢固(搭接后,可以稍微用力拉一下)。
4. 检查电路搭接是否正确,开始实验前需检查。如有错误,要先修正,直到错误排除,再开始实验。
5. 回路需要搭接溢流阀,启动泵站前,完全打开溢流阀;实验完成后,完全打开溢流阀,停止泵站。

六、思考题

1. 液压缸的工作状态有几种? 各种工作状态对速度有何要求?
2. 快速回路的类型有哪些? 分析比较它们的特点。

项目七　小型液压泵站的构建

任务一　液压辅助元件的结构和特性

液压系统中的辅助元件包括管件、滤油器、测量仪表、密封装置、蓄能器、油箱等，它们是保证液压系统正常工作不可缺少的重要组成部分。如果对这些辅助元件的选择或使用不当，会对系统的工作性能、元件的寿命有直接影响，因此必须给予足够的重视。

在设计液压系统时，油箱常需根据系统的要求自行设计，其他辅助元件已经标准化、系列化，应合理选用。

一、油管和管接头

1. 油管

液压系统中使用的油管种类很多，有钢管、紫铜管、橡胶软管、尼龙管、塑料管等，需根据系统的工作压力及安装要求正确选用。

（1）钢管

钢管分为焊接钢管和无缝钢管。焊接钢管可用于压力小于 2.5 MPa 的系统连接；无缝钢管可用于压力大于 2.5 MPa 的系统连接。要求防腐蚀、防锈的场合，可选用不锈钢管；超高压系统，可选用合金钢管。钢管的优点是耐高压，刚性好，抗腐蚀，价格低廉，其缺点是弯曲和装配比较困难，需要专用的工具和设备。因此，常用于中高压系统或低压系统中装配位置限制少的场合。

（2）紫铜管

紫铜管可承受的压力一般为 6.5～10.0 MPa，可以根据需要较容易地弯曲成任意形状，且不必用专用工具。其缺点是价格高，抗振能力较弱，且容易使油液氧化。因此，紫铜管常用于小型中低压设备的液压系统，特别是内部装配不方便之处。

（3）橡胶软管

橡胶软管常用于部件之间有相对运动或振动比较大的系统连接，分为高压和低压两种。高压软管由耐油橡胶夹钢丝编织网制成，层数越多，可承受压力越高，其最高可承压力可达 40～60 MPa。低压软管由耐油橡胶夹帆布制成，其承压一般在 1.5 MPa 以下。橡胶软管安装方便，抗振能力强，并能吸收部分液压冲击。

（4）尼龙管

尼龙管一般为乳白色半透明的油管，其承压能力因材质而异，可承压力为 2.5～8.0 MPa。尼龙管有软管和硬管两种，可塑性大。硬管加热后可以随意弯曲和扩口，冷却后又能定形，使用方便,价格低廉。

(5)耐油塑料管

耐油塑料管价格低廉,装配方便。但承压能力弱,可承压力一般不超过 0.5 MPa,长期使用会老化,只用作回油管和泄油管。

对于液压油管,在系统连接中,主要需考虑其承压能力、通流能力、接头形式以及安装方式等。管径大小的选择需要满足管道的通流能力,一般不应小于系统的最大流量;油管的承压能力与管径、管壁的厚度和选用的管材有关,一般需要综合考虑选取;管口的接头形式与泵、阀等其他标准液压元件的接口尺寸和密封形式有关。

液压管路的安装应横平竖直,尽量减少转弯;管道应避免交叉,转弯半径应大于油管外径的 3～5 倍。为了便于安装管接头及避免振动影响,平行管之间的距离应大于 100 mm;长管道应用管夹固定牢固,以防振动和碰撞;软管直线安装时,要留有 30% 的长度余量,以适应油温变化、受拉和振动的影响。弯曲半径一般大于软管外径的 9 倍,弯曲处到管接头的距离不应小于管外径的 6 倍。

2. 管接头

管接头是油管与油管、油管与液压元件间的可拆卸连接件。管接头应满足连接牢固、密封可靠、液阻小、结构紧凑、拆装方便等要求。

管接头的种类很多,按接头的通路方向分,有直通、直角、三通、四通、铰接等形式;按其与油管的连接方式分,有管端扩口式、卡套式、焊接式、扣压式等。管接头间的连接形式有圆锥螺纹和普通细牙螺纹。用圆锥螺纹形式连接时,应外加防漏填料;用普通细牙螺纹形式连接时,应采用组合密封垫(熟铝合金与耐油橡胶组合),且应在被连接件上加工出一个密封平面。大管径的油管连接采用法兰连接。各种管接头均已标准化,选用时可查阅有关液压手册,其类型结构和特性如表 7.1 所示。

表 7.1 管接头的类型、结构和特性

类 型	结 构 图	特 性	标 准 号
焊接式管接头		利用接管与管件焊接。接头体和接管之间用 O 形密封圈端面密封。结构简单,易制造,密封性好,对管的尺寸精度要求不高。要求焊接质量高,拆装不便。工作压力可达 31.5 MPa,工作温度为 −25～80 ℃。适用于以油为介质的管路系统	JB 966～1003—1977
卡套式管接头		利用卡套变形卡住管件并进行密封,结构先进,性能良好,重量轻,体积小,使用方便,广泛应用于液压系统中。工作压力可达 31.5 MPa,要求管件尺寸精度高,需用冷拔钢管。卡套精度亦高。适用于以油、气与一般腐蚀性物为介质的管路系统	GB 3733.1～3765—1983

类　型	结　构　图	特　性	标　准　号
扩口式管接头		利用管件端部扩口进行密封,不需其他密封件。结构简单,适用于薄壁管件连接。适用于以油、气为介质的压力较低的管路系统,工作压力为 3.5～16.0 MPa	GB 5625.1～5653—1985
插入焊接式管接头		将所需长度的管件插入管接头直至管件端面与管接头内端接触,将管件与管接头焊接成一体,可省去接管。适用于以油、气为介质的管路系统,且对管件尺寸要求十分严格	JB 3878—1985
锥密封焊接式管接头		接管一端为外锥表面加 O 形密封圈与接头体的内锥表面相匹配,用螺纹拧紧。工作压力可达 16.0～31.5 MPa,工作温度为 -25～80 ℃。适用于以油为介质的管路系统	JB/T 6381～6385—1992
扣压式胶管接头		安装方便,但增加了一道收紧工序。胶管损坏后,接头外套不能重复使用,与钢丝编织胶管配套组成。可与带 O 形圈密封的焊接管接头连接使用,工作温度为 -30～80 ℃。适用于以油、水、气为介质的管路系统	JB/ZQ 4427～4428—1986
快换接头（两端开闭式）		管件被拆开后,可自行密封,管道内液体不会流失,因此适用于经常需拆卸的场合。结构比较复杂,局部阻力损失较大。工作压力低于 31.5 MPa,介质温度 -20～80 ℃。适用于以油、气为介质的管路系统	JB/ZQ 4434—1986
快换接头（两端开放式）		适用于以油、气为介质的管路系统,其工作压力、介质温度由连接的胶管限定	JB/ZQ 4435—1986

二、滤油器

　　滤油器的功能是清除油液中的各种杂质,避免杂质进入液压元件而划伤、磨损甚至卡滞液压元件内部有相对运动的零件、避免液压元件中的小孔、缝隙被堵塞而影响液压系统的正常工作、降低液压元件的寿命甚至造成液压系统的故障。因此滤油器对液压系统油液的过滤具有十分重要的作用。

1. 选用滤油器的基本要求

（1）适当的过滤精度

过滤精度是指滤油器除去杂质颗粒直径 d 的公称尺寸（单位：μm）。滤油器按过滤精度不同可分为四个等级:粗滤油器($d \geqslant 100 \ \mu m$),普通滤油器(d 为 $10 \sim 100 \ \mu m$),精滤油器(d 为 $5 \sim 10 \ \mu m$),特精滤油器(d 为 $1 \sim 5 \ \mu m$)。

不同的液压系统有不同的过滤精度要求,可参照表7.2选择滤油器。

表7.2　各种液压系统的过滤精度要求

系统类别	润滑系统	液压传动			伺服系统
工作压力 p/MPa	$0 \sim 2.5$	<14	$14 \sim 32$	>32	$\leqslant 21$
过滤要求精度 d/μm	$\leqslant 100$	$25 \sim 30$	$\leqslant 25$	$\leqslant 10$	$\leqslant 5$

由于液压元件相对运动表明间隙较小,如果采用高精度的滤油器有效地控制 $1 \sim 5 \ \mu m$ 的污染颗粒,液压泵、液压马达、各种液压阀及液压油的使用寿命均可大大延长,液压故障亦会显著减少。

(2)足够的过滤能力

过滤能力是指在允许压降滤油器的最大流量。滤油器的过滤能力应大于它的最大流量,允许压降一般为 $0.03 \sim 0.07$ MPa。

(3)足够的强度

滤油器的滤芯及壳体应有一定的机械强度,并便于清洗。

2. 滤油器的类型及选用

按滤芯材料和结构形式,滤油器可分为网式、线隙式、纸芯式、烧结式和磁性性式滤油器等。按安放位置的不同,滤油器可分为吸油、压油和回油滤油器。考虑到液压泵的自吸性能,吸油滤油器多为粗滤器。

(1)网式滤油器

图 7.1 所示为网式滤油器。滤芯以铜丝为材料,在周围开有很多孔的骨架上包着一层或两层铜丝网。其过滤精度取决于铜网层数和网孔的大小,有 $80 \ \mu m$、$100 \ \mu m$ 和 $180 \ \mu m$ 三种规格。网式滤油器结构简单,通流能力大,清洗方便,压力损失小,但过滤精度低。一般安装在液压泵的吸油口处,用以保护液压泵。由于网式滤油器需要经常清洗,安装时要注意拆装方便。

(2)线隙式滤油器

图 7.2 所示为线隙式滤油器。它是由铜线或铝线密绕在滤芯架外端组成滤芯,依靠金属丝螺旋间的间隙截留油液中的杂质。工作时,油液从孔 a 进入滤油器内部,经金属线间的间隙和骨架中的孔眼进入滤芯内部,然后由孔 b 流出。其过滤精度取决于金属线螺旋间的间隙大小,这种滤油器的过滤精度为 $30 \sim 100 \ \mu m$,通油压力可达 $6.3 \sim 32.0$ MPa,压力损失一般为 $0.03 \sim 0.06$ MPa。线隙式滤油器结构简单、通油性能好、过滤精度较高,所以应用较广泛。其缺点是不易清洗、滤芯强度低。一般应用在吸油或回油回路上。

(3)纸芯式滤油器

图 7.3 所示为纸芯式滤油器。滤芯材料为平纹或波纹的酚醛树脂或木浆微孔滤纸,纸芯厚度为 $0.35 \sim 0.7$ mm,将纸芯围绕在带孔的镀锡铁做成的骨架上,这样可以增加强度。油液从滤芯外面经滤纸进入滤芯内部,然后从孔 a 流出,为了增加滤纸的过滤面积,纸芯一般都做成折叠式。这种滤油器的特点是过滤精度高,可达 $5 \sim 30 \ \mu m$;通油能力强,高压通油压力可达 32 MPa,低压通油压力一般为 1.6 MPa。其缺点是强度低,堵塞后无法清洗,需经

常更换滤芯。一般用于高精过滤系统。

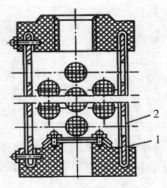

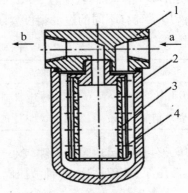

图 7.1 网式滤油器
1. 骨架 2. 过滤网

图 7.2 线隙式滤油器
1. 端盖 2. 壳体 3. 骨架 4. 金属绕线

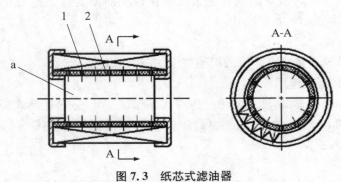

图 7.3 纸芯式滤油器
1. 滤芯 2. 滤芯骨架

纸芯式滤油器的滤芯可承受的压力较小,为了避免杂质累积导致纸芯压差增大而破损, 一般在纸芯式滤油器上要安装堵塞发信器。

(4) 烧结式滤油器

图 7.4 所示为烧结式滤油器。其滤芯由颗粒状铜粉烧结而成,利用金属颗粒之间复杂的缝隙进行过滤,由不同粒度的金属粉末可制成过滤精度不同的滤芯,滤芯可制成杯状、管状、板状和碟状等多种形状。烧结式滤油器的过滤精度一般为 $10 \sim 100~\mu m$,压力损失为 $0.03 \sim 0.20$ MPa。工作时,压力油从 a 孔进入,经铜颗粒之间的微孔进入滤芯内部,从 b 孔流出。这种滤油器的特点是制造简单,过滤精度高,强度大,能在较高温度下工作,具有良好的抗腐蚀性。其缺点是清洗困难,金属颗粒易脱落。一般应用于需要精过滤的场合。

(5) 磁性式滤油器

磁性式滤油器用于滤除油液中的铸铁末、铁屑等能磁化的杂质。图 7.5 所示为一种结构简单的磁性式滤油器。它由圆筒式永久磁铁 3、非磁性圆罩 2 和罩外多个铁环等零件组成。铁环之间保持一定距离,并用铜条连接。当油液流过滤油器时,能磁化的杂质被吸附在铁环上而起到过滤作用。为了清洗方便,铁环分为两半,清洗时可取下,清洗后再装上,能反复使用。这种滤油器对能磁化的杂质过滤效果好,特别适用于经常加工铸铁件的机车液压系统。其缺点是维护比较不方便,且对非磁性杂质无过滤效果。常与其他形式的滤油器组成复合滤油器,如纸芯式-磁性式-烧结式组合,以满足实际生产需要。

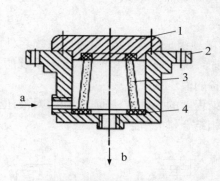

图 7.4 烧结式滤油器
1. 上盖 2. 外壳 3. 滤芯 4. 密封圈

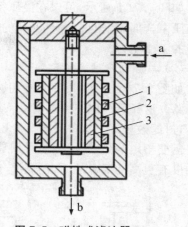

图 7.5 磁性式滤油器
1. 铁环 2. 圆罩 3. 永久磁铁

3. 滤油器的安装要求

滤油器可以安装在液压系统的不同部位,滤油器的图形符号如图 7.6 所示。其连接方式有板式、管式和法兰式。

(a) 一般符号 (b) 磁性式滤油器 (c) 带堵塞发信器的滤油器

图 7.6 滤油器的图形符号

(1) 安装在吸油管路上

如图 7.7(a)所示,滤油器安装在泵的吸油口管路上,可以免除较大杂质颗粒进入液压泵,用于保护液压泵免受伤害。装在吸油管路上的滤油器的通油能力应是液压泵通油能力的 2 倍以上,并需要经常清洗。其压力损失不能超过 0.010~0.035 MPa。因此此时多采用网状或线隙式的粗滤油器。

(2) 安装在压油管路上

如图 7.7(b)所示。在低中压系统的压力管路中,常安装各种型号的精滤油器,以保护精密液压元件或防止小孔、缝隙被堵塞。这种滤油器能承受油路上的工作压力和冲击压力,其压力降不应超过 0.35 MPa,并应有安全阀或堵塞状发信器,以防止滤油器堵塞造成故障或损坏滤芯。

(3) 安装在回油管路上

如图 7.7(c)所示。在高压回路上安装滤油器,不仅要求滤芯有足够的强度,而且增大了滤油器的体积和尺寸。因此会影响高压回路的通流能力,增加了压力损失,导致油液升温。通常可以考虑将其安装在回油路上,间接地起到过滤杂质和保护液压元件的作用。为了防止堵塞,可以在滤油器旁设置旁路阀或堵塞发信器。注意旁路阀的开启压力应略低于滤油器的最大允许压差,同时回油路的背压不能超过 1 MPa。

项目

七

小型液压泵站的构建

（4）安装在系统支路上

如图 7.7(d)所示,可以在液压系统的支路上安装小规格的滤油器。系统工作时只需通过液压泵全部流量的 20%～30% 的流量,这样既不会给主油路造成压降,滤油器也不必承受系统的工作压力。

（5）单独回路过滤

如图 7.7(e)所示,用一个专用液压泵和滤油器单独组成一个独立于液压系统之外的过滤回路。这样既可以连续地清除系统内的杂质,保证系统的清洁,同时又不影响系统的正常工作,过滤效果好。这种系统一般用于大型机械设备的液压系统。

需要指出的是,采用滤油器只是降低液压油污染程度的一种方法而已,如果对液压油的清洁度有更高的要求的话,还需要与其他清污设备相结合,如滤油车等。

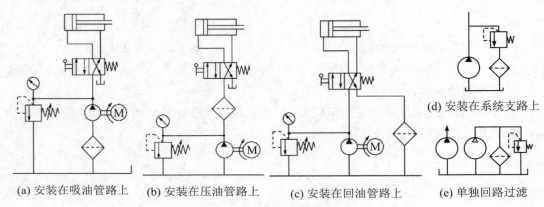

(a) 安装在吸油管路上　　(b) 安装在压油管路上　　(c) 安装在回油管路上　　(d) 安装在系统支路上

(e) 单独回路过滤

图 7.7　滤油器的安装方式

三、流量计、压力表和压力表开关

1. 流量计

流量计用来观测系统的流量。按照目前最流行、最广泛的分类法,可分为:容积式流量计、压差式流量计、浮子流量计、涡轮流量计、电磁流量计、流体振荡流量计、椭圆齿轮流量计等。目前常用的流量计为涡轮流量计和椭圆齿轮流量计。

涡轮流量计采用多叶片的转子(涡轮)感受流通平均流速,将流速转化为涡轮的转速,再将转速转化成与流量成正比的电信号。可以测量气体、液体流量。图 7.8 所示为涡轮流量计的结构示意图。它由涡轮 1、壳体 2、轴承 3、支承 4、导流器 5、磁电传感器 6 等组成。导磁的不锈钢涡轮 1 装在不导磁壳体 2 中心的轴承 3 上,它有 4～8 片螺旋形叶片。当液体流过流量计时,涡轮即以一定的转速旋转。这时装在壳体外的非接触式磁电传感器 6 则输出脉冲信号,信号频率与涡轮的转速成正比,也就与通过的流量成正比。因此,据此可以测定液体的流量。其流量值可以由指针式仪表显示,也可以由数值显示。

涡轮流量计精度有 0.5 级和 1 级两级,其最小误差为 0.1%,在所有流量计中,精度最高。无零点漂移,抗干扰能力好,内部结构简单。仪表有较大的工作温度范围(－200～400 ℃),可承受的工作压力可以达到 40 MPa 以上,压力损失一般为 0.25 MPa,有多种规格可以选用。

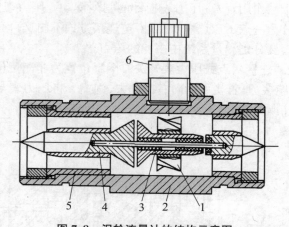

图7.8 涡轮流量计的结构示意图

1. 涡轮 2. 壳体 3. 轴承 4. 支承 5. 导流器 6. 磁电传感器

2. 压力表

液压系统各个部位的压力可以通过压力表观测,以便调整和控制。压力表的种类很多,按照测量时转换原理不同,可分为液柱式压力表、弹簧式压力表、电气式压力表和活塞式压力表。图7.9所示为最常用的弹簧式压力表,压力油进入扁截面弹簧弯管1,弯管变形使其曲率半径加大,端部的位移通过杠杆4使齿扇5摆动,于是与齿扇5啮合的小齿轮6带动指针2转动,这时即可从刻度盘3上读出压力值。

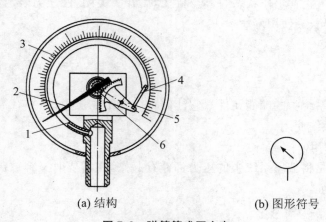

(a) 结构   (b) 图形符号

图7.9 弹簧管式压力表

1. 弹簧弯管 2. 指针 3. 刻度盘 4. 杠杆 5. 齿扇 6. 小齿轮

压力表有多种精度等级:普通级有$1,1.5,2.5,\cdots$级;精密型的有$0.1,0.16,0.25,\cdots$级。精度等级值是压力表的最大误差占量程(表的测量范围)的百分点数。例如,2.5级精度,量程为6 MPa的压力表,其最大误差为$6 \times 2.5\% = 0.15$ MPa。一般机床上的压力表用2.5~4.0级精度即可。

使用压力表时,被测压力不应超过压力表量程的3/4。压力表必须直立安装,接入压力管道时,应通过阻尼小孔,以防止被测压力突然升高而受损。

3. 压力表开关

压力表开关用于接通或断开压力表与测量点所在油路的通道,开关中过油通道很小,对压力的波动和冲击起阻尼作用,防止压力表指针的剧烈摆动。压力表开关按它所能连通的测量点的数目不同可分为一点、三点、六点几种,按连接方式不同又可分为管式和板式两种。多点压力表开关可按需要分别测量系统中多点的压力。

图 7.10 所示为板式连接六点式压力表开关。图示位置为非测量位置,此时压力表油路经沟槽 a、小孔 b 与油箱接通,若将手柄向右推进去,沟槽 a 将压力表与测量点接通,并将压力表通往油箱的油路切断,这时便可测出该点的压力。如将手柄转到另一个位置,便可测出另一点的压力。依次转动,共有 6 个位置,可测量 6 个点的压力。

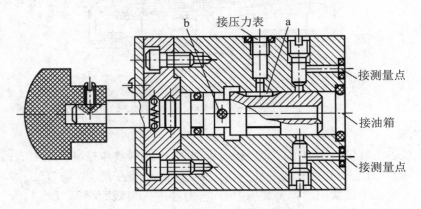

图 7.10　板式连接六点式压力表开关

当液压系统进入正常工作状态时,应将压力表开关关闭,使压力表与系统油路断开,以保护压力表,从而延长其使用寿命。

四、蓄能器

蓄能器是液压系统中的储能元件。它能储存一定量的压力油,并在需要时迅速地或适量地释放出来,供系统使用。

1. 蓄能器的作用

蓄能器的作用是将液压系统中的压力油储存起来,在需要时又释放出来。其主要作用表现在以下几个方面:

(1) 作辅助动力源(节能)

在间歇工作或实现周期性动作循环的液压系统中,蓄能器可以把液压泵输出的多余压力油储存起来。当系统需要时,再将压力油释放出来。这样可以减少液压泵的额定流量,从而减小电机功率消耗,降低液压系统温升。

(2) 系统保压或作紧急动力源

对于执行元件长时间不动作,而要保持恒定压力的系统,可用蓄能器来补偿泄漏,从而使压力恒定。当泵发生故障或停电时,某些系统要求执行元件继续完成必要的动作,这时需要有适当容量的蓄能器作紧急动力源。

(3) 吸收系统脉动,缓和液压冲击

蓄能器能吸收系统压力突变时的冲击,如液压泵突然启动或停止,液压阀突然关闭或开启,液压缸突然运动或停止;也能吸收液压泵工作时的流量脉动所引起的压力脉动,相当于

液压与气压传动技术

油路中的平滑滤波（在泵的出口处并联一个反应灵敏而惯性小的蓄能器）。

2. 蓄能器的结构

蓄能器按其作用于工作液的物质不同，分为重锤式、弹簧式和充气式等三种；按其结构形式，分为活塞式、气囊式和薄膜式等三种（图7.11）。目前常用的是气囊式和活塞式蓄能器（图7.12）。

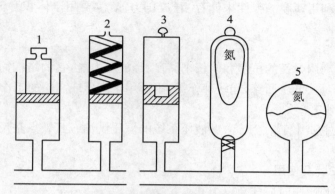

图7.11 蓄能器的结构形式

1. 重锤式　2. 弹簧式　3. 充气式　4. 气囊式　5. 薄膜式

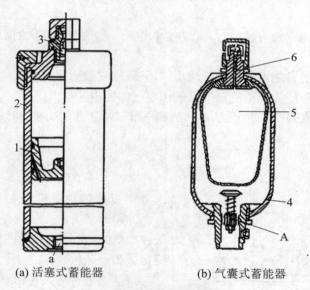

(a) 活塞式蓄能器　　　　　(b) 气囊式蓄能器

图7.12 常用蓄能器的结构

1. 活塞　2. 缸筒　3. 充气阀　4. 气瓶　5. 气囊　6. 气囊充气阀

（1）活塞式蓄能器

活塞式蓄能器中的气体和油液由活塞隔开，其结构如图7.12(a)所示。活塞1的上部为压缩空气，气体由充气阀3冲充入，其下部经油孔a通向液压系统，活塞1随下部压力油的储存和释放而在缸筒2内来回滑动。这种蓄能器结构简单，寿命长，主要用于大体积和大流量系统。但因活塞有一定的惯性且O形密封圈存在较大的摩擦力，所以反应不够灵敏。

（2）气囊式蓄能器

气囊式蓄能器中气体和油液用皮囊隔开，其结构如图7.12(b)所示。气囊用耐油橡胶制成,固定在耐高压壳体的上部,气囊内充入惰性气体,壳体下端的提升阀 A 由弹簧加菌形阀构成,压力油由此通入,并能在油液全部排出时,防止气囊膨胀挤出油口。这种结构使气、液密封可靠,并且因气囊惯性小而克服了活塞式蓄能器响应慢的弱点。因此,它的应用范围非常广泛,其缺点是工艺性较差。

(3) 薄膜式蓄能器

薄膜式蓄能器利用薄膜的弹性来储存、释放压力能,主要用于体积和流量较小的场合,如用作减震器、缓冲器等。

(4) 弹簧式蓄能器

弹簧式蓄能器利用弹簧的压缩和伸长来储存、释放压力能,它的结构简单,反应灵敏,但容量小,可用于小容量、低压回路,起缓冲作用,不适用于高压或高频的工作场合。

(5) 重锤式蓄能器

重锤式蓄能器主要用于冶金等大型液压系统的恒压供油。其缺点是反应慢,结构庞大,现在已很少使用。

3. 蓄能器的安装及使用

蓄能器在安装和使用时应注意以下几点:

① 一般应垂直安装,油口向下。

② 与液压泵之间应设置单向阀,以防止液压泵停车或卸荷时,蓄能器内的压力油倒流回液压泵。

③ 吸收压力冲击或压力脉动时,宜放在冲击源或脉动源旁;补油保压时,宜放在尽可能接近执行元件处。

④ 装在管路上的蓄能器由于承受油压作用,需用支架固定。

⑤ 搬动和拆装时应先将蓄能器内部的压缩气体排出。

⑥ 充气压力应在最低工作压力的 90% 和系统最高工作压力的 25% 之间选取。

五、油箱

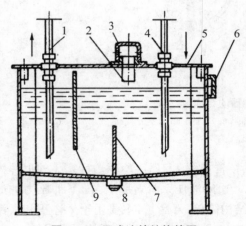

图 7.13 开式油箱结构简图

1. 吸油管 2. 滤油网 3. 防尘盖 4. 回油管
5. 安装板 6. 液位计 7、9. 隔板 8. 排油阀

1. 油箱的功能和分类

油箱的基本功能是储存工作介质、散发系统工作中产生的热量、分离油液中混入的空气、沉淀污染物及杂质。

按油面是否与大气相通,可分为开式油箱与闭式油箱。开式油箱广泛用于一般的液压系统;闭式油箱则用于水下和高空无稳定气压的场合。这里仅介绍开式油箱。

2. 油箱的典型结构

图 7.13 所示为开式油箱结构简图。箱体一般用 2.5~4.0 mm 的薄钢板焊接而成,表面涂有耐油涂料。油箱中间有 7 和 9 两个隔板,用来将液压泵的吸油管 1 与回油管 4 分离开,以阻挡沉淀杂物及回油管产生的泡沫。油箱顶部的安

装板 5 用较厚的钢板制成,用来安装电动机、液压泵、集成块等部件。在安装板上装有滤油网 2 和防尘盖 3,以备注油时过滤,并防止异物落入油箱。防尘盖侧面开有与大气相通的小孔,油箱侧面装有液位计 6,用以显示油量。油箱底部装有排油阀 8,起到换油时排油和排污的作用。

3. 油箱的设计

油箱属于非标准件,在实际情况下常根据需要自行设计。设计油箱时主要考虑油箱的容积、结构、散热等问题。限于篇幅,在此仅对设计思路做简要介绍。

(1) 油箱容积的估算

油箱的容积是设计油箱时需要确定的主要参数。油箱容积大时散热效果好,但用油多,成本高;油箱容积小时,占用空间少,成本降低,但散热条件不足。

在实际设计时,可用经验公式初步确定油箱的容积,然后再验算油箱的散热量 Q_1,计算系统的发热量 Q_2:当油箱的散热量大于系统的发热量时($Q_1 > Q_2$),油箱设计成常规容积即可;否则需增大油箱的容积或采取冷却措施(油箱散热量及系统发热量计算请查阅有关手册)。

油箱容积的估算经验公式为

$$V = \alpha q$$

式中,V 为油箱的容积(L);q 为液压泵的总额定流量(L/min)。α 为经验系数(min),其数值确定如下:低压系统中,$\alpha = 2 \sim 4$ min;中压系统中,$\alpha = 5 \sim 7$ min;中高压或高压大功率系统中,$\alpha = 6 \sim 12$ min。

(2) 设计时的注意事项

在确定容积后,设计油箱的结构就成为实现油箱各项功能的主要工作,同时应注意以下几点:

① 箱体要有足够的强度和刚度。油箱一般由 2.5~4.0 mm 厚的钢板焊接而成,尺寸大者要加焊加强筋。

② 泵的吸油管上应安装 100~200 目的网式滤油器,滤油器与箱底间的距离不应小于 20 mm,不允许滤油器露出油面,防止泵卷吸空气产生噪声。系统的回油管要插入油面以下,防止回油冲溅产生气泡。

③ 吸油管与回油管应隔开,二者间的距离要尽量远些,应当用几块隔板隔开,以增加油液的循环距离,使油液中的污物和气泡充分沉淀或析出。隔板高度一般取最大液面高度的 3/4。

④ 防污密封。为防止油液污染,盖板及窗口各连接处均需加密封垫,各油管通过的孔都要加密封圈。

⑤ 油箱底部应有坡度,箱底与地面间应有一定距离,箱底最低处要设置放油塞。

⑥ 对油箱内壁表面要做专门处理。为防止油箱内壁涂层脱落,新油箱内壁要先经喷丸、酸洗和表面清洗,然后再覆一层与工作液相容的塑料薄膜或涂一层耐油清漆。

六、热交换器

一般希望液压系统的工作温度保持在 30~50 ℃的范围之内,最高不超过 65 ℃,最低不低于 15 ℃。如果液压系统靠自然冷却不能使油温控制在上述范围内时,就需安装冷却器;反之,如环境温度太低,无法使液压泵启动或正常运转时,就需安装加热器。

1. 冷却器

液压系统中用得较多的冷却器是强制对流式多管头冷却器。如图 7.14 所示,油液从进油口 5 流入,从出油口 3 流出,冷却水从进水口 7 流入,通过多根水管后由出水口 1 流出。油液在水管外部流动时,它的行进路线因冷却器内设置了隔板而加长,因而增加了散热效果。近来出现一种翅片管式冷却器,水管外面增加了许多横向或纵向散热翅片,大大扩大了散热面积和热交换效果,其散热面积可达光滑管的 8～10 倍。

当液压系统散热量较大时,可使用化工行业中的水冷式板式换热器,它可及时地将油液中的热量散发出去,其参数及使用方法见相应的产品样本。

一般冷却器的最高工作压力在 1.6 MPa 以内,使用时应安装在回油管路或低压管路上,所造成的压力降一般为 0.01～0.10 MPa。

2. 加热器

液压系统一般采用电加热器,这种加热器的安装方式如图 7.15 所示,它用法兰盘水平安装在油箱侧壁上,发热部分全部浸在油液内,加热器安装在油液流动处,以利于热量的交换。油液是热的不良导体,单个加热器的功率容量不能太大,以免其周围油液的温度过高而发生变质现象。

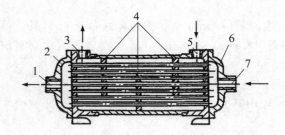

图 7.14 对流式多头冷却器
1. 出水口 2. 左水腔 3. 出油口 4. 右水腔
5. 进油口 6. 支架 7. 进水口

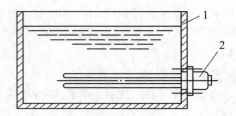

图 7.15 电加热器的安装
1. 油箱 2. 电加热器

任务二 液压油的特性和选择

在液压系统中,使用的工作介质为液压油。液压油种类很多,主要分为矿油型、乳化型和合成型。液压油的基本性质和选用对液压系统的工作状态影响很大。

一、液压油的物理性质

1. 液体的密度

单位体积的液体质量称为密度,通常用 ρ 表示:

$$\rho = \frac{m}{V} (\text{kg/m}^3)$$

我国以油温为 20 ℃时油液密度为标准密度。一般油液的密度为 900 kg/m³,在实用中可以认为它不受温度和压力的影响。

2. 可压缩性

油液受到压力后容积发生变化的性质称为油液的可压缩性。

对于一般液压传动系统,油液的可压缩性很小,一般可以认为油液是不可压缩的。但是,在高压、受压体积较大或对液压系统进行动态分析时,就要考虑油液的可压缩性影响。

3. 黏性

油液在外力作用下流动时,由油液分子间的内聚力产生一种阻碍油液分子之间进行相对运动的内摩擦力,称为黏性。

液体黏性的大小用黏度表示,黏度是划分液压油牌号的依据。例如,L-HM32 液压油,其中 32 表示这种液压油温度在 40 ℃时的运动黏度的平均值为 32 mm^2/s。

液压油的黏性随着压力和温度的变化有所不同。当压力增加时,分子间距减小,内摩擦力增加,黏度随之增加。但一般在中低压液压系统中压力变化很小,因此通常压力对黏度的影响可忽略不计。

液压油的黏度对温度的变化十分敏感,温度升高,黏度下降。液压油的黏度随温度变化而变化的性质称为黏温性。一般高温时应选择黏度大的液压油,以减少泄漏;低温时应选择黏度小的液压油,以减少摩擦。

二、常用液压油及其选用

1. 液压油的种类

液压油可分为三大类:矿油型、合成型和含水型。按国际标准,液压油属于石油类产品 L 类(润滑剂和有关产品)中的 H 组(液压系统用油)。国内常用的液压油有 L-HL 液压油、L-HM 抗磨液压油、L-HV 低温抗磨液压油、L-HS 低凝抗磨液压油、L-HG 液压导轨油和抗燃液压油等。

2. 液压油的主要性能及适用范围

(1) L-HL 液压油

具有一定的抗氧防锈和抗泡性(用 L 表示),适用于系统压力低于 7 MPa 的液压系统和一些轻载荷的齿轮箱润滑。

性能特性:良好的氧化安定性、良好的防锈性、良好的空气释放性和抗泡性。

推荐应用:适用于一般机床的主轴箱、液压箱和齿轮箱等,或类似机械设备的循环系统的润滑,但不适用于对极压性及防爬性要求较高的机床。

(2) L-HM 抗磨液压油

除了具有 L-HL 液压油的性能外,抗磨性能强(用 M 表示)。一般适用于系统压力为 7~21 MPa 的液压系统,甚至能在系统压力为 35 MPa 的情况下正常工作。

性能特性:良好的黏温性能、极压抗磨性、氧化安定性、抗泡性、空气释放性、抗乳化性、防锈性,和丁腈橡胶有良好的配伍性。

推荐应用:适用于环境温度在-5~60 ℃的对液压油抗磨性能要求较高的中高压液压系统,具有高负荷的叶片泵、柱塞泵和齿轮泵的液压系统,以及中高压工程机械、引进设备和车辆的液压系统。

(3) L-HV 低温抗磨液压油和 L-HS 低凝抗磨液压油

在 L-HM 抗磨液压油的基础上加强了黏温性能和低温流动性(用 V 或 S 表示)。适用于严寒区工程机械液压系统。

（4）L-HG 液压导轨油

具有防爬性，适用于润滑机床导轨及其液压系统。

（5）抗燃液压油

抗燃性好，适用于高温易燃的场合。

3. 设备用油的选择

对于不同的机械设备系统要选择不同类型的油，其选择要考虑以下因素：

① 环境条件：环境温度的变化情况及最高和最低环境温度，有无高温热源和明火。以便选择合适的油品。

② 工作条件：油泵类型、工作压力、温度、转速；油与金属、密封件和涂料的配伍性；系统的运转周期和工作特点等。以便选用合适的品种和黏度。

③ 油品的性质：要参考机器设备的推荐用油，如液压油品和液体的理化指标及使用性能、各类液压油的特性等。

④ 经济性：经济性是必须要考虑到的一个重要因素，如液压油的价格、液压系统与元件的寿命等。

在液压系统中，一般有油泵、阀门、管路、油缸或马达等元件，其中油泵的运转速度快，压力大，温度高，是系统中的主要部件，通常应根据油泵选择液压油。

随着液压技术的迅速发展，液压系统向高压、高速和小型化的方向发展，系统压力升高，泄漏的可能性随之增加，在其泄漏喷射范围如有高温热源或明火，就有燃爆的危险，这就需要考虑选用合适的抗燃液压油。

4. 液压油污染的控制

合理选好油液是液压机械设备工作的开始，在工作过程中，油的维护也很重要。首先，应了解液压油污染物的来源，可分为外部来源和内部来源，包括：油液运输过程带来的污染；液压元件内存在的污染；周围环境的污染。其次，应了解使用过程中产生的影响，包括：运动部件磨损产生的影响；油液发生化学变化产生的影响。

对于外来污染物、系统维修和元件更换过程的污染，在工作开始前和工作过程中，对液压油应考虑以下几点：

（1）防止油污染

① 使用前保持油的清洁。购买时，油品虽经已化验合格，但存放时间或保管环境都可能使油品的清洁度受到影响。因此，使用前应重新化验，如有问题要及时处理。

② 安装和运转前保持液压系统的清洁。液压元件加工和安装过程中残存的金属粉末等杂质，如未及时清洗干净，会被带进油液中并随着油流动，引起液压元件的磨损、卡死或堵塞油路，甚至造成事故。因此，安装和运转前一定要对系统进行清洗。清洗时最好用液压装置所需的工作油或试车油，尤其是系统选用水—乙二醇、乳化液及高水基液时，应当用这些液体本身进行冲洗，以取得更好的效果。

③ 工作过程中保持油品清洁。运动和振动引起元件磨损所产生的微粒随油液循环，引起元件进一步磨损，造成油膜被破坏，润滑性变差，元件使用寿命缩短。另外，在工作过程中油液受到环境的污染，空气、尘埃、冷却水、蒸汽等会使油氧化变质，产生胶质、沥青质和炭渣等污染物，需随时除去。

要保持液压油的清洁，需根据系统要求，选用不同过滤精度的过滤器，过滤器的材质要与所用油品相适应。选择过滤器时要考虑以下几点：a. 根据微粒的大小，选择适当网目的过滤器；b. 系统压力及可接受的压力降；c. 过滤器的成本、费用。过滤器的位置可根据工作系统的要求而布置。多数情况下，液压设备用的是矿油型液压油，一般滤器材料都适用，但不宜采用带活性材料的滤油器，以免影响液压油中的添加剂。

（2）防止空气混入

空气进入液压系统会产生以下不良影响：

① 产生气蚀。气体会产生大量气泡，致使油泵的容积效率显著下降，在油泵和节流的地方产生气蚀，引起元件的磨损，缩短元件的使用寿命。

② 产生噪声、振动和爬行，使运转特性不稳定。

③ 空气中的氧与油起反应，使油过早变质，影响使用。

（3）防止水分混入

冷却水及蒸汽的混入会带来以下不利影响：

① 腐蚀液压系统中的金属，缩短元件的使用寿命；锈蚀的微粒落到系统中，会加速系统磨损。

② 加速油变质，特别是有铁、铜、锰等微粒存在时，水与大气中的氧会使油迅速氧化，产生油泥。

③ 使油的润滑性下降，水含量由 0 增到 1%，油的烧结负荷由 73.5 N 降至 30 N，水含量越大，润滑性越差。一般规定液压油的水含量不超过 0.5%。

（4）控制液压油的使用温度

控制液压油的使用温度，对液压系统极为重要。油升温会加速油的氧化变质，不仅缩短油的使用寿命，而且氧化生成的酸性物质还会对金属产生腐蚀作用，增加磨损，引起泄漏。

在实际工作中，常会碰到各种油品互相更换的问题，尤其是液压系统原来使用矿油型产品，为了解决防火问题而更换成水—乙醇液体，这就要求把矿油放尽，用水—乙醇置换两次，再装入水—乙醇正式使用，切不可各种油品互相混用。

造成液压系统运行故障的因素中对油的选用不当是一个重要的因素。因此正确合理地选用液压油可提高液压设备运行的可靠性，延长系统和元件的使用寿命，节约开支，使企业获得良好的经济效益。

任务三　液压泵站的构建

液压泵、驱动电机、油箱、液压控制系统和液压附件的装配体统称为液压动力源装置，简称为液压泵站，各类阀及其辅助连接的装配体统称为液压控制装置。图 7.16 所示为一个小型的液压泵站，图 7.17 所示为液压泵站的工作原理。

一、液压站动力源装置的设计

液压泵站通常由液压泵组、油箱组件、温控组件、过滤器组件和蓄能器五个相对独立的部分组成。

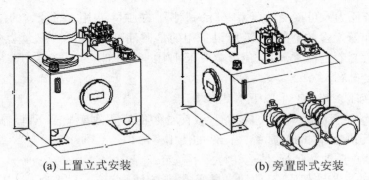

(a) 上置立式安装   (b) 旁置卧式安装

图 7.16   小型的液压泵站

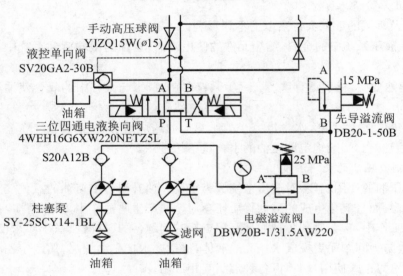

(a) 液压泵站的工作原理

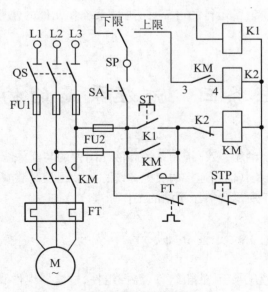

(b) 电气控制系统原理

图 7.17   液压泵站的工作原理和电气控制系统原理

1. 液压泵组的类型

液压泵组包含液压泵、原动机(电动机或内燃机)、联轴器和传动底座。

液压泵组的类型颇多,按液压泵组布置方式可分为上置式、下置式和旁置式;按液压泵的驱动方式分为电动型、机动型和手动型;按泵组输出压力高低分为低压(≤8 MPa)、中压(8~16 MPa)、高压(16~32 MPa)和超高压型(>32 MPa)。

2. 液压油箱组件的确定

(1)油箱类型的选择

按油箱结构和用途不同,可分为整体式油箱、两用油箱和独立油箱三种类型。整体式油箱是指在液压系统或机器的构件内形成的油箱;两用油箱是指液压油与机器中的其他用油的公用油箱;独立油箱是应用最为广泛的一类油箱,常用于工业生产设备,外形主要有矩形和圆筒形。

(2)油箱容量的确定

油箱的总容量包括油液容量和空气容量。油液容量原则上是指油箱中不超过液位计的上刻线的最大油液体积;液压系统需用高峰流量时,对应的油箱液面正好下降到最低点,此时液面还应高于泵吸油口 75 mm 以上;液压系统处于最大回油量时,油箱内还应有 10% 的储备容积,即空气容量。

(3)油箱结构及其设计

油箱包括油箱体及箱上所设置的各种附件。油箱体主要由箱顶、箱壁、箱底等部分组成。箱体除了要有足够的强度外,还必须有足够的刚度。

装于油箱各检测装置中的各类元附件,应便于从外部拆卸,油箱内壁应保持平整,少焊接和少装东西,以便于清理箱内污垢。

油箱顶结构取决于其上安装的元件。所有通过油箱顶的管件或引出口都应很好地密封;箱顶板的厚度一般为侧板厚度的 4 倍,体积较小的可以选择适当的板厚;在箱顶与泵组(上置式)之间应设隔震垫。

根据泵站布置形式,可选用一定厚度的钢板,焊接成箱体。钢板厚度一般为 3~6 mm。箱体负载较大时,可以另加钢板或支持筋板。

为了能够对箱体进行清洗,对于不易吊起箱盖的油箱,均在箱体一侧设计一个清洗窗口,可以打开箱体进行内部清洗。

对于室内使用的泵站,需要在箱盖上设计集油槽,以便在拆装或使用时对箱盖上漏出的油液进行收集,回流到油箱,这也是减少污染,从而保护环境的一种良好措施。

一般箱体需要对称设置 4 个以上的吊耳,便于吊运;箱体上需要安装液温计,以便观察液位和液温。

箱底由吸油区向回油区下倾斜,倾斜坡度为 1/20,放油螺塞设置在油箱底部的最低点;为了便于移动、放油、散热,在箱底设有油箱支脚,高度一般需要大于 150 mm,支脚上设有地脚固定螺孔或能够移动的地脚轮。

为了延长油液在油箱中的环流时间,以便更好地发挥油箱的散热、除气等功能,尤其在油箱容量超过 100 L 的油箱中,应设置隔板。油箱隔板可以采用标准溢流模式,隔板高度一般大于液位计的最低高度,约为最大液面高度的 3/4。

为了使油液的气泡浮出液面,可在油箱内设置除气的金属网。

液压系统的管路始于油箱,并终结于油箱。吸油管路和回油管路属于主管路。吸油管路需加吸油过滤器,为了保证吸油量,减少吸油阻力,需选择合适的吸油过滤器;回油管路通过回油过滤器流回油箱,需选择合适的回油过滤器。

热交换器是对油液温度进行控制的液压辅件,包括加热器和冷却器。由于油箱工作时一般要求工作温度在 15～65 ℃ 范围,所以系统温度较低时需要加热,系统温度较高时需要冷却。在实际设计中,可根据用户要求或使用环境要求,增设加热器和冷却器。

3. 液压油类型的选择

液压油是液压系统重要的工作介质,其功能是载能、润滑和冷却,其性能对液压系统影响很大。选择液压工作油液主要需考虑的因素有工作环境(易燃性、毒性和气味等)、工作条件(黏度、压力、温度、速度等)和经济性(价格、寿命)等,其中液压油的黏度影响最大。

高压液压油的牌号可以参考液压油型号及应用要求选择。

4. 液压泵组的设计

液压泵组是指液压泵和驱动泵的原动机及联轴器和传动底座组件。

液压泵和驱动电机可以用联轴器直接连接,即可采用典型的钟形罩安装,依靠电机的法兰止口和液压泵螺钉定位的轴端法兰实现与联轴器连接的同轴度要求;也可采用直插式连接,即电机轴直插入泵体或泵轴直插入电机转子内,电机与泵连成一个整体,这种连接尺寸小,占用空间小,但需要特制。

泵站布置方式按照空间和箱体大小等条件,选择上置、下置、旁置等形式。

5. 蓄能器装置的设计与安装

蓄能器的主要用途有蓄能、吸收液压冲击和脉动、减振、平衡、保压等。对于只有单个蓄能器的中小型液压系统,蓄能器可以通过托架安装在紧靠脉动和冲击源处,或直接搭载安装在油箱顶部或油箱侧壁上。

在液压系统中,对系统提出保压、蓄能和减振要求的,一般都需要设置蓄能器装置。

二、液压控制装置(液压阀组)的设计

1. 液压系统的设计

液压控制装置是实现液压系统功能的重要部分,其设计取决于整体液压系统的设计,只有整体液压系统设计完成后,液压控制装置(液压阀组)才能开展设计。

整体液压系统由许多基本回路汇集而成。主要包含压力、方向、速度控制与调节回路,以及部分辅助系统等,这些回路的元件往往需要集中装配,以减少管路连接,便于调节控制,节约空间。

2. 液压控制装置的集成与安装设计

(1) 阀座的设计与安装

为了便于安装、调节,减少管路连接,液压系统的液压锁、方向控制阀、压力控制阀等需采用板式连接或集成安装,需要设计连接阀座,也有小型的液压站只采用管式连接。

阀座设计一般用于板式液压元件的连接,同时也用于油缸的连接、液压仪表安装或液压传感器的连接。设计时除了要注意阀座内部通径与板式连接液压元件一致外,还要注意外接管口的连接方式和阀座的安装位置等。具体设计内容可以参考相关液压阀座设计资料和手册。

（2）其他油路控制阀的安装

除了换向阀、溢流阀和液压锁集成在阀块上外，系统其他控制阀如单向阀、节流阀和截止阀可以根据设备需求，安装在管路中、缸体上或设备支架上。

三、管道选择、管路布置与连接设计

1. 管道直径的确定

根据公式 $d=\sqrt{\dfrac{4q}{\pi v}}$ 可以确定管道直径。其中，q 为泵站的最大流量，v 为管道允许流速，d 为管道直径。

根据公式 $\delta \geqslant \dfrac{pdn}{2\sigma_b}$ 可以确定管壁厚度。按照管道的直径和壁厚选取金属硬管或橡胶高压软管，以及连接的管接头。一般固定连接管道应尽量选取钢管，活动连接管道一定选用软管。

2. 接头的选择

管道接头尽量选择螺纹接头，减少焊接或不焊接。无论是管道接头还是压力表接头，尽可能选用卡套式或扩口式接头。实际应用中，也经常选择焊接式或其他形式。

3. 管路布置

为了减少沿程损失，根据实际要求，管路应尽量的短；管道弯转处尽量采用直角接头；固定点之间的直管段，至少要有一个松弯处；所有高压管路应根据实际需求，装加支承；整个系统至少要安装一个放气阀（安装在系统的最高处）；整个系统至少要安装一个测压接头。

管路整体布置要求整齐美观，占用空间少，装拆、维护方便。要求选用或自制管道的强度符合要求，管架、管箍、管夹安装合理美观，保证管路固定牢固。

四、电气控制装置的设计

1. 电气控制

很多液压站使用电气控制装置，即除了有电动机连接的主电路外，还有控制电路。

主电路是指电机电路，由于电路简单，选用接触器控制和空开连接就行了。

控制电路包含电机控制和电磁换向阀控制电路。电机由按钮、接触器和热继电器控制组成，采用了接触器自锁和热过载保护电路。电磁总阀用接触器控制和自锁控制，其他四组控制液压缸的电磁换向阀，采用了按钮及按钮互锁控制。一般在泵站的使用手册中都必须说明电气控制原理及一般安装、调速、使用和维修维护方法。

2. 电气控制柜的设计与布置

液压电气控制柜主要用来安装继电器、接触器或可编程控制器等元件，同时安装各种控制按钮、信号指示灯及标牌等。一般电气控制柜通常由电气控制专业人员进行设计，可直接搭载在液压站或主机上，也可以将其独立放在液压站或主机的近旁。

项目
七
小型液压泵站的构建

习　　题

7.1　常用的管接头有哪几种？它们各适用于什么场合？

7.2 常用的滤油器有哪几种？它们分别适用于什么场合？滤油器一般安装在什么位置？

7.3 蓄能器有哪些功用？安装和使用应注意哪些问题？

7.4 压力表的精度等级有哪几种？选择和安装有什么要求？它们各适用于什么场合？

7.5 油箱的作用是什么？设计油箱时，应注意哪些问题？

7.6 液压泵站的构建主要应考虑哪些问题？如何确定相关参数？

项目七附录　多缸动作液压回路的构建实验

实验一　并联液压缸同步回路

一、实验目的

1. 了解并应用液压缸并联同步回路的工作原理。
2. 加深对液压元件的了解。
3. 加深对电器元件的工作原理和应用的了解。

二、实验器材

液压实验台 1 个；直动式溢流阀 1 只；二位四通电磁换向阀 1 只；单向节流阀 2 只；液压缸 2 只；油管、压力表及四通若干。

三、实验原理

附图 7.1 所示为并联液压缸同步回路图。调节两只节流阀 3、4 到开口程度相同，可以使两只液压

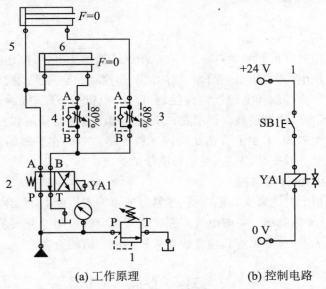

(a) 工作原理　　　　(b) 控制电路

附图 7.1　并联液压缸同步回路

(a) 1. 溢流阀　2. 二位四通电磁换向阀　3、4. 单向节流阀　5、6. 液压缸

缸5、6同步伸出;二位四通电磁换向阀2得电换向后,节流阀失去调速作用,单向阀接通,两只液压缸快速同步缩回。节流阀起节流作用,控制液压缸的运动速度。

四、实验步骤

1. 看懂工作原理图,按照工作原理图连接好回路和控制电路图。
2. 检查电路和回路搭接是否正确,经过测试后方可进行实验。
3. 检查无误后,溢流阀处于开启状态,打开总电源,开启泵站电机。
4. 调节溢流阀1,使系统压力达到一定值,液压缸4的无杆腔开始进油,活塞杆向右运行,两个缸的运动速度基本实现同步(误差在2%~5%之内)。
5. 闭合开关SB1,电磁铁YA1得电之后,两个缸的有杆腔开始进油,活塞杆向右运行。
6. 由于两个缸作用的有效面积不一样,所以在系统压力不变的情况下,活塞杆伸出的速度比它复位的速度大。如果两个缸的同步误差比较大,调节节流阀3,通过调节其回油的流量来减少误差。
7. 实验完毕之后,清理实验台,将各元件放回原来的位置。

五、注意事项

1. 检查油路搭接是否正确。
2. 检查电路连接是否正确(检查PLC输入是否要求外接电源)。
3. 检查油管接头搭接是否牢固(搭接后,可以稍微用力拉一下)。
4. 开始实验前需检查电路连接是否准确无误。如有错误,要先修正,直到错误排除,再开始实验。
5. 回路必须搭接溢流阀,启动泵站前,完全打开溢流阀;实验完成后,完全打开溢流阀,停止泵站。

六、思考题

1. 如何实现多个液压缸的位移或速度相同?
2. 自动调节多个液压缸同步运行的方式有哪些?

实验二 顺序动作回路

一、实验目的

1. 了解压力控制阀的特点。
2. 掌握顺序阀的工作原理、图形符号及其应用。
3. 掌握用顺序阀和行程开关实现的顺序动作回路。
4. 深入了解电器元件的工作原理和应用。

二、实验器材

液压实验台1个;三位四通电磁换向阀(阀芯机能为O型)1只;顺序阀2只;液压缸2只;接近开关及其支架2只;溢流阀1只;压力表、油管若干。

三、实验原理

附图7.2所示为顺序动作回路图。其工作原理是:当调节顺序阀旋钮,调定其顺序动作的开启压力后,通过三位四通电磁换向阀2得电换向,一个液压缸首先伸出或缩回,当达到顺序阀调定压力时,顺序阀导通,另一个液压缸才缩回或伸出。

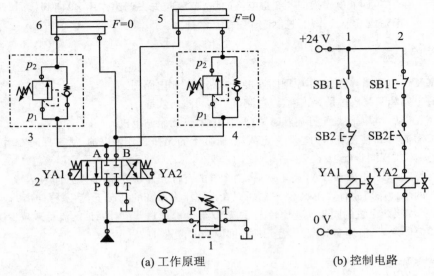

(a) 工作原理　　　　　　(b) 控制电路

附图 7.2　顺序动作回路

(a) 1. 溢流阀　2. 三位四通电磁换向阀　3、4. 顺序阀　5、6. 液压缸

四、实验步骤

1. 根据实验内容,设计实验所需的回路,所设计的回路必须经过认真检查,确保正确无误。

2. 按照正确的回路要求,选择所需的液压元件,并且检查其性能的完好性。

3. 将检验好的液压元件安装在插件板的适当位置,通过快速接头和软管,按照回路要求把各个元件连接起来(包括压力表)。(注:并联回路可用多孔回路板。)

4. 经过检查确认正确无误后,完全打开溢流阀 1(系统溢流阀做安全阀使用,不得随意调整)后,再启动油泵,按要求调压。不经检查,私自开机,一切后果由自己负责。

5. 闭合开关 SB1,电磁铁 YA1 得电,电磁换向阀 2 换向,液压缸 6 右位伸出,顺序阀 3 左位压力达到设定压力后液压缸 6 左位伸出。

6. 闭合开关 SB2,电磁铁 YA2 得电,电磁换向阀 2 换向,液压缸 6 左位缩回,顺序阀 3 右位压力达到设定压力后液压缸 6 右位缩回。

7. 观察缸的运动状态、液压缸伸出和缩回的先后顺序,实现所需的工作过程,达到实验目的。

8. 实验完毕后,应先旋松溢流阀,然后停止油泵工作。经确认回路中压力为零后,取下连接油管和元件,归类放入规定的地方。

五、注意事项

1. 检查油路搭接是否正确。

2. 检查电路连接是否正确(检查 PLC 输入是否要求外接电源)。

3. 检查油管接头搭接是否牢固(搭接后,可以稍微用力拉一下)。

4. 检查电路是否错误,开始实验前需检查。如有错误,要先修正,直到错误排除,再启动泵站,开始实验。

5. 回路必须搭接溢流阀,启动泵站前,完全打开溢流阀;实验完成后,完全打开溢流阀,停止泵站。

六、实验拓展

附图 7.3 为行程开关控制的液压缸顺序动作回路图。

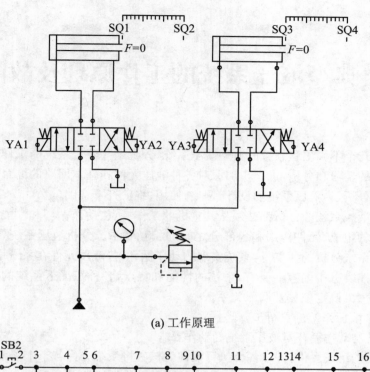

(a) 工作原理

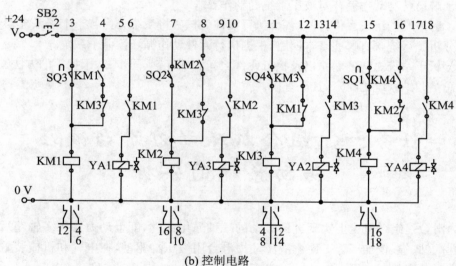

(b) 控制电路

附图 7.3　拓展回路

七、思考题

1. 列举多缸顺序动作工作的实例。

2. 实现多缸顺序动作的方法有哪些？各有什么特点？

项目八　典型液压系统的工作原理及故障分析

本项目介绍几个不同工程领域的典型液压系统,分析这些液压系统的工作过程和特点。通过对这些系统的学习和分析,进一步加深对各种液压元件和基本回路的综合认识,并学会对液压系统进行分析,为液压系统的设计、调整、使用、维护打下基础。

对任何一个液压系统的分析都必须从其主机的工作特点、动作循环和性能要求出发,才能正确分析系统的组成、元件作用和各部分之间的相互联系。分析液压系统要掌握分析方法和分析内容。系统分析的要点是:系统实现的动作循环,各液压元件在系统中的作用和组成系统的基本回路。分析内容主要有:系统的性能和特点,各种工况下系统的油路情况,压力控制阀调整压力的确定依据及调压关系。

一般地,复杂液压系统的分析步骤是:

① 了解设备的动作循环对液压系统的动作要求。

② 了解系统的组成元件,并以各个执行元件为核心将系统分为若干个子系统。

③ 分析子系统含有哪些基本回路,根据执行元件动作循环读懂子系统。

④ 分析子系统之间的联系以及执行元件之间实现互锁、同步、防干扰等的方法。

⑤ 总结归纳系统的特点,加深理解。

任务一　组合机床动力滑台液压传动系统的分析

动力滑台是组合机床上实现进给运动的一种通用部件,配上动力箱和多轴箱后可以完成各类孔的钻、镗、铰加工等工序。液压动力滑台用液压缸驱动,在电气和机械装置的配合下可以实现一定的工作循环。

一、YT4543 型动力滑台液压系统

YT4543 型动力滑台的工作进给速度范围为 $6.6 \sim 660$ mm/min,最大快进速度为 $7\,300$ mm/min,最大推力为 45 kN。YT4543 型动力滑台液压系统的工作原理如图 8.1 所示,其电磁铁动作顺序见表 8.1。该系统采用限压式变量叶片泵供油,用电液换向阀实现换向,用行程阀实现快慢速度转换,用串联调速阀实现两种工作进给速度的转换,其最高工作压力不大于 6.3 MPa。液压滑台的工作循环,是由固定在移动工作台侧面上的挡铁直接压行程阀或压行程开关控制电磁换向阀的通、断电顺序实现的。

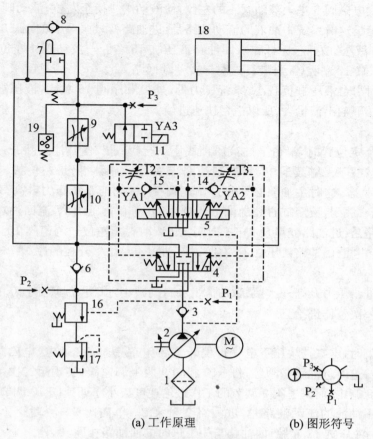

(a) 工作原理　　　　(b) 图形符号

图 8.1　YT4543 型动力滑台液压系统图

1. 吸油过滤器　2. 变量泵　3、6、8、14、15. 单向阀　4. 液动阀　5. 先导式电磁阀　7. 行程阀
9、10. 调速阀　11. 电磁阀　12、13. 节流阀　16. 顺序阀　17. 背压阀　18. 液压缸　19. 压力继电器

表 8.1　电磁铁动作顺序表

动 作 名 称	电磁铁、压力继电器				
	YA1	YA2	YA3	PS	行程阀 7
快进（差动）	+	－	－	－	下位工作
一工进	+	－	－	－	上位工作
二工进	+	－	+	－	上位工作
止挡块停留	+	－	－	+	上位工作
快退	－	+	－	－	上位—下位
原位停止	－	－	－	－	下位

由图 8.1 和表 8.1 可知,该系统可实现的典型工作循环是:快进——一工进——二工进——止挡块停留——快退——原位停止。其工作情况分析如下:

1. 快速进给

按下启动按钮,电磁铁 YA1 通电,先导式电磁阀 5 的左位接入系统,由变量泵 2 输出的

压力油经先导式电磁阀 5 进入液动阀 4 的左侧,使液动阀 4 换至左位,液动阀 4 右侧的控制油经阀 5 回油箱。这时系统中油液的流动油路是:进油路变量泵 2—单向阀 3—液动阀 4 左位—行程阀 7—液压缸左腔(无杆腔);回油路液压缸 18 右腔—液动阀 4 左位—单向阀 6—行程阀 7—液压缸 18 左腔(无杆腔),这时形成差动回路。

因为快进时滑台液压缸负载小,系统压力低,外控顺序阀 16 关闭,液压缸为差动连接。变量泵 2 在低压下输出流量大,所以滑台快速进给。

2. 一工进

当快进到预定位置时,滑台上的液压挡块压下行程阀 7,使其油路断开,即切断快进油路。此时,电磁铁 YA1 继续通电,其控制油路未变,液动阀 4 仍是左位接入系统;电磁铁 YA3 处于断电状态,这时主油路必须经过调速阀 10,使阀前系统压力升高,外控顺序阀 16 被打开,单向阀 6 关闭,液压缸右腔的油液经顺序阀 16 和背压阀 17 流回油箱,这时系统中油液的流动油路是:进油路变量泵 2—单向阀 3—液动阀 4 左位—调速阀 10—电磁阀 11 左位—液压缸 18 左腔;回油路液压缸 18 右腔—液动阀 4 左位—外控顺序阀 16—背压阀 17—油箱。

因为工作进给压力升高,变量泵 2 的流量会自动减小,以便与调速阀 10 的开口相适应,动力滑台做第一次工作进给。

3. 二工进

一工进结束时,电气挡块压下电气行程开关,使电磁铁 YA3 通电,电磁阀 11 右位接入系统,油路断开,这时进油路必须经过阀 10 和阀 9 两个调速阀,实现第二次工作进给,进给速度由调速阀 9 调定,而调速阀 9 调节的工作进给速度应小于调速阀 10 调节的工作进给速度。这时系统中油液的流动油路是:进油路变量泵 2—单向阀 3—液动阀 4 左位—调速阀 10—调速阀 9—液压缸 18 左腔;回油路与一工进时的回油路相同。

4. 止挡块停留

动力滑台二工作终了碰到止挡块时,不再前进,其系统压力进一步升高,一方面变量泵保压卸荷,另一方面使压力继电器 19 做动作而发出信号,接通控制电路中延时继电器,调整延时继电器可调整停留时间。

5. 快退

延时继电器停留时间到后,给出动力滑台快退信号,电磁铁 YA1、YA3 断电,YA2 通电,先导式电磁阀 5 右位接入控制油路,使液动阀 4 右位接入主油路。这时主油路油液的情况是:进油路变量泵 2—单向阀 3—液动阀 4 右位—液压缸 18 右腔;回油路液压缸 18 左腔—单向阀 8—液动阀 4—油箱。

这时系统压力较低,变量泵 2 输出流量大,动力滑台快退。

6. 原位停止

当动力滑台快退到原位时,原位电气挡块压下原位行程开关,使电磁铁 YA2 断电,先导式电磁阀 5 和液动阀 4 都处于中间位置,液压缸失去动力来源,液压滑台停止运动。这时,变量泵 2 输出的油液经单向阀 3 和液动阀 4 流回油箱,液压泵卸荷。

由上述分析可知,外控顺序阀 16 在动力滑台快进时必须关闭,而工进时必须打开。因此,外控顺序阀 16 的调定压力应低于工进时的系统压力而高于快进时的系统压力。

系统 3、6、8 三个单向阀中,单向阀 6 的作用是:在工进时隔离进油路和回油路;单向阀 3 除有保护液压泵免受液压冲击的作用外,主要是在系统卸荷时使电液换向阀的控制油路有一定的控制压力,确保实现换向动作;单向阀 8 的作用则是确保实现快退。

二、YT4543 型动力滑台液压系统的特点

由上述分析可知,YT4543 型动力滑台液压系统主要由下列基本回路组成:

① 限压式变量泵、调速阀和背压阀组成的容积节流调速回路。

② 单杆液压缸差动连接快速运动回路。

③ 电液换向阀(由先导式电磁阀 5、液动阀 4 组成)的换向回路。

④ 行程阀和电磁阀的速度换接回路。

⑤ 串联调速阀的二次进给回路。

⑥ 采用三位换向阀 M 型中位机能的卸荷回路。

这些基本回路决定了系统的主要特点:

① 采用限压式变量泵、调速阀和背压阀组成的容积节流进油路调速回路,并在回油路上设置了背压阀,使动力滑台能获得稳定的低速运动,具较好的速度刚性和较大的工作速度调节范围。

② 采用限压式变量泵和差动连接回路,快进时能量利用比较合理,工进时只输出与调速阀相适应的流量;止挡块停留时,变量泵只输出补偿系统内泄漏所需要的流量,处于流量卸荷状态,系统无溢流损失,效率高。

③ 采用行程阀和顺序阀的速度换接回路,可实现快进与工进的速度切换,动作平稳可靠,无冲击,速度换接的位置精度高。

④ 在二工进给结束时,采用止挡块使之停留,动力滑台的停留位置精度高,适用于镗端面、阶梯孔、锪孔和锪端面等工序。

⑤ 采用串联调速阀的二次进给回路,速度转换时的前冲量较小,并有利于利用压力继电器发出信号进行停留时间控制或快退控制。

任务二   数控加工中心液压传动系统的分析

加工中心是机械、电气、液压、气动技术一体化的高效自动化机床。它可在一次装夹中完成铣、钻、扩、镗、锪、铰、螺纹加工、测量等多种工序及轮廓加工。在大多数加工中心中,液压传动主要用于实现下列功能:① 刀库、机械手自动进行刀具交换及选刀的动作;② 维持加工中心主轴箱、刀库机械手的平衡;③ 加工中心主轴箱的齿轮拨叉变速;④ 主轴松夹刀动作;⑤ 交换工作台的松夹及其自动保护;⑥ 丝杆等的液压过载保护等。

下面以卧式镗铣加工中心为例,简要介绍加工中心的液压系统。

图 8.2 所示为卧式镗铣加工中心液压系统原理图。

1. 液压系统泵站启动时序

接通机床电源,启动电机 1,变量叶片泵 2 运转,调节单向节流阀 3,构成容积节流调速系统。溢流阀 4 起安全阀作用,手动阀 5 起卸荷作用。调节变量叶片泵 2,使其输出压力达到 7 MPa,并把安全阀 4 调至 8 MPa。回油滤油器过滤精度为 10 μm,滤油器两端压差超过

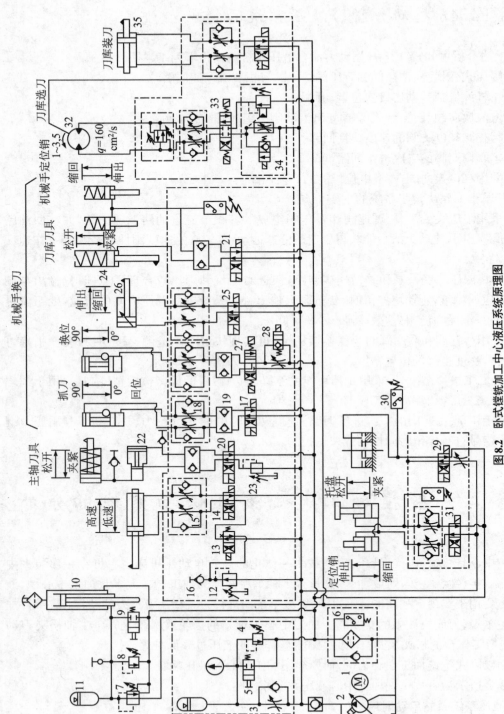

图 8.2 卧式镗铣加工中心液压系统原理图

1. 电机 2. 变量叶片泵 3. 单向阀 4. 溢流阀 5、9. 手动阀 6. 过滤器报警继电器 7. 平衡阀 8. 安全阀 10. 平衡缸 11. 蓄油器 12、23. 减压阀
13、14、28. 换向阀 15. 双向节流阀 16. 截止单向阀 17、20、21、25、27、29、31、33. 双向节流阀 18. 电磁阀 19. 双单向节流阀 22. 增压缸
24. 油缸 26、35. 液压缸 30. 压力继电器 32. 液压马达 34. 液压马达控制单元 35. 液压缸

0.3 MPa 时系统报警,此时应更换滤芯。

2. 液压平衡装置的调整

加工中心的主轴、垂直拖板、变速箱、主电机等联成一体,由 Y 轴滚珠丝杠通过伺服电机带动而上下移动。为了保证零件的加工精度,减少滚珠丝杠的轴向受力,整个垂直运动部分的重量需采用平衡法加以处理。平衡回路有多种,本系统采用平衡阀与液压缸来平衡重量。

平衡阀 7、安全阀 8、手动阀 9、平衡缸 10 组成平衡装置,蓄油器 11 起吸收液压冲击作用。调节平衡阀 7 使平衡缸 10 处于最佳工作状态,可通过测量 Y 轴伺服电机电流的大小来判断。

3. 主轴变速

当主轴变速箱需换挡变速时,主轴处于低转速状态。调节减压阀 12 至所需压力(由测压接头 16 测得),通过减压阀 12、换向阀 13、14 完成由高速向低速换挡的动作;直接由系统压力经换向阀 13、14 完成由低速向高速换挡的动作。换挡液压缸速度由双单向节流阀 15 调整。

4. 换刀时序

加工中心在加工零件的过程中,前道工序完成后需换刀,此时主轴应返回机床 Y 轴、Z 轴设定的换刀点坐标,主轴处于准停状态,所需刀具在刀库上已预选到位。

① 机械手抓刀。当系统接收到换刀各准备信号后,控制电磁阀 17 处于左位,推动齿轮齿条组合液压缸活塞上移,机械手同时抓住安装在主轴锥孔中的刀具和刀库上预选的刀具。双单向节流阀 18 控制抓刀、回位速度,Z2S 型双液控单向阀 19 保证系统失压时位置不变。

② 刀具松开和定位。抓刀动作完成后发出信号,控制电磁阀 20 处于左位、21 处于右位,通过增压缸 22 使主轴锥孔中的刀具松开,松开压力由减压阀 23 调节。同时,油缸 24 的活塞上移,松开刀库刀具;机械手上的两个定位销在弹簧力作用下伸出,卡住机械手上的刀具。

③ 机械手伸出。主轴、刀库上的刀具松开后,无触点开关发出信号,控制电磁阀 25 处于右位,机械手由液压缸 26 推动而伸出,使刀具从主轴锥孔和刀库链节上拔出。液压缸 26 带缓冲装置,防止其在行程终点发生撞击,引起噪声,影响精度。

④ 机械手换刀,机械手伸出后发出信号,控制电磁阀 27 换位,推动齿条传动组合使液压缸活塞移动,并使机械手旋转 180°,转位速度由双单向节流阀调整,并根据刀具重量,由换向阀 28 确定两种转位速度。

⑤ 机械手缩回。机械手旋转 180°后发出信号,电磁阀 25 换位,机械手缩回,刀具进入主轴锥孔和刀库链节。

⑥ 刀具夹紧和松销。此时电磁阀 20、21 换位,使主轴中的刀具和刀库链节上的刀具夹紧,机械手上定位销缩回。

⑦ 机械手回位。刀具夹紧信号发出后,电磁阀 17 换位,机械手旋转 90°,回到起始位置。至此,整个换刀动作结束,主轴启动,进入零件加工状态。

5. NC 旋转工作台液压动作

① NC 旋转工作台夹紧。零件连续旋转至加工进入固定位置时,电磁阀 29 换至左位,使工作台夹紧,并由压力继电器 30 发出夹紧信号。

② 托盘交换。当交换工件时,电磁阀 31 处于右位,定位销缩回,同时松开托盘,由交换

工作台交换工件,结束后电磁阀 31 换位,托盘夹紧,定位销伸出定位,进入加工状态。

③ 刀库选刀、装刀。零件在加工过程中,刀库需将下道工序所需刀具预选到位。首先判断所需刀具所在刀库位置,确定液压马达 32 的旋转方向,使电磁阀 33 换位,液压马达控制单元 34 控制马达启动、中间状态、到位旋转速度,刀具到位,由旋转编码器组成的闭环系统控制发出的信号。液压缸 35 用于刀库装卸刀具。

任务三　汽车起重液压传动系统的分析

汽车起重机是将起重机安装在汽车底盘上的一种起重运输设备。它主要由起升、回转、变幅、伸缩和支腿等工作机构组成,这些工作机构动作的完成由液压系统来实现。对于汽车起重机的液压系统,一般要求输出力大,动作平稳,耐冲击,操作灵活、方便、可靠、安全。

一、汽车起重机液压系统

图 8.3 所示为 Q2-8 型汽车起重机外形简图。这种起重机采用液压传动,最大起重量为 80 kN(幅度为 3 m 时的重量),最大起重高度为 11.5 m,起重装置连续回转。该起重机具有较高的行走速度,可与装运工具的车编队行驶,机动性好。当装上附加吊臂后(图中未标示),可用于建筑工地吊装预制件,吊装的最大高度为 6 m。液压起重机承载能力大,可在有冲击、振动、温度变化大和环境较差的条件下工作。其执行元件要求完成的动作比较简单,位置精度较低。因此液压起重机一般采用中高压手动控制系统,该系统对安全性要求较高。

图 8.4 所示为 Q2-8 型汽车起重机液压系统原理图。该系统的液压泵由汽车发动机通过装在汽车底盘变速箱上的取力箱传动。液压泵的工作压力为 21 MPa,排量为 40 mL,转速为 1 500 r/min。液压泵通过中心回转接头从油箱吸油,输出的压力油经手动阀组 A 和 B 输送到各个执行元件。溢流阀 12 是安全阀,用以防止

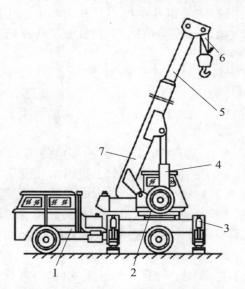

图 8.3　Q2-8 型汽车起重机外形简图
1. 载重汽车　2. 回转机构　3. 支腿　4. 吊臂变幅缸
5. 伸缩吊臂　6. 起升机构　7. 基本臂

系统过载,调定压力为 19 MPa,其实际工作压力可由压力表读取。这是一个单泵、开式、串联(串联式多路阀)液压系统。

系统中除液压泵、过滤器、安全阀、阀组 A 及支腿部分外,其他液压元件都装在可回转的上车部分。其中,油箱也在上车部分,兼作配重。上车和下车部分的油路通过中心回转接头连通。

起重机液压系统包含支腿收放回路、起升回路、大臂伸缩回路、大臂变幅回路、回转油路

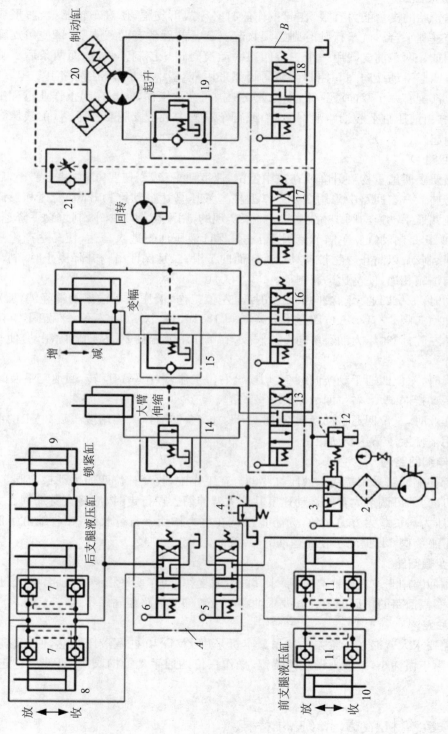

图 8.4 Q2-8 型汽车起重机液压系统原理图

1. 液压泵　2. 滤油器　3. 二位三通手动换向阀　4、12. 溢流阀　5、6、13、16、17、18. 三位四通手动换向阀　7、11. 液压锁　8. 后支腿
9. 锁紧缸　10. 前支腿　14、15、19. 平衡阀　20. 单作用液压缸　21. 单向节流阀

等五个部分。各部分都有相对的独立性。

1. 支腿收放回路

由于汽车轮胎的支承能力有限,在起重作业时必须放下支腿,使汽车轮胎架空,形成一个固定的工作基础平台。汽车行驶时则必须收起支腿。前后各有两条支腿,每一条支腿配有一个液压油缸。两条前支腿用一个三位四通手动换向阀 6 控制其收放,而两条后支腿则用另一个三位四通手动换向阀 5 控制。换向阀都采用 M 型中位机能,在油路上是串联的。每一个油缸上都配有一个双向液压锁,以保证支腿被可靠地锁住,防止在起重作业过程中发生"软腿"现象(由液压缸上腔油路泄漏引起)或行车过程中液压支腿自行下落(由液压缸下腔油路泄漏引起)。

2. 起升回路

起升回路要求所吊重物可升降或在空中停留,速度要平稳,变速要方便,冲击要小,启动转矩和制动力要大。本回路中采用 ZMD 40 型柱塞液压马达带动重物升降,变速和换向是通过改变三位四通手动换向阀 18 的开口大小来实现的,用平衡阀 19 来限制重物下降速度,单作用液压缸 20 是制动缸。单向节流阀 21:一是保证液压油先进入马达,使马达产生一定的转矩,再解除制动,以防止重物带动马达旋转而向下滑;二是保证吊物升降停止时,制动缸中的油马上与油箱相通,使马达迅速制动。

起升重物时,三位四通手动换向阀 18 切换至左位工作,液压泵 1 输出的油经滤油器 2,二位三通手动换向阀 3 右位,三位四通手动换向阀 13、16、17 中位、18 左位,平衡阀 19 的单向阀进入马达左腔;同时压力油经单向节流阀 21 到单作用液压缸 20,从而解除制动,使马达旋转。

重物下降时,三位四通手动换向阀 18 切换至右位工作,液压马达反转,回油经平衡阀 19 和三位四通手动换向阀 18 右位回油箱。

当停止作业时,三位四通手动换向阀 18 处于中位,泵卸荷。单作用液压缸 20 上的制动瓦在弹簧作用下使液压马达制动。

3. 大臂伸缩回路

本机大臂伸缩回路采用单级长液压缸驱动。在工作中,改变三位四通手动换向阀 13 的开口大小和方向,即可调节大臂的运动速度并使大臂伸缩。在行走时,应将大臂缩回。大臂缩回时,因液压力与负载力方向一致,为防止吊臂在重力作用下自行收缩,在收缩缸下腔的回油腔安置了平衡阀 14,提高了收缩运动的可靠性。

4. 大臂变幅回路

大臂变幅回路用于改变作业高度,要求其能带载变幅,动作要平稳。本机将两个液压缸并联,提高了变幅回路的承载能力。其要求油路与大臂伸缩油路相同。

5. 回转油路

回转油路要求大臂能在任意方位起吊。本机采用 ZMD 40 柱塞液压马达,回转速度为 1～3 r/min。由于惯性小,一般不设缓冲装置,操作三位四通手动换向阀 17 可使马达正、反转或停止。

二、汽车起重机液压系统的特点

① 重物在下降以及大臂收缩和变幅时,负载与液压方向相同,执行元件会失控,为此,

液压与气压传动技术

在其回油路上必须设置平衡阀。

②因作业工况的随机性较大,且动作频繁,所以大多采用手动弹簧复位的多路换向阀来控制各动作。换向阀常用 M 型中位机能。当换向阀处于中位时,各执行元件的进油路均被切断,液压泵出油口通油箱使泵卸荷,减少了功率损失。

任务四 液压传动系统的安装、维护与维修

一、常见故障的诊断方法

1. 简易故障诊断法

目前最常用的故障诊断方法是凭个人的经验,具体做法如下:

① 询问设备操作者,了解设备运行状况。包括:液压系统工作是否正常;液压泵有无异常现象;液压油检测清洁度的时间及结果;滤芯清洗和更换情况;发生故障前是否对液压元件进行了调节;是否更换过密封元件;故障发生前后液压系统出现过哪些异常现象;过去该系统出现过什么故障,是如何排除的等;逐一进行了解。

② 看液压系统的压力、速度、油液、泄漏、振动等是否存在问题。

③ 听液压系统的声音,包括冲击声、泵的噪声及异常声,判断液压系统工作是否正常。

④ 摸温升、振动、爬行及连接处的松紧程度,判定运动部件工作状态是否正常。

2. 液压系统原理图分析法

根据液压系统原理图分析液压传动系统出现的故障,找出故障产生的部位及原因,并提出排除故障的方法。对照动作循环表分析、判断故障就更容易了。

3. 其他分析法

液压系统发生故障时根据液压系统原理图进行逻辑分析或采用因果分析等方法逐一排除,最后找出发生故障的部位,这就是用逻辑分析查找出故障的方法。为了便于应用,故障诊断专家设计了逻辑流程图或其他图表对故障进行逻辑判断,为故障诊断提供了方便。

二、噪声大、振动大的排除方法

液压系统噪声大、振动大的排除方法见表8.2。

三、压力异常的排除方法

液压系统压力异常的排除方法见表8.3。

四、动作异常的排除方法

液压系统动作异常的排除方法见表8.4。

表 8.2　液压系统噪声大、振动大的排除方法

故障现象及原因	排除方法	故障现象及原因	排除方法
1. 泵中噪声大,振动大,引起管路、油箱共振	① 在泵的进、出油口用软管 ② 不将泵装在油箱上 ③ 加大液压泵,降低电机转数 ④ 在泵底座和油箱下塞进防振材料 ⑤ 选低噪声泵,采用立式电动机将液压泵浸在油液中	4. 管道内油流激烈流动的噪声	① 加粗管道,使流速控制 ② 少用弯头,多采用曲率小的弯管 ③ 采用胶管 ④ 油流紊乱处不采用直角弯头或三通 ⑤ 采用消声器、蓄能器等
2. 阀弹簧引起系统共振	① 改变弹簧安装位置 ② 改变弹簧刚度 ③ 将溢流阀改成外泄油 ④ 采用遥控溢流阀 ⑤ 完全排出回路中的空气 ⑥ 改变管道长短/粗细/材质 ⑦ 增加管夹,使管道不致振动 ⑧ 在管道的某部位装上节流阀	5. 油箱有共鸣声	① 增厚箱板 ② 在侧板、底板上增设筋板 ③ 改变回油管末端的形状或位置
		6. 阀换向产生的冲击噪声	① 降低电液阀换向的控制压力 ② 控制管路或回油管路增设节流阀 ③ 选用带先导卸荷功能的元件 ④ 采用电气控制方法,使两个以上的阀不能同时换向
3. 空气进入液压缸引起的振动	① 排出空气 ② 给液压缸活塞、密封衬垫涂上二硫化钼润滑脂	7. 压力阀、液控单向阀等工作不良,引起管道振动噪声	① 在适当处装上节流阀 ② 改变外泄形式 ③ 对回路进行改造,增设管夹

表 8.3　液压系统压力异常的排除方法

故障现象及原因		排除方法
1. 压力不足	① 溢流阀旁通阀损坏 ② 减压阀设定值太低 ③ 集成通道块设计有误 ④ 减压阀损坏 ⑤ 泵、马达或缸损坏,内泄大	① 修理或更换 ② 重新设定 ③ 重新设计 ④ 修理或更换 ⑤ 修理或更换
2. 压力不稳定	① 油中混有空气 ② 溢流阀磨损、弹簧刚度小 ③ 油液污染堵塞阀阻尼孔 ④ 蓄能器或充气阀失效 ⑤ 泵、马达或缸磨损	① 堵漏、加油、排气 ② 修理或更换 ③ 清洗、换油 ④ 修理或更换 ⑤ 修理或更换
3. 压力过高	① 减压阀、溢流阀或卸荷阀设定值不对 ② 变量机构不工作 ③ 减压阀、溢流阀或卸荷阀堵塞或损坏	① 重新设定 ② 修理或更换 ③ 清洗或更换

表 8.4　液压系统动作异常的排除方法

故障现象及原因		排 除 方 法
1. 系统压力正常执行元件无动作	① 电磁阀中电磁铁有故障 ② 限位或顺序装置不工作或调得不对 ③ 机械故障 ④ 没有指令信号 ⑤ 放大器不工作或调得不对 ⑥ 阀不工作 ⑦ 缸或马达损坏	① 排除或更换 ② 调整、修复或更换 ③ 排除 ④ 查找并修复 ⑤ 调整、修复或更换 ⑥ 调整、修复或更换 ⑦ 修复或更换
2. 执行元件动作太慢	① 泵输出流量不足或系统泄漏量太大 ② 油液黏度太高或太低 ③ 阀的控制压力不够或阀内阻尼孔堵塞 ④ 外负载过大 ⑤ 放大器失灵或调得不对 ⑥ 阀芯卡涩 ⑦ 缸或马达磨损严重	① 检查并修复或更换 ② 检查并调整或更换 ③ 清洗、调整 ④ 检查并调整 ⑤ 调整、修复或更换 ⑥ 清洗、过滤或换油 ⑦ 修理或更换
3. 动作不规则	① 压力不正常 ② 油中混有空气 ③ 指令信号不稳定 ④ 放大器失灵或调得不对 ⑤ 传感器反馈失灵 ⑥ 阀芯卡涩 ⑦ 缸或马达磨损	① 见 5.3 节排除方法 ② 加油、排气 ③ 查找并修复 ④ 调整、修复或更换 ⑤ 修理或更换 ⑥ 清洗、滤油 ⑦ 修理或更换

五、冲击力大的排除方法

液压系统冲击力大的排除方法见表 8.5。

表 8.5　液压系统冲击力大的排除方法

故障现象及原因	排 除 方 法
1. 换向时瞬时关闭、开启,造成动能或势能相互转换时产生液压冲击	① 延长换向时间 ② 设计带缓冲的阀芯 ③ 加粗管径,缩短管路
2. 液压缸运动时,具有很大的动量和惯性,突然制动,会引起较大的压力增值而产生液压冲击	① 液压缸进、出油口处分别设置反应快、灵敏度高的小型安全阀 ② 在满足驱动力时尽量减少系统工作压力,或适当提高系统背压 ③ 在液压缸附近安装囊式蓄能器
3. 液压缸运动时产生动量和惯性,与缸体发生碰撞,引起冲击	① 在液压缸两端设缓冲装置 ② 在液压缸进、出油口处分别设置反应快、灵敏度高的小型溢流阀 ③ 设置行程(开关)阀

六、油温过高的排除方法

液压系统油温过高的排除方法见表8.6。

表8.6 液压系统油温过高的排除方法

故障现象及原因	排除方法
1. 设定压力过高	适当调整压力
2. 溢流阀、卸荷阀、压力继电器等卸荷回路的元件工作不良	改正各元件工作异常状况
3. 卸荷回路的元件调定值不适当,卸压时间短	重新调定,延长卸压时间
4. 阀的漏损大,卸荷时间短	① 修理漏损大的阀 ② 不采用大规格阀
5. 高压小流量、低压大流量时不要用溢流阀溢流	变更回路,采用卸荷阀、变量泵
6. 因黏度低或泵故障,增大泵内泄漏使泵壳温度升高	① 换油 ② 修理或更换液压泵
7. 油箱内油量不足	加油,加大油箱
8. 油箱结构不合理	改进结构,使油箱周围温升均匀
9. 蓄能器容量不足或有故障	换大蓄能器或修理蓄能器
10. 冷却器容量不足,冷却器有故障,进水阀门工作不良,水量不足,油温自调装置有故障	① 安装冷却器,并加大冷却器 ② 修理冷却器、阀门 ③ 增加水量,修理调温装置
11. 溢流阀遥控口节流过量,卸荷的剩余压力高	进行适当调整
12. 管路的阻力大	采用适当的管径
13. 附近热源影响,辐射热大	① 采用隔热材料反射板或变更布置场所 ② 设置通风、冷却装置等 ③ 选用合适的工作油液

七、液压元件常见故障及排除方法

1. 液压泵常见故障及排除方法

液压泵常见故障及排除方法如表8.7所示。

表 8.7　液压泵常见故障及排除方法

故障现象		原因分析	排除方法
1. 泵不输油	（1）泵不转	① 电动机轴未转动 a. 未接通电源 b. 电气线路及元件有故障 ② 电动机发热跳闸 a. 溢流阀调压过高，超载荷后闷泵 b. 溢流阀芯卡死或阻尼孔堵塞 c. 泵出口单向阀装反或阀芯卡死而闷泵 d. 电机有故障 ③ 泵轴或电动机轴上无连接键 a. 键折断 b. 漏装键 ④ 泵内部滑动副卡死 a. 配合间隙太小 b. 装配质量差，齿轮与轴同轴度低；柱塞头部卡死；叶片垂直度差；转子摆差太大，转子槽或叶片有伤断裂卡死 c. 油液太脏 d. 油温过高使零件发生热变形 e. 泵吸油腔进入脏物卡死	① 检查电气并排除故障 ② a. 调节溢流阀压力值 b. 检修阀门 c. 检修单向阀 d. 检修或更换电动机 ③ a. 更换键 b. 补装键 ④ a. 拆开检修，按要求选配间隙 b. 更换零件，重新装配，使配合间隙达到要求 c. 检查油质，过滤或更换油液 d. 检查冷却器的冷却效果，检查油箱油量并加油至油位线 e. 拆开清洗并在吸油口安装吸油过滤器
	（2）泵反转	电动机转向不对	① 纠正电气线路 ② 纠正泵体上旋向箭头
	（3）泵轴仍可转动	① 轴质量差 ② 泵内滑动副卡死	① 检查原因，更换新轴 ② 处理方法见本表 1.（1）④
	（4）泵不吸油	① 油箱油位过低 ② 吸油过滤器堵塞 ③ 泵吸油管上阀门未打开 ④ 泵或吸油管密封不严 ⑤ 吸油高度超标，吸油管细长且弯头多 ⑥ 吸油过滤器精度太高，通油面积小 ⑦ 油黏度太大 ⑧ 叶片泵叶片未伸出或卡死 ⑨ 叶片泵变量机构不灵，偏心距为零 ⑩ 柱塞泵变量机构失灵，加工精度低，装配不良，间隙太小，内部摩擦阻力太大，活塞及弹簧芯轴卡死，个别油道油液脏，发生堵塞，油温高，使零件发生热变形等 ⑪ 柱塞泵缸体与配流盘之间不密封（如柱塞泵中心弹簧折断） ⑫ 叶片泵配流盘与泵体之间不密封	① 加油至油位线 ② 清洗或更换滤芯 ③ 检查打开阀门 ④ 检查和紧固接头处，在连接处涂油脂，或向吸油口灌油 ⑤ 降低吸油高度，更换管件，减少弯头 ⑥ 选择过滤精度，加大滤油器规格 ⑦ 更换油液，冬季检查加热器的效果 ⑧ 拆开清洗，合理选配间隙，检查油质，过滤或更换油液 ⑨ 更换或调整变量机构 ⑩ 拆开检查，修配或更换零件，合理选配间隙，过滤或更换油液，检查冷却器效果，检查油箱内的油位并加至油位线 ⑪ 更换弹簧 ⑫ 拆开清洗并重新装配

项目八　典型液压系统的工作原理及故障分析

故障现象	原因分析		排除方法
	(1) 吸空现象严重	① 吸油过滤器部分堵塞,阻力大 ② 吸油管距油面较近 ③ 吸油位置太高或油箱液位太低 ④ 泵和吸油管口密封不严 ⑤ 油的黏度过高 ⑥ 泵的转速太高(使用不当) ⑦ 吸油过滤器通油面积过小 ⑧ 非自吸泵辅助泵供油不足或有故障 ⑨ 油箱上空气过滤器堵塞 ⑩ 泵轴油封失效	① 清洗或更换过滤器 ② 适当加长吸油管长度或调整位置 ③ 降低泵的安装高度或提高液位高度 ④ 检查连接处和结合面密封,并紧固 ⑤ 检查油质,按要求选用油的黏度 ⑥ 控制在最高转速以下 ⑦ 更换通油面积大的过滤器 ⑧ 修理或更换辅助泵 ⑨ 清洗或更换空气过滤器 ⑩ 更换油封
2. 泵噪声大	(2) 吸入气泡	① 油液中溶解有一定量的空气,在工作过程中生成气泡 ② 回油涡流强烈,生成泡沫 ③ 管道内或泵壳内存有空气 ④ 吸油管浸入油面的深度不够	① 将回油经过隔板再吸入,加消泡剂 ② 吸油管与回油管隔开一定距离,回油管口插入油面以下 ③ 进行空载运转,排除空气 ④ 加长吸油管,往油箱中注油
	(3) 液压泵运转不良	① 泵内轴承磨损严重或破损 ② 泵内零件破损或磨损 a. 定子环磨损 b. 齿轮精度低,摆差大	① 拆开清洗或更换 ② a. 更换定子圈 b. 研磨修复或更换
	(4) 泵的结构因素	① 困油严重,流量脉动和压力脉动大 a. 卸荷槽设计不佳 b. 加工精度低 ② 变量机构或双级叶片泵压力分配阀工作不良(间隙小,精度低,油液脏等)	① a. 改进设计,提高卸荷能力 b. 提高加工精度 ② 拆开清洗,重新装配使其达到性能要求;过滤或更换油液
	(5) 泵安装不良	① 泵轴与电动机轴同轴度差 ② 联轴器同轴度差并有松动	① 重新安装,同轴度<0.1 mm ② 重新安装,并用顶丝紧固联轴器
3. 泵出油量不足	(1) 容积效率低	① 泵内部滑动零件磨损严重 a. 叶片泵配流盘端面磨损严重 b. 齿轮端面与测板磨损严重 c. 齿轮泵因轴承损坏使泵体孔磨损严重 d. 柱塞泵柱塞与缸体孔磨损严重 e. 柱塞泵配流盘与缸体端面磨损严重 ② 泵装配不良 a. 定子与转子、柱塞与缸体、泵体与侧板间隙大 b. 泵盖上螺钉拧紧力矩不匀或松动 c. 叶片和转子反装 ③ 油的黏度低(用错油或油温过高)	① 拆开清洗,修理或更换 a. 研磨配流盘端面 b. 研磨修理或更换 c. 更换轴承并修理 d. 更换柱塞,并配研使其达到要求,清洗后重装 e. 研磨两个端面达到要求,清洗后重装 ② a. 重装,按技术要求选配间隙 b. 重新拧紧螺钉,使其达到受力均匀 c. 纠正方向重新装配 ③ 更换油液,检查油温过高原因
	(2) 吸气现象	参见本表2.(1)、(2)	参见本表2.(1)、(2)
	(3) 内部不良	参见本表2.(4)	参见本表2.(4)
	(4) 供油不足	非自吸泵的辅助泵供油量不足或有故障	修理或更换辅助泵

液压与气压传动技术

故 障 现 象		原 因 分 析	排 除 方 法
4. 压力不足或升不高	(1) 漏油严重	参见本表 3. (1)	参见本表 3. (1)
	(2) 驱动机构功率过小	① 电动机输出功率过小 a. 设计不合理 b. 电机有故障 ② 机械驱动机构输出功率过小	① a. 核算电动机功率,若不足应更换 b. 检查电动机并排除故障 ② 核算驱动功率并更换驱动机构
	(3) 排量太大或压力过高	驱动机构或电动机功率不足	重新计算匹配压力、流量和功率,使之合理
5. 压力不稳定,流量不稳定	(1) 吸气现象	参见本表 2. (1)、(2)	参见本表 2. (1)、(2)
	(2) 油液过脏	个别叶片在转子槽内卡住或伸出困难	过滤或更换油液
	(3) 装配不良	① 个别叶片在转子槽内间隙大,高压油向低压腔流动 ② 个别叶片所在的转子槽间隙小,被卡住 ③ 个别柱塞与缸体间隙大,漏油大	① 拆开清洗,并修配或更换叶片,合理选配间隙 ② 修配后使叶片运动灵活 ③ 修配后使间隙达到要求
	(4) 结构因素	参见本表 2. (4)	参见本表 2. (4)
	(5) 供油波动	非自吸泵的辅助泵有故障	修理或更换辅助泵
6. 异常发热	(1) 装配不良	① 间隙不当(如柱塞/缸体、叶片/转子槽、定子转子、齿轮/测板等间隙过小,滑动部件因过热而烧伤) ② 装配质量差,传动部分同轴度低 ③ 轴承质量差,或装配时被打坏,或安装时未清洗干净,运转时别劲 ④ 经过轴承的润滑油排油口不畅通 a. 回油口螺塞未打开(未接管件) b. 油道未清洗干净,有脏物 c. 回油管弯头太多或有压扁	① 拆开清洗,测量间隙,重新装配使其达到规定间隙 ② 拆开清洗,重新装配,使其达到技术要求 ③ 拆开检查,更换轴承,重新装配 ④ a. 安装好回油管 b. 清洗管道 c. 更换管件,减少管头
	(2) 油液质量差	① 油液的黏温特性差,黏度变化大 ② 油液中因含有大量水分而造成润滑不良 ③ 油液污染严重	① 按规定选用液压油 ② 更换合格的油液清洗油箱内部 ③ 更换油液
	(3) 管路故障	① 泄油管被压扁或堵死 ② 泄油管管径小,不能满足排油要求 ③ 吸油管径细,吸油阻力大	① 清洗或更换 ② 更改设计,更换管件 ③ 加大管径并减少弯头以降低吸油阻力
	(4) 外界影响	外界热源高,散热条件差	清除外界影响,增设隔热措施
	(5) 内泄大,效率低发热	参见本表 3. (1)	参见本表 3. (1)

故障现象	原因分析		排除方法
7. 轴封漏油	(1) 安装不良	① 密封件唇口装反 ② 骨架弹簧脱落 a. 轴倒角不当,密封唇口翻开,弹簧脱落 b. 装轴时弹簧脱落 ③ 密封唇部粘有异物 ④ 密封唇口通过花键轴时被拉伤 ⑤ 油封装斜 ⑥ 装配时油封严重变形,沟槽内径尺寸或沟槽倒角小 ⑦ 密封唇翻卷 a. 轴倒角太小 b. 轴倒角处太粗糙	① 拆下重装,拆装时不损坏唇部,若有损伤应更换 a. 按加工图纸要求重新加工 b. 重新安装 ③ 取下清洗后重新装配 ④ 更换后重新安装 ⑤ 检查沟槽尺寸,按规定重新加工 ⑥ 检查沟槽尺寸及倒角 ⑦ 检查轴倒角尺寸和粗糙度,可用砂布打磨倒角处,装配时在轴倒角处涂上油脂
	(2) 轴和沟槽加工不良	① 轴加工错误 a. 轴颈不适宜,使唇口部位磨损发热 b. 轴倒角不合要求,唇口拉伤,弹簧脱落 c. 轴颈外表有车削或磨削痕迹 d. 轴颈表面粗糙使油封唇边磨损加快 ② 沟槽加工错误 a. 沟槽小,油封装斜 b. 沟槽大,油从外周漏出 c. 沟槽划伤或其他缺陷,油从外周漏出	① a. 检查尺寸,换轴(油封处公差常为 h8) b. 重新加工轴的倒角 c. 重新修磨,消除磨削痕迹 d. 重新加工达到图纸要求 ② 更换泵盖,修配沟槽使其达到配合要求
	(3) 油封缺陷	油封质量不好,不耐油或对液压油相容性差,变质、老化、失效,造成漏油	更换相适应的油封橡胶件
	(4) 效率低	参见本表 3.(1)	参见本表 3.(1)
	(5) 泄油孔被堵	泄油孔被堵而使泄油量增加,密封唇口变形而使接触面增加,摩擦产生热老化,油封失效	清洗油孔,更换油封
	(6) 外接泄油管过细或管道过长	泄油困难,泄油压力增加	适当增大管径或缩短泄油管长度
	(7) 未接泄油管	泄油管未打开或未接泄油管	打开螺塞接上泄油管

2. 液压马达常见故障及排除方法

液压马达常见故障及排除方法见表 8.8。

表 8.8 液压马达常见故障及排除方法

故障现象	原因分析		排除方法
1. 转速低转矩小	(1) 液压泵供油量不足	① 电动机转速不够 ② 吸油过滤器滤网堵塞 ③ 油箱油量不足或吸油管径过小 ④ 密封不严,有泄漏,空气侵入内部 ⑤ 油的黏度过大 ⑥ 液压泵轴向、径向间隙过大,内泄增大	① 找出原因,进行调整 ② 清洗或更换滤芯 ③ 加足油量,加大管径,使吸油通畅 ④ 拧紧有关接头,防止泄漏或空气侵入 ⑤ 选择黏度小的油液 ⑥ 修复液压泵
	(2) 液压泵输出油压不足	① 液压泵效率太低 ② 溢流阀调定压力不足或发生故障 ③ 油管阻力过大(管道过长或过细) ④ 油的黏度较小,内泄较大	① 检查液压泵故障,并加以排除 ② 检查溢流阀,排除后重新调高压力 ③ 更换孔径较大的管道或尽量减少长度 ④ 检查内泄,更换油液或密封
	(3) 液压马达泄漏	① 结合面没有拧紧或密封不好,有泄漏 ② 液压马达内部零件磨损,泄漏严重	① 拧紧接合面检查密封或更换密封圈 ② 检查其损伤部位,并修磨或更换零件
	(4) 失效	配流盘的支承弹簧疲劳,失去作用	更换支承弹簧
2. 泄漏	(1) 内泄	① 配流盘磨损严重 ② 轴向间隙过大 ③ 配流盘与缸体端面磨损,轴向间隙大 ④ 弹簧疲劳 ⑤ 柱塞与缸体磨损严重	① 检查配流盘接触面,并加以修复 ② 检查并将轴向间隙调至规定范围 ③ 修磨缸体及配流盘端面 ④ 更换弹簧 ⑤ 研磨缸体孔,重配柱塞
	(2) 外泄	① 油端密封磨损 ② 盖板处的密封损坏 ③ 结合面有污物或螺栓未拧紧 ④ 管接头密封不严	① 更换密封圈并查明磨损原因 ② 更换密封圈 ③ 检查、清除或拧紧螺栓 ④ 拧紧管接头
3. 噪声		① 密封不严,有空气侵入内部 ② 液压油被污染,有气泡混入 ③ 联轴器不同心 ④ 液压油黏度过大 ⑤ 液压马达的径向尺寸严重磨损 ⑥ 叶片已磨损 ⑦ 叶片与定子接触不良,有冲撞现象 ⑧ 定子磨损	① 检查有关部位的密封,紧固各连接处 ② 更换清洁的液压油 ③ 校正同心 ④ 更换黏度较小的油液 ⑤ 修磨缸孔,重配柱塞 ⑥ 尽可能修复或更换 ⑦ 进行修复 ⑧ 进行修复或更换,如因弹簧过硬造成磨损加据,则应更换刚度较小的弹簧

3. 液压缸常见故障及排除方法

液压缸常见故障及排除方法见表 8.9。

表 8.9　液压缸常见故障及排除方法

故障现象		原因分析	排除方法
1. 活塞杆不能做动作	(1) 压力不足	① 油液未进入液压缸 a. 换向阀未换向 b. 系统未供油 ② 虽有油,但没有压力 a. 系统有故障,主要是泵或溢流阀有故障 b. 内泄,活塞与活塞杆松脱,密封件损坏 ③ 压力达不到规定值 a. 密封件老化失效,密封圈唇口装反或破 b. 活塞环损坏 c. 系统调定压力过低 d. 压力调节阀有故障 e. 通过调整阀的流量小,液压缸内泄大时,流量不足造成压力不足	① a. 检查换向阀未换向的原因,并予以排除 b. 检查液压泵和主要液压阀故障并排除 ② a. 检查泵或溢流阀出现故障的原因,并予以排除 b. 紧固活塞与活塞杆,并更换密封件 ③ a. 更换密封件,并正确安装 b. 更换活塞杆 c. 重新调整压力,直至达到要求值 d. 检查原因,并予以排除 e. 使调整阀的通过流量大于液压缸内泄量
	(2) 压力已达到要求但仍不做动作	① 液压缸结构上的问题 a. 活塞端面与缸筒端面紧贴在一起,工作面积不足,故不能启动 b. 具有缓冲装置的缸筒上单向阀回路被活塞堵住 ② 活塞杆移动别劲 a. 缸筒/活塞、导向套/活塞杆配合间隙小 b. 活塞杆/夹布胶木导向套间配合间隙小 c. 液压缸装配不良(如活塞杆、活塞/缸盖间同轴度差,液压缸与工作台平行度差) ③ 液压缸背压腔油液未与油箱相通,调速阀节流口过小或连通回油换向阀未做动作	① a. 端面上要加一条通油槽,使工作液体迅速流进活塞的工作端面 b. 缸筒的进出油口位置应与活塞端面错开 ② a. 检查配合间隙,并配研到规定值 b. 检查配合间隙,修刮导向套孔,使其达到要求 c. 重新装配和安装,更换不合格零件 ③ 检查原因,并予以排除
2. 速度达不到规定值	(1) 内泄严重	① 密封件破损严重 ② 油的黏度太小 ③ 油温过高	① 更换密封件 ② 更换适宜黏度的液压油 ③ 检查原因,并予以排除
	(2) 外载荷过大	① 设计错误,选用压力过低 ② 工艺和使用错误,造成外载大	① 核算后更换元件,调大工作压力 ② 按设备规定值使用
	(3) 活塞移动别劲	① 加精度低,缸筒孔锥度和圆度太大 ② 装配质量差 a. 活塞、活塞杆与缸盖之间同轴度差 b. 液压缸与工作台平行度差 c. 活塞杆与导向套配合间隙过小	① 检查零件尺寸,更换无法修复的零件 ② a. 按要求重新装配 b. 按要求重新装配 c. 检查配合间隙,修刮导向套孔,使其达到要求

故障现象		原因分析	排除方法
2. 速度达不到规定值	(4) 脏物进入滑动部位	① 油液过脏 ② 防尘圈破损 ③ 装配时未清洗干净或带入脏物	① 过滤或更换油液 ② 更换防尘圈 ③ 拆开清洗,装配时要注意清洁
	(5) 活塞在端部行程时速度急剧下降	① 缓冲调节流阀的开口过小,在进入缓冲行程时,活塞可能停止或速度急剧下降 ② 固定式缓冲装置中节流孔直径过小 ③ 固定式缓冲节流环与缓冲柱塞间隙小	① 缓冲节流阀的开口度要调节适宜 ② 适当加大节流孔直径 ③ 适当加大间隙
	(6) 移动到中途,速度变慢或停止	① 缸筒内径精度低,内泄增大 ② 缸壁胀大,当活塞通过增大部位时,内泄增大	① 修复或更换缸筒 ② 更换缸筒
3. 液压缸产生爬行	(1) 活塞别劲	参见本表2.(3)	参见本表2.(3)
	(2) 液压缸内部进入空气	① 新液压缸,修理后的液压缸或设备停机时间过长液压缸内部有气或液压缸管道中排气未排净 ② 缸内部形成负压,从外部吸入空气 ③ 从液压缸到换向阀之间管道的容积比液压缸内容积大得多,液压缸工作时,这段管道上油液未排完,所以空气也很难排净 ④ 泵吸入空气(参见液压泵故障) ⑤ 油液中混入空气(参见液压泵故障)	① 做空载大行程往复运动,直到把空气排完 ② 先用油脂封住结合面和接头处,若吸空情况有好转,则把紧固螺钉和接头拧紧 ③ 可在靠近液压缸的管道中取高处加排气阀,拧开排气阀,活塞在全行程情况下运动多次,把气排完后再把排气阀关闭 ④ 参见液压泵故障的排除对策 ⑤ 参见液压泵故障的排除对策
4. 缓冲装置故障	(1) 缓冲作用过度	① 缓冲节流阀的开口过小 ② 缓冲柱塞别劲(如柱塞头与缓冲环间隙太小、活塞倾斜或偏心) ③ 在柱塞头与缓冲环之间有脏物 ④ 缓冲装置柱塞头与衬套间隙太小	① 将节流阀开口调节到合适大小并紧固 ② 拆开清洗适当加大间隙,不合格的零件应更换 ③ 修去毛刺并清洗干净 ④ 适当加大间隙
	(2) 缓冲作用失灵	① 缓冲调节阀处于全开状态 ② 惯性能量过大 ③ 缓冲调节阀不能调节 ④ 单向阀全开或单向阀阀座密封不严 ⑤ 活塞上密封件破损,当缓冲腔压力升高时,工作油液从此腔向工作压力一侧倒流,故活塞不减速 ⑥ 柱塞头或衬套内表面有伤痕 ⑦ 镶在缸盖上的缓冲环脱落 ⑧ 缓冲柱塞锥面长度和角度不适宜	① 调节到合适位置并紧固 ② 应设计合适的缓冲机构 ③ 修复或更换 ④ 检查尺寸,更换锥阀阀芯或钢球,更换弹簧,并配研修复 ⑤ 更换密封件 ⑥ 修复或更换 ⑦ 更换缓冲环 ⑧ 修正

故 障 现 象		原 因 分 析	排 除 方 法
4. 缓冲装置故障	（3）缓冲行程段出现爬行	① 缸盖、活塞端面的垂直度不合要求，在全长上活塞与缸筒间隙不匀，缸盖与缸筒不同心；缸筒内径与缸盖中心存在偏差，活塞与螺帽端面垂直度不合要求，造成活塞杆挠曲等 ② 装配不良，如缓冲柱塞与缓冲环配合孔偏心或倾斜	① 对每个零件均仔细检查，不合格的零件不允许使用 ② 重新装配，确保质量
5. 有外泄漏	（1）装配不良	① 端盖装偏，活塞杆与缸筒不同心，加速了密封件磨损 ② 液压缸与工作台导轨面平行度差，使活塞伸出困难，加速密封件磨损 ③ 密封件划伤、切断，密封唇装反，唇口破损或轴倒角尺寸不对，装错或漏装 ④ 密封压盖未装好 a. 压盖安装有偏差 b. 紧固螺钉受力不匀 c. 紧固螺钉过长，使压盖不能压紧	① 拆开检查，重新装配 ② 拆开检查，重新安装并更换密封件 ③ 重新安装并更换密封件 ④ a. 重新安装 b. 重新安装，拧紧螺钉，使其受力均匀 c. 按螺孔深度合理选配螺钉长度
	（2）密封件质量问题	① 保管期太长，密封件自然老化失效 ② 保管不良，变形或损坏 ③ 胶料不耐油或与油相容性差 ④ 尺寸不对，公差不符	更换
	（3）活塞杆和沟槽加工质量差	① 活塞杆表面粗糙，头部倒角不符合要求 ② 沟槽尺寸及精度不符合要求 a. 设计图纸有错误 b. 沟槽尺寸加工不符合标准 c. 沟槽精度低，毛刺多	① 表面粗糙度为 $R_a\,0.2\,\mu m$，按要求倒角 ② a. 按有关标准设计沟槽 b. 检查尺寸，并修正到要求尺寸 c. 修正，去毛刺
	（4）油的黏度过小	① 用错了油品 ② 油液中参有其他牌号的油液	更换适宜的油液
	（5）油温过高	① 液压缸进油口阻力太大 ② 周围环境温度太高 ③ 泵或冷却器等有故障	① 检查进油口是否畅通 ② 采取隔热措施 ③ 检查原因，并予以排除
	（6）高频振动	① 紧固螺钉松动 ② 管接头松动 ③ 安装位置产生移动	① 定期紧固螺钉 ② 定期紧固接头 ③ 定期紧固螺钉
	（7）活塞杆拉伤	① 防尘圈失效，侵入砂粒切屑等脏物 ② 导向套与活塞杆间配合太紧，使活动表面过热，活塞杆因表面铬层脱落而损伤	① 清洗更换防尘圈，修复活塞杆表面 ② 检查清洗，用刮刀修刮导向套内径，使其达到配合间隙

液压与气压传动技术

4. 压力阀常见故障及排除方法

（1）溢流阀常见故障及排除方法

溢流阀常见故障及排除方法见表 8.10。

表 8.10　溢流阀常见故障及排除方法

故障现象	原因分析		排除方法
1. 调不上压力	（1）主阀有故障	① 主阀阀芯阻尼孔堵塞（装配时主阀阀芯未清洗干净，油液过脏） ② 主阀阀芯在开启位置卡死（零件精度低，装配质量差，油液过脏） ③ 弹簧折断或弯曲，使主阀阀芯不复位	① 清洗阻尼孔使之畅通，过滤或更换油液 ② 拆开检修，重新装配，均匀拧紧阀盖紧固螺钉，过滤或更换油液 ③ 更换弹簧
	（2）先导阀有故障	① 调压弹簧折断 ② 调压弹簧未装 ③ 锥阀或钢球未装 ④ 锥阀损坏	① 更换 ② 补装 ③ 补装 ④ 更换
	（3）远腔口电磁阀有故障或远控口未加丝堵而直通油箱	① 电磁阀未通电（常开） ② 滑阀卡死 ③ 电磁铁线圈烧毁或铁芯卡死 ④ 电气线路有故障	① 检查电气线路，接通电源 ② 检修或更换 ③ 更换 ④ 检修
	（4）装错	进、出油口安装错误	纠正安装
	（5）液压泵有故障	① 滑动副（如齿轮泵、柱塞泵）间隙大 ② 叶片泵的多数叶片在转子槽内卡死 ③ 叶片和转子方向装反	① 修配间隙到适宜值 ② 清洗，修配使间隙达到适宜值 ③ 纠正方向
2. 压力调不高	（1）主阀有故障（若主阀为锥阀）	① 主阀阀芯锥面密封性差 a. 主阀阀芯锥面磨损或不圆 b. 阀座锥面磨损或不圆 c. 锥面处粘有脏物 d. 主阀阀芯锥面与阀座锥面不同心 e. 主阀阀芯工作卡滞，阀芯与阀座结合不严 ② 主阀压盖处泄漏（密封垫损坏，装配不良，压盖螺钉松动）	① a. 更换并配研 b. 更换并配研 c. 清洗并配研 d. 修配使之结合良好 e. 修配使之结合良好 ② 拆开检修，更换密封垫，重新装配，确保螺钉拧紧力均匀
	（2）先导阀有故障	① 调压弹簧弯曲，太弱，长度过短 ② 锥阀与阀座结合处密封差（锥阀与阀座磨损，锥阀接触面不圆，接触面因太宽而易进脏物）	① 更换弹簧 ② 检修、更换、清洗，使之达到要求
3. 压力突然升高	（1）主阀有故障	主阀阀芯工作不灵敏，在关闭状态突然卡死（零件加工精度低，装配质量差，油液过脏）	检修或更换零件，过滤或更换油液
	（2）先导阀有故障	① 先导阀阀芯与阀座结合面突然粘住，脱不开 ② 调压弹簧弯曲造成卡滞	① 清洗、修配或更换油液 ② 更换弹簧

故障现象	原因分析		排除方法
4. 压力突然下降	(1) 主阀有故障	① 主阀阀芯阻尼孔突然被堵死 ② 主阀阀芯工作不灵敏,在关闭状态突然卡死(如零件加工精度低、装配质量差、油液脏等) ③ 主阀阀盖处密封垫破损	① 清洗、过滤或更换油液 ② 检修或更换零件,过滤或更换油液 ③ 更换密封件
	(2) 先导阀有故障	① 先导阀阀芯突然破裂 ② 调压弹簧突然折断	① 更换阀芯 ② 更换弹簧
	(3) 远腔口电磁阀有故障	电磁铁突然断电,使溢流阀卸荷	检查电气故障并排除
5. 压力波动(不稳定)	(1) 主阀有故障	① 主阀阀芯动作不灵活,有时卡住 ② 主阀阀芯阻尼孔有时堵有时通 ③ 主阀阀芯锥面与阀座锥面接触不良,磨损不均匀 ④ 阻尼孔径太大,造成阻尼作用差	① 检修或更换零件,保证压盖螺钉拧紧力均匀 ② 拆开清洗,检查油质或更换油液 ③ 修配或更换零件 ④ 适当缩小阻尼孔径
	(2) 先导阀有故障	① 调压弹簧弯曲 ② 锥阀与锥阀座接触不良,磨损不匀 ③ 调节压力的螺钉由于锁紧螺母松动而使压力变动	① 更换弹簧 ② 修配或更换零件 ③ 调压后把锁紧螺母锁紧
6. 振动与噪声	(1) 主阀有故障	① 阀体/主阀阀芯配合精度低,棱边有毛刺 ② 阀体内粘附有污物,间隙增大或不匀	① 检查零件精度,不符合要求的零件应更换,去棱边毛刺 ② 检修或更换零件
	(2) 先导阀有故障	① 锥阀/阀座接触不良,圆周面圆度不好,粗糙度大,调压弹簧受力不平衡,使锥阀振荡加剧,产生尖角 ② 调压弹簧轴心线与端面不够垂直,针阀会倾斜,造成接触不均匀 ③ 调压弹簧在定位杆上偏向一侧 ④ 装配时阀座装偏 ⑤ 调压弹簧侧向弯曲	① 将封油面圆度控制在 $0.005 \sim 0.01$ mm 以内 ② 提高锥阀精度,粗糙度应达 $R_a 0.4 \mu m$ ③ 更换弹簧 ④ 提高装配质量 ⑤ 更换弹簧
	(3) 系统有空气	泵吸入空气或系统存在空气	排除空气
	(4) 阀使用不当	通过流量超过允许值	在额定流量范围内使用
	(5) 回油不畅	回油管路阻力过高,回油过滤器堵塞或回油管贴近油箱底面	适当增大管径,减少弯头,回油管口应离油箱底面 2 倍管径以上,更换滤芯
	(6) 远控口管径选择不当	溢流阀远控口至电磁阀之间的管件通径过大,引起振动	管径一般取为 6 mm

液压与气压传动技术

（2）减压阀常见故障及排除方法

减压阀常见故障及排除方法见表8.11。

表8.11　减压阀常见故障及排除方法

故障现象	原因分析		排除方法
1. 无二次压力	（1）主阀有故障	主阀阀芯全闭位置卡死（零件精度低，主阀弹簧折断，弯曲变形，阻尼孔堵塞）	修理或更换零件和弹簧，过滤或更换油液
	（2）无油源	未向减压阀供油	检查油路，排除故障
2. 不起减压作用	（1）使用错误泄油口不通	① 螺塞未拧开 ② 泄油管细长，弯头多，阻力太大 ③ 泄油与主回油管相连，回油背压大 ④ 泄油通道堵塞	① 将螺塞拧开 ② 更换符合要求的管件 ③ 泄油管必须与回油管道分开，使泄油单独流回油箱 ④ 清洗泄油通道
	（2）主阀有故障	主阀阀芯全开位置卡死（零件精度低，油液脏）	修理或更换零件，检查油质或更换油液
	（3）锥阀有故障	调压弹簧太硬，弯曲并卡住不动	更换弹簧
3. 二次压力不稳定	主阀有故障	① 主阀阀芯与阀体精度低，工作不灵 ② 主阀弹簧太弱、变形，或将主阀阀芯卡住，使阀芯移动困难 ③ 阻尼小孔时堵时通	① 检修，使其动作灵活 ② 更换弹簧 ③ 清洗阻尼小孔
4. 二次压力升不高	（1）外泄漏	① 顶盖结合面漏，其原因是密封件失效，螺钉松动或拧紧力矩不均 ② 各丝堵处漏油	① 更换密封件，紧固螺钉，并保证力矩均匀 ② 紧固，排除外漏
	（2）锥阀有故障	① 锥阀与阀座接触不良 ② 调压弹簧太弱	① 修理或更换锥阀和阀座 ② 更换弹簧

（3）顺序阀常见故障及排除方法

顺序阀常见故障及排除方法见表8.12。

表8.12　顺序阀常见故障及排除方法

故障现象	原因分析	排除方法
1. 始终出油，不起顺序阀作用	① 阀芯在打开位置上卡死（如几何精度低，间隙小；弹簧弯曲，断裂；油液脏） ② 单向阀在打开位置上卡死（如几何精度低，间隙太小；弹簧弯曲，断裂；油液太脏） ③ 单向阀密封不良（如几何精度低） ④ 调压弹簧断裂 ⑤ 调压弹簧漏装 ⑥ 未装锥阀或钢球	① 修理，使配合间隙达到要求，并使阀芯移动灵活，检查油质，若不符合要求应过滤或更换，更换弹簧 ② 修理使配合间隙达到要求，并使单向阀芯移动灵活，检查油质，若不符合要求应过滤或更换，更换弹簧 ③ 修理，使单向阀的密封良好 ④ 更换 ⑤ 补装 ⑥ 补装

故障现象	原因分析	排除方法
2. 始终不出油,不起顺序阀作用	① 阀芯在关闭位置上卡死(如几何精度低,弹簧弯曲,油液脏) ② 控制油液流动不畅通(如阻尼小孔堵死,或远控管道被压扁卡死) ③ 远控压力不足,下端盖结合处漏油 ④ 通向调压阀油路上的阻尼孔被堵死 ⑤ 泄油管道背压高,使滑阀不能移动 ⑥ 调节弹簧太硬,或压力调得太高	① 修理,使滑阀移动灵活,更换弹簧,过滤或更换油液 ② 清洗或更换管道,过滤或更换油液 ③ 提高控制压力,拧紧端盖螺钉使之受力均匀 ④ 清洗 ⑤ 泄油管道不能接回油管,单独接油箱 ⑥ 更换弹簧,适当调整压力
3. 调定压力值不符合要求	① 调压弹簧调整不当 ② 调压弹簧侧向变形,最高压力调不上去 ③ 滑阀卡死,移动困难	① 重新调整所需要的压力 ② 更换弹簧 ③ 检查滑阀的配合间隙,修配使滑阀移动灵活,过滤或更换油液
4. 有振动与噪声	① 回油阻力(背压)太高 ② 油温过高	① 降低回油阻力 ② 控制油温在规定范围内
5. 单向顺序阀反向不回油	单向阀卡死打不开	检修单向阀

(4) 流量阀常见故障及排除方法

流量阀常见故障及排除方法见表 8.13。

表 8.13　流量阀常见故障及排除方法

故障现象	原因分析		排除方法
1. 调整节流阀手柄无流量变化	(1) 压力补偿阀不做动作	① 阀芯与阀套配合精度低,间隙太小 ② 弹簧侧向弯曲变形而使阀芯卡住 ③ 弹簧太弱	① 检查精度,修配间隙达到要求,使之移动灵活 ② 更换弹簧 ③ 换弹簧
	(2) 节流阀有故障	① 油液过脏,使节流口堵死 ② 手柄与节流阀阀芯装配位置不合适 ③ 节流阀阀芯连接失落或未装键 ④ 节流阀阀芯因配合间隙小而卡死 ⑤ 调节杆螺纹被脏物堵住,调节不良	① 检查油质,过滤油液 ② 检查原因,重新装配 ③ 更换键或补装键 ④ 清洗、修配间隙或更换零件 ⑤ 拆开清洗
	(3) 系统无油	换向阀阀芯未换向	检查原因并予以排除
2. 执行元件运动速度不稳定(流量不稳定)	(1) 压力补偿阀有故障	① 压力补偿阀阀芯工作不灵敏 a. 阀芯有卡死现象 b. 补偿阀的阻尼小孔时堵时通 c. 弹簧侧向弯曲变形,或弹簧端面与弹簧轴线不垂直 ② 压力补偿阀阀芯在全开位置上卡死 a. 补偿阀阻尼小孔堵死 b. 阀芯与阀套配合精度低,配合间隙过小 c. 弹簧侧向弯曲变形而使阀芯卡住	① a. 修理使之达到移动灵活 b. 清洗阻尼孔,若油液过脏应更换 c. 更换弹簧 ② a. 清洗阻尼孔,若油液过脏,应更换 b. 修理使之达到移动灵活 c. 更换弹簧

液压与气压传动技术

故障现象	原因分析		排除方法
2. 执行元件运动速度不稳定（流量不稳定）	(2) 节流阀有故障	① 节流口处积有污物,造成时堵时通 ② 简式节流阀外载荷变化会引起流量变化	① 拆开清洗,若油质不合格应更换 ② 对外载荷变化大的或要求执行元件运动速度非常平稳的系统,应改用调速阀
	(3) 油液品质劣化	① 油温过高,造成节流口流量变化 ② 带有温度补偿的流量控制阀的补偿杆敏感性差,已损坏 ③ 油液过脏,堵死节流口或阻尼孔	① 检查温升原因,降低油温使其控制在要求范围内 ② 选用对温度敏感性强的材料做补偿杆,坏的应更换 ③ 清洗,检查油质,不合格的应更换
	(4) 单向阀有故障	在带单向阀的流量控制阀中,单向阀密封性不好	研磨单向阀,提高密封性
	(5) 管路振动	① 系统中有空气 ② 管路振动使调定的位置发生变化	① 应将空气排净 ② 调整后用锁紧装置锁住
	(6) 泄漏	内、外泄使流量不稳定,造成执行元件工作速度不均匀	排除泄漏或更换元件

（5）方向阀常见故障及排除方法

① 电（液、磁）换向阀常见故障及排除方法

电（液、磁）换向阀常见故障及排除方法见表 8.14。

表 8.14　电（液、磁）换向阀常见故障及排除方法

故障现象	原因分析		排除方法
1. 主阀阀芯不运动	(1) 电磁铁有故障	① 电磁铁线圈烧坏 ② 电磁铁推动力不足或漏磁 ③ 电气线路有故障 ④ 电磁铁未加上控制信号 ⑤ 电磁铁铁芯卡死	① 检查原因,进行修理或更换 ② 检查原因,进行修理或更换 ③ 排除故障 ④ 检查后加上控制信号 ⑤ 检修或更换电磁铁铁芯
	(2) 先导电磁阀有故障	① 阀芯与阀体孔卡死(如零件几何精度低,阀芯与阀孔配合过紧,油液过脏) ② 弹簧侧弯,使滑阀卡死	① 修理配合间隙使之达到要求,并使阀芯移动灵活,过滤或更换油液 ② 更换弹簧
	(3) 主阀阀芯卡死	① 阀芯与阀体配合精度低 ② 阀芯与阀孔配合太紧 ③ 阀芯表面有毛刺	① 修理配研间隙使之达到要求 ② 修理配研间隙使之达到要求 ③ 去毛刺,冲洗干净
	(4) 液控油路有故障	① 控制油路无油 a. 控制油路电磁阀未换向 b. 控制油路被堵塞 ② 控制油路压力不足 a. 阀端盖处漏油 b. 滑阀排油腔侧节流阀调节压力过小或堵死	① a. 检查原因,并予以排除 b. 检查清洗,并使控制油路畅通 ② a. 拧紧端盖螺钉 b. 清洗节流阀,并调整适宜

故 障 现 象		原 因 分 析	排 除 方 法
1. 主阀阀芯不运动	(5) 油液变质或油温过高	① 油液过脏使阀芯卡死 ② 油温高使零件因热变形而卡死 ③ 油温高,油液中胶质粘住阀芯使之卡死 ④ 油液黏度大,使阀芯卡住	① 过滤或更换 ② 检查油温过高的原因,并予以排除 ③ 清洗油液,检查油温高的原因,并予以排除 ④ 更换适宜的油液
	(6) 安装不良	① 阀体安装螺钉拧紧力矩不均匀 ② 阀体上连接的管件别劲	① 重新紧固螺钉,并使之受力均匀 ② 重新安装
	(7) 复位弹簧不符合要求	① 弹簧力过大 ② 弹簧侧弯变形,致使阀芯卡死 ③ 弹簧断裂不能复位	更换适宜的弹簧
2. 阀芯换向后流量不足	阀开口量不足	① 电磁阀中推杆过短 ② 阀芯与阀体配合精度低,间隙过小,移动时有卡死现象,故不到位 ③ 弹簧推力不足,使阀芯行程不到位	① 更换适宜长度的推杆 ② 配研使其达到要求 ③ 更换适宜的弹簧
3. 压降大	参数不当	实际流量大于额定流量	应在额定范围内使用
4. 液控换向阀芯换向速度不易调	可调装置有故障	① 单向阀密封性差 ② 节流阀精度低,不能调节最小流量 ③ 排油腔阀盖处漏油 ④ 针形节流阀调节性能差	① 修理或更换单向阀 ② 修理或更换节流阀 ③ 更换密封件,拧紧螺钉 ④ 改用三角槽节流阀
5. 电磁铁过热或线圈烧坏	(1) 电磁铁有故障	① 线圈绝缘性不好 ② 电磁铁铁芯不合适,吸不住 ③ 电压太低或不稳定	① 更换线圈 ② 更换铁芯 ③ 电压变化值应在额定电压10%内
	(2) 负荷变化	① 换向压力超过规定值 ② 换向流量超过规定值 ③ 回油口背压过高	① 降低压力 ② 更换规格合适的电液换向阀 ③ 调整背压使其在规定值内
	(3) 装配差	电磁铁铁芯与阀芯轴线同轴度不好	重新装配,保证有良好的同轴度
6. 电磁铁吸力不够	装配不良	① 推杆过长 ② 电磁铁铁芯接触面不平或接触不良	① 修磨推杆到适宜长度 ② 排除故障,重新装配使其达到要求
7. 冲击与振动	(1) 换向冲击	① 大通径电磁换向阀,因电磁铁规格大、吸合速度快而产生冲击 ② 液动换向阀流量过大,阀芯因移动速度快而产生冲击 ③ 单向节流阀的单向阀钢球漏装或破碎	① 需要采用大通径换向阀时,优先选用电、液动换向阀 ② 调小节流阀节流口,减慢阀芯移动速度 ③ 检修单向节流阀
	(2) 振动	固定电磁铁的螺钉松动	紧固螺钉,并加防松垫圈

② 多路换向阀常见故障及排除方法

多路换向阀常见故障及排除方法见表8.15。

③ 液控单向阀常见故障及排除方法

液控单向阀常见故障及排除方法见表8.16。

液压与气压传动技术

表 8.15　多路换向阀常见故障的排除方法

故　障　现　象	原　因　分　析	排　除　方　法
1. 压力波动及噪声	① 溢流阀弹簧侧弯或太软 ② 溢流阀阻尼孔堵塞 ③ 单向阀关闭不严 ④ 锥阀与阀座接触不良	① 更换弹簧 ② 清洗,使通道畅通 ③ 修复或更换 ④ 调整或更换
2. 阀杆动作不灵活	① 复位弹簧和限位弹簧损坏 ② 轴用弹性挡圈损坏 ③ 防尘密封圈过紧	① 更换弹簧 ② 更换弹性挡圈 ③ 更换防尘密封圈
3. 泄漏	① 锥阀与阀座接触不良 ② 双头螺钉未紧固	① 调整或更换 ② 按规定紧固

表 8.16　液压马达常见故障的排除方法

故　障　现　象		原　因　分　析	排　除·方　法
1. 反向不密封,有泄漏	单向阀不密封	① 单向阀在全开位置上卡死 a. 阀芯与阀孔配合过紧 b. 弹簧侧弯变形 ② 单向阀锥面与阀座锥面接触不均匀 a. 阀芯锥面与阀座同轴度差 b. 阀芯与锥面不同心 c. 阀座与锥面不同心 d. 油液过脏	① a. 修配使阀芯移动灵活 b. 更换弹簧 ② c. 检修或更换阀芯和阀座 d. 检修或更换阀芯和锥面 e. 检修或更换阀座和锥面 f. 过滤或更换油液
2. 反向打不开	单向阀打不开	① 控制压力过低 ② 控制管路接头漏油严重或管路弯曲,被压扁而使油不畅通 ③ 控制阀阀芯卡死(精度低,油液过脏) ④ 控制阀端盖处漏油 ⑤ 单向阀卡死(如弹簧弯曲,单向阀加工精度低,油液过脏)	① 提高控制压力,使之达到要求值 ② 紧固接头,排除漏油或更换管件 ③ 清洗、修配,使阀芯移动灵活 ④ 紧固端盖螺钉,并保证拧紧力矩均匀 ⑤ 清洗、修配,使阀芯移动灵活,更换弹簧,过滤或更换油液

④ 压力继电器(压力开关)常见故障及排除方法

压力继电器(压力开关)常见故障及排除方法见表 8.17。

表 8.17 压力继电器(压力开关)常见故障及排除方法

故　障　现　象	原　因　分　析	排　除　方　法
1. 无输出信号	① 微动开关损坏 ② 电气线路故障 ③ 阀芯卡死或阻尼孔堵死 ④ 进油路弯曲变形,使油液流动不畅 ⑤ 调节弹簧太硬或压力调得过高 ⑥ 与微动开关相接的触头未调整好 ⑦ 弹簧和顶杆装配不良,有卡滞现象	① 更换微动开关 ② 检查原因,排除故障 ③ 清洗、修配,使其达到要求 ④ 更换管件,使油液流动畅通 ⑤ 更换适宜的弹簧或按要求调节压力值 ⑥ 精心调整,使触头接触良好 ⑦ 重新装配,使动作灵敏

故 障 现 象	原 因 分 析	排 除 方 法
2. 灵敏度太低	① 顶杆柱销处摩擦力过大,或钢球与柱塞接触处摩擦力过大 ② 装配不良,动作不灵活或别劲 ③ 微动开关接触行程太长 ④ 调整螺钉、顶杆等调节不当 ⑤ 钢球不圆 ⑥ 阀芯移动不灵活 ⑦ 安装不当,如不平和倾斜安装	① 重新装配,使动作灵敏 ② 重新装配,使动作灵敏 ③ 合理调整位置 ④ 合理调整螺钉和顶杆位置 ⑤ 更换钢球 ⑥ 清洗、修理,使其达到灵活 ⑦ 改为垂直或水平安装
3. 发信号太快	① 进油口阻尼孔大 ② 膜片碎裂 ③ 系统冲击压力太大 ④ 电气系统设计有误	① 适当改小阻尼孔,或在控制管路上增设阻尼管(蛇形管) ② 更换膜片 ③ 在控制管路上增设阻尼管以减弱冲击压力 ④ 按工艺要求设计电气系统

八、液压控制系统的安装、调试和故障排除要点

1. 液压控制系统的安装、调试

液压控制系统与液压传动系统的区别在于,前者要求其液压执行机构的运动能够高精度地跟踪随机的控制信号的变化。液压控制系统多为闭环控制系统,因而对系统稳定性、频率响应和精度有一定要求。为此,需要有机械、液压和电气一体化的电液伺服阀、伺服放大器、传感器,高清洁度的油源和相应的管路布置。液压控制系统的安装、调试要点如下:

① 油箱内壁材料或涂料不应成为油液的污染源,液压控制系统的油箱材料最好采用不锈钢。

② 采用高精度的过滤器,电液伺服阀对过滤精度的要求一般为 $5\sim10~\mu m$。

③ 油箱及管路系统经过一般性的酸洗等处理过程后,注入低黏度的液压油或透平油,进行无负荷循环冲洗。循环冲洗应注意以下几点:

a. 冲洗前伺服阀用短路通道板代替。

b. 冲洗过程中过滤器阻塞较快,应及时检查和更换。

c. 冲洗过程中定时提取油样,用污染测定仪器进行污染测定并记录,冲洗至油液合格为止。

d. 冲洗油液合格后放出全部清洗油液,通过精密过滤器向油箱注入合格的液压油。

④ 为了保证液压控制系统在运行过程中有更好的净化功能,最好增设低压自循环清洗回路。

⑤ 电液伺服阀的安装位置尽可能靠近液压执行元件,伺服阀与执行元件之间尽可能少用软管,以提高系统的频率响应。

⑥ 电液伺服阀是机械、液压和电气一体化的精密产品,操作者在安装、调试前必须具备有关的基本知识,特别是要详细阅读产品说明书。注意以下几点:

a. 安装的伺服阀的型号与设计要求是否相符,出厂时的伺服阀动、静态性能测试资料是否完整。

b. 伺服放大器的型号和技术数据是否符合设计要求,其可调节的参数与所使用的伺服阀是否匹配。

c. 检查电液伺服阀的控制线圈连接方式,串联、并联或差动连接方式,哪一种符合设计要求。

d. 反馈传感器(如位移、力、速度等传感器)的型号和连接方式是否符合设计需要,特别要注意传感器的精度,它直接影响系统的控制精度。

e. 检查油源压力和稳定性是否符合设计要求,如果系统有蓄能器,需检查充气压力。

⑦ 液压控制系统采用的液压缸应是低摩擦力液压缸,安装前应测定其最低启动压力,作为日后检查液压缸的根据。

⑧ 液压控制系统正式运行前应仔细排除气体,否则对系统的稳定性和刚度都有较大的影响。

⑨ 液压控制系统在正式使用前应进行系统调试,可按以下几点进行:

a. 零位调整,包括伺服阀的调零及伺服放大器的调零,为了调整系统零位,有时加入偏置电压。

b. 系统静态测试,测定被控参数与指令信号的静态关系,调整合理的放大倍数,通常放大倍数愈大,静态误差愈小,控制精度愈高,但容易使系统不稳定。

c. 系统的动态测试,采用动态测试仪器,通常需测出系统稳定性,频率响应及误差,确定是否能满足设计要求。系统动、静态测试记录可作为日后进行系统运行状况评估的根据。

⑩ 液压控制系统投入运行后应定期检查并记录以下数据:油温、油压、油液污染程度、运行稳定情况、执行机构的零偏情况、执行元件对信号的跟踪情况。

2. 液压控制系统常见故障及排除方法

液压控制系统常见故障及排除方法见表8.18。

表 8.18 液压控制系统常见故障及排除方法

故 障 现 象	排 除 方 法
1. 控制信号输入系统后,执行元件不动作	① 检查系统油压是否正常,判断液压泵、溢流阀工作情况 ② 检查执行元件是否有卡锁现象 ③ 检查伺服放大器的输入、输出电信号是否正常,判断其工作情况 ④ 检查电液伺服阀的电信号有输入和有变化时液压输出是否正常,用以判断电液伺服阀是否正常。伺服阀故障一般应由生产厂家处理
2. 控制信号输入系统后,执行元件向某一方向运动到底	① 检查传感器是否接入系统 ② 检查传感器的输出信号与伺服放大器是否误接成正反馈 ③ 检查伺服阀可能出现的内部反馈故障
3. 执行元件零位不准确	① 检查伺服阀的调零偏置信号是否调节正常 ② 检查伺服阀调零是否正常 ③ 检查伺服阀的颤振信号是否调节正常

故 障 现 象	排 除 方 法
4. 执行元件出现振荡	① 检查伺服放大器的放大倍数是否过高 ② 检查传感器的输出信号是否正常 ③ 检查系统油压是否过高
5. 执行元件跟不上输入信号的变化	① 检查伺服放大器的放大倍数是否过低 ② 检查系统油压是否过低 ③ 检查执行元件和运动机构之间游隙是否太大
6. 执行机构出现爬行现象	① 排尽油路中气体 ② 减小运动部件的摩擦力 ③ 增大油源压力

习　　题

8.1　图 8.1 所示的 YT4543 型动力滑台液压传动系统是由哪些基本液压回路组成的？如何实现差动连接？采用止挡块停留有何处？

8.2　数控加工中心液压系统主要完成哪些动作？由哪些基本回路组成？

8.3　在图 8.4 所示的 Q2-8 型汽车起重液压系统中,为什么采用弹簧复位式手动换向阀控制各执行元件的动作？

8.4　用学过的液压元件组成一个能完成"快进——工进—二工进—快退"动作循环的液压传动系统,画出电磁铁的动作表,并指出该系统的特点。

项目九　气压传动技术的特点和应用

任务一　气压传动技术的认识

气压传动技术是气压传动与控制技术的简称,是以压缩空气为工作介质进行能量传递和信号传递的一门技术。气压传动技术利用空压机把电动机或其他原动机输出的机械能转换为空气的压力能,然后在控制元件的作用下,通过执行元件把压力能转换为直线运动或回转运动形式的机械能,从而完成各种动作,并对外做功。

气压传动技术是实现各种生产过程、自动控制的一门技术。它是流体传动与控制学科的一个重要组成部分。

一、气压传动的工作原理和组成

下面用一个典型气压传动(气动)系统来理解气动系统如何进行能量传递和信号传递,如何实现控制自动化。

以气动剪切机为例介绍气压传动的工作原理。图9.1所示为气动剪切机的工作原理图,图示位置为剪切前的情况。空气压缩机1产生的压缩空气经后冷却器2、分水排水器3、储气罐4、分水滤气器5、减压阀6、油雾器7到达气控换向阀9,部分气体经节流通路进入气控换向阀9的下腔,使上腔弹簧压缩,气控换向阀9阀芯位于上端。大部分压缩空气经换向

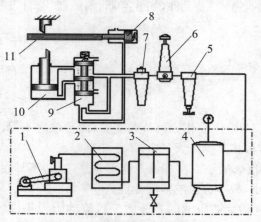

图9.1　气动剪切机的工作原理
1. 空气压缩机　2. 后冷却器　3. 分水排水器　4. 储气罐　5. 分水滤气器　6. 减压阀
7. 油雾器　8. 行程阀　9. 气控换向阀　10. 气缸　11. 工料

阀9后进入气缸10的上腔,而气缸的下腔经换向阀与大气相通,故气缸活塞处于最下端位置。当上料装置把工料11送入剪切机并到达规定位置时,工料压下行程阀8,此时气控换向阀9阀芯下腔压缩空气经行程阀8排入大气,在弹簧的推动下,气控换向阀9阀芯向下运动至下端,压缩空气则经换向阀9后进入气缸的下腔,上腔经气控换向阀9与大气相通,气缸活塞向上运动,带动剪刀上行剪断工料。工料剪下后,即与行程阀8脱开。行程阀8阀芯在弹簧作用下复位,出路堵死。气控换向阀9阀芯上移,气缸活塞向下运动,又恢复到剪断前的状态。

图9.2所示为用图形符号绘制的气动剪切机系统原理图。

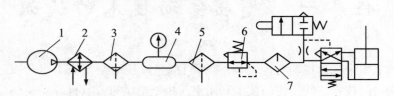

图9.2　气动剪切机系统的图形符号
1. 气泵　2. 冷凝器　3. 油水分离器　4. 压力表　5. 过滤器　6. 减压阀　7. 油雾器

在气压传动系统中,根据气动元件和装置的不同功能,可将气压传动系统分成以下四个组成部分:

① 气源装置。气源装置将原动机提供的机械能转变为气体的压力能,为系统提供压缩空气。它主要由空气压缩机构成,还配有储气罐、气源净化处理装置等附属设备。

② 执行元件。执行元件起能量转换作用,把压缩空气的压力能转换成工作装置的机械能。主要形式有气缸输出的直线往复式机械能,摆动气缸和气马达分别输出的回转摆动式和旋转式机械能。对于以真空压力为动力源的系统,采用真空吸盘以完成各种吸吊作业。

③ 控制元件。控制元件用来对压缩空气的压力、流量和流动方向进行调节和控制,使系统执行机构按要求的程序和性能工作。根据功能不同,控制元件的种类有很多种,气压传动系统中一般包括压力、流量、方向和逻辑等四大类控制元件。

④ 辅助元件。辅助元件是元件内部润滑、降低排气噪声、元件间的连接以及信号转换、显示、放大、检测等所需的各种气动元件,如油雾器、消声器、管件及管接头、转换器、显示器、传感器等。

二、气压传动的特点

1. 气压传动的优点

① 工作介质是空气,与液压油相比可节约能源,而且取之不尽、用之不竭。气体不易堵塞流动通道,用之后随时可将其排入大气中,不污染环境。

② 空气的特性受温度影响小。在高温下能可靠地工作,不易发生燃烧或爆炸。温度变化对空气的黏度影响极小,故不会影响传动性能。

③ 空气的黏度很小(约为液压油的万分之一),流动阻力小,在管道中流动的压力损失较小,所以以便于集中供应和远距离输送。

④ 相对液压传动而言,气动动作迅速,一般只需 $0.02 \sim 0.3$ s 就可达到工作压力和速度。液压油在管路中的流动速度一般为 $1 \sim 5$ m/s,而气体的流速最小都大于 10 m/s,有时

液压与气压传动技术

甚至达到声速，排气时还可超声速。

⑤ 气体压力具有较强的自保持能力，即使压缩机停机，关闭气阀，装置中仍然可以维持一个稳定的压力。液压系统要保持压力，一般需要能源泵继续工作或另加蓄能器，而气体通过自身的膨胀性来保持承载缸的压力不变。

⑥ 气动元件可靠性高、寿命长。电气元件可运行百万次，而气动元件可运行 2 000 万～4 000 万次；

⑦ 工作环境适应性好，特别是在易燃、易爆、多尘埃、强磁、强辐射、强振动等恶劣环境中，比液压、电子、电气传动优越。

⑧ 气动装置结构简单，成本低，维护方便，过载能自动保护。

2. 气压传动的缺点

① 由于空气的可压缩性较大，气动装置的动作稳定性较差，外载变化时，对工作速度的影响较大。

② 由于工作压力低，气动装置的输出力或力矩受到限制。在结构尺寸相同的情况下，气动装置比液动装置输出的力要小得多。气动装置的适宜输出力为 10～40 kN。

③ 气动装置中的信号传动速度比光、电控制速度慢，所以不宜用于对信号传递速度要求十分高的复杂线路中。同时实现生产过程的遥控也比较困难，但对于一般的机械设备，气动信号的传递速度是能满足工作要求的。

④ 噪声较大，尤其是在超声速排气时要加消声器。

表 9.1　气压传动与其他传动的性能比较

类型		操作力	动作快慢	环境要求	构造	负载变化影响	操作距离	无级调速	工作寿命	维护	价格
气压传动		中等	较快	适应性好	简单	较大	中距离	较好	长	一般	低
液压传动		最大	较慢	不怕振动	复杂	有一些	短距离	良好	一般	要求高	较高
电传动	电气	中等	快	要求高	稍复杂	几乎没有	远距离	良好	较短	要求较高	较高
	电子	最小	最快	要求特高	最复杂	没有	远距离	良好	短	要求高	很高
机械传动		较大	一般	一般	一般	没有	短距离	较困难	一般	简单	一般

三、气动技术的应用与发展

随着工业机械化和自动化的发展，气动技术越来越广泛地应用于各个领域里。例如，汽车制造业、气动机器人、医用研磨机、电子焊接自动化，家用充气筒和喷漆气泵等，特别是成本低廉结构简单的气动自动装置已得到了广泛应用，在工业企业自动化中占有重要的地位。

气动技术应用典型的代表是工业机器人。代替人手能正确并迅速地做抓取或放开等细微的动作。除了工业生产上的应用之外，游乐场中过山车的刹车装置、机械制作的动物表演以及人形报时钟的内部，均采用了气动技术，实现细微的动作。

近年来随着微电子和计算机技术的引入，新材料、新技术、新工艺的开发和应用，气动元件和气动控制技术迎来了新的发展空间，正向微型化、多功能化、集成化、网络化和智能化的方向发展。从当前市场上的各类气动产品来看，气动元件的发展主要体现在以下几个方面：

1. 向小型化和高性能化发展

经过多年来的努力,内资企业产品水平多数达到 20 世纪 90 年代国外企业产品水平,少数主导产品已达到当代国外企业产品水平。气动元件的性能也在飞速提高,质量、精度、体积、可靠性等方面均在向用户的需求靠拢,主要体现了其小型化、低功耗、高速化、高精度、高输出力、高可靠性和长寿命的发展趋势。

2. 多功能化发展

为了满足用户对执行元件多品种的不同需求,执行元件的多样化和多功能化势在必行。执行元件不仅要具有各种安装形式,还要开发各种具有导向机构和连接结构的气缸、摆动缸,适用于各种环境(如腐蚀、污染、高低温、震动等环境)的特殊系列气动执行元件、超高速和低速元件。在结构上也应该多样化,如有活塞杆、无活塞杆、双活塞杆、磁性活塞、椭圆活塞、带阀气缸、带行程开关或传感器网络化和智能化,结合现场总线和局域网技术进行过程控制和技术监视,气动产品开始具有判断推理、逻辑思维和自主决策能力。

3. 集成化发展

计算机技术、微电子技术和 IC(集成电路)技术的发展,使机电一体化有了更加广阔的发展空间。在原来的气控阀、气动执行元件上安装一些电子元件或装置,如 D/A 转换器(数模转换器),信号放大、调制、解码、测量与反馈装置等,从而实现将电子与气动控制阀甚至直接与执行元件集成化,极大地提高了系统可靠性和使用性能。这是一个极为重要的发展方向,也是气动技术发展的必然趋势。

4. 网络化和智能化发展

计算机网络技术的迅猛发展,制造业的过程控制和监视技术方兴未艾,现场总线和局域网技术使集成制造信息和集成制造过程已是大势所趋。气动技术的发展也体现在其产品智能化上,要求其具有判断推理、逻辑思维和自主决策的能力。世界许多国家的著名气动公司都在从事这方面的研究,如智能阀岛和气动工业机器人就是其最具代表性的产品。如今,智能阀岛技术已经得到了工业界的普遍欢迎,应用极为广泛。智能阀岛和现场总线技术的结合,大大简化了设备的各种端口,并借助两者的优势,发展成为可编程阀岛、模块式阀岛和紧凑型阀岛等,计算机网络的优势尽显其中。

5. 节能、环保与绿色化发展

经济的发展给地球的生态环境、能源状况等带来了一系列的问题,环境保护和节约能源已经成为衡量一个国家能否可持续发展的重要标志。气动技术作为工业自动化的一个重要组成部分,对节约能源和环境保护义不容辞。近年来,国内外的知名气动公司逐步向节能环保的方向发展。一般工业气动系统由气源系统和用气系统两大部分组成,气动系统的效率较低,能量损失较大,如何很好地实现节能是一个重要的研究课题。例如,SMC 公司就在各种气动元件上进行了一些改进和创新,在保证各元件的使用性能的同时,也注重降低各种气动系统的能量消耗,开发出了节能型电磁阀、空气用数字式流量开关 PFA、薄型气压测定仪 PPA、冷却液回收免维护型过滤器等众多产品。

在环境保护方面,最典型的气动产品就是压缩空气动力汽车的研究。在国内,浙江大学机械电子控制工程研究所已经率先开发出了压缩空气动力汽车,它不消耗石油等燃料,零污染,是真正的绿色能源汽车。

任务二　气动元件的特性

一、气源装置及附件

气压传动系统中的气源装置为气动系统提供满足一定质量要求的压缩空气，是气压传动系统的重要组成部分。由空气压缩机产生的压缩空气，必须经过降温、净化、减压、稳压等一系列处理后，才能供控制元件和执行元件使用。而用过的压缩空气排向大气时，会产生噪声，应采取措施，降低噪声，改善劳动条件和环境质量。

1. 气源装置

（1）对压缩空气的要求

① 要求压缩空气具有一定的压力和足够的流量

因为压缩空气是气动装置的动力源，没有一定的压力，不但不能保证执行机构产生足够的推力，甚至连控制机构都难以正确地做动作；没有足够的流量，就不能满足对执行机构运动速度和程序的要求等。总之，压缩空气没有一定的压力和足够的流量，气动装置的一切功能均无法实现。

② 要求压缩空气有一定的清洁度和干燥度

清洁度是指压缩空气中含油量、含灰尘杂质的质量及颗粒大小都要控制在很低范围内。干燥度是指压缩空气中含水量的多少，气动装置要求压缩空气的含水量越低越好。由空气压缩机排出的压缩空气，虽然能满足一定的压力和流量要求，但不能为气动装置使用。因为一般气动设备所使用的空气压缩机都属于工作压力较低（小于 1 MPa）、用油润滑的活塞式空气压缩机。它从大气中吸入含有水分和灰尘的空气，经压缩后，温度均提高到 140～180 ℃，这时空气压缩机气缸中的润滑油也部分呈气态，这样油分、水分以及灰尘便形成混合的胶体微尘与杂质混在压缩空气中一同排出。如果将此压缩空气直接输送给气动装置使用，将会产生下列影响：

a. 一方面，混在压缩空气中的油蒸气可能聚集在储气罐、管道、气动系统的容器中，形成易燃物，有引起爆炸的危险；另一方面，润滑油被气化后，会形成一种有机酸，对金属设备、气动装置有腐蚀作用，影响设备的寿命。

b. 混在压缩空气中的杂质能沉积在管道和气动元件的通道内，减少了通道面积，增加了管道阻力。特别是对内径只有 0.2～0.5 mm 的某些气动元件会造成阻塞，使压力信号不能正确传递，整个气动系统不能稳定地工作甚至失灵。

c. 压缩空气中含有的饱和水分，在一定的条件下会凝结成水，并聚集在个别管道中。在寒冷的冬季，凝结的水会使管道及附件结冰而导致损坏，影响气动装置的正常工作。

d. 压缩空气中的灰尘等杂质，对气动系统中做往复运动或转动的气动元件（如气缸、气马达、气动换向阀等）的运动副会产生研磨作用，使这些元件因漏气而降低效率，影响它们的使用寿命。

因此气源装置必须设置一些除油、除水、除尘，并使压缩空气干燥，提高压缩空气质量，进行气源净化处理的辅助设备。

（2）压缩空气站的设备组成及布置

压缩空气站的设备一般包括产生压缩空气的空气压缩机和使气源净化的辅助设备。图9.3是压缩空气站设备的组成及布置示意图。

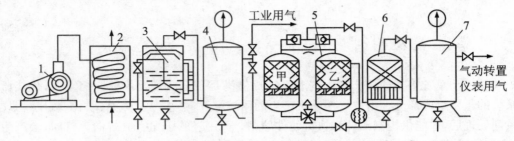

图9.3　压缩空气站设备的组成及布置示意图
1. 空气压缩机　2. 后冷却器　3. 油水分离器　4、7. 储气罐　5. 干燥器　6. 过滤器

在图9.3中，空气压缩机1用以产生压缩空气，一般由电动机带动。其吸气口装有空气过滤器以减少进入空气压缩机的杂质量。后冷却器2用以冷却压缩空气，使净化的水凝结出来。油水分离器3用以分离并排出冷却的水滴、油滴、杂质等。储气罐4用以储存压缩空气，稳定压缩空气的压力并除去部分油分和水分，用于一般要求的气动系统。干燥器5用以进一步吸收或排除压缩空气中的水分和油分，使之成为干燥空气。过滤器6用以进一步过滤压缩空气中的灰尘、杂质颗粒。储气罐7输出的压缩空气可用于要求较高的气动系统（如气动仪表及射流元件组成的控制回路等）。气动三大件的组成及布置由用气设备确定，图中未画出。

① 空气压缩机的分类及选用原则

a. 分类。空气压缩机是一种气压发生装置，它是将机械能转化成气体压力能的能量转换装置，其种类很多，分类形式也有数种。按其工作原理可分为容积型压缩机和速度型压缩机。容积型压缩机的工作原理是压缩气体的体积，使单位体积内气体分子的密度增大以提高压缩空气的压力。速度型压缩机的工作原理是提高气体分子的运动速度，然后使气体的动能转化为压力能以提高压缩空气的压力。

b. 空气压缩机的选用原则。选用空气压缩机的依据是气压传动系统所需要的工作压力和流量两个参数。一般空气压缩机为中压空气压缩机，额定排气压力为1 MPa。另外还有：低压空气压缩机，排气压力为0.2 MPa；高压空气压缩机，排气压力为10 MPa；超高压空气压缩机，排气压力为100 MPa。输出流量，要根据整个气动系统对压缩空气的需要再加一定的备用余量来选择。空气压缩机铭牌上的流量是自由空气流量。

② 空气压缩机的工作原理

气压传动系统中最常用的空气压缩机是往复活塞式，其工作原理如图9.4所示。当活塞3向右运动时，气缸2内活塞左腔的压力低于大气压力，吸气阀9被打开，空气在大气压力作用下进入气缸2内，这个过程称为吸气过程。当活塞向左移动时，吸气阀9在气缸内压缩气体的作用下关闭，气缸内气体被压缩，这个过程称为压缩过程。当气缸内空气压力增高到略高于输气管内压力后，排气阀1被打开，压缩空气进入输气管道，这个过程称为排气过程。活塞3的往复运动是由电动机带动曲柄转动，并通过连杆、滑块、活塞杆转化为直线往复运动而产生的。图9.4中是只表示了一个活塞一个气缸的空气压缩机，大多数空气压缩机是多缸多活塞的组合。

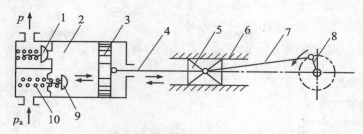

图 9.4 往复活塞式空气压缩机的工作原理图

1. 排气阀 2. 气缸 3. 活塞 4. 活塞杆 5、6. 十字头与滑道 7. 连杆 8. 曲柄 9. 吸气阀 10. 弹簧

2. 气动辅助元件

气动辅助元件分为气源净化装置和其他辅助元件两大类。

（1）气源净化装置

气源净化装置一般包括后冷却器、油水分离器、储气罐、干燥器、过滤器等。

① 后冷却器

后冷却器安装在空气压缩机出口处的管道上。它的作用是将空气压缩机排出的压缩空气温度由 140～170 ℃ 降至 40～50 ℃。这样就可使压缩空气中的油雾和水汽迅速达到饱和，使其大部分析出并凝结成油滴和水滴，以便经油水分离器排出。后冷却器的结构形式有蛇形管式、列管式、散热片式、管套式。冷却方式有水冷和气冷两种方式。蛇形管和列管式后冷却器的结构如图 9.5 所示。

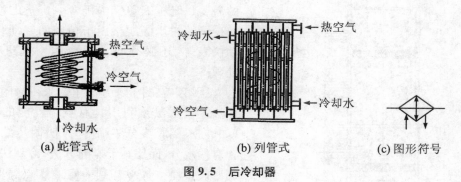

(a) 蛇管式　　　　　　　(b) 列管式　　　　　(c) 图形符号

图 9.5 后冷却器

② 油水分离器

油水分离器安装在后冷却器出口管道上，它的作用是分离并排出压缩空气中凝聚的油分、水分和灰尘杂质等，使压缩空气得到初步净化。油水分离器的结构形式有环形回转式、撞击折回式、离心旋转式、水浴式以及以上形式的组合式等。图 9.6 所示是撞击折回式并环形回转式油水分离器的结构形式，它的工作原理是：当压缩空气由入口进入分离器壳体后，气流先受到隔板阻挡而被撞击折回向下（见图中箭头所示流向），之后又上升产生环形回转，这样凝聚在压缩空气中的油、水等杂质受惯性力作用而分离析出，沉降于壳体底部，由放水阀定期排出。为提高油水分离效果，应控制气流回转后上升的速度为 0.3～0.5 m/s。

③ 储气罐

储气罐的主要作用是：

a. 储存一定数量的压缩空气，以备发生故障或临时需要时应急使用。

项目
九
气压传动技术的特点和应用

187

b. 消除由于空气压缩机断续排气而对系统引起的压力脉动,保证输出气流的连续性和平稳性。

c. 进一步分离压缩空气中的油、水等杂质。

储气罐一般采用焊接结构,以立式居多,其结构如图 9.7 所示。

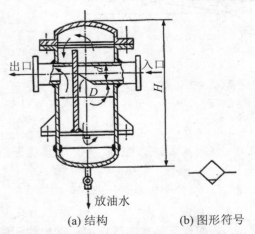

(a) 结构 　　　　(b) 图形符号

图 9.6　撞击折回式并环形回转式油水分离器

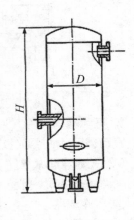

图 9.7　储气罐的结构

④ 干燥器

经过后冷却器、油水分离器和储气罐后得到的初步净化压缩空气,已满足一般气压传动的需要。但压缩空气中仍含一定量的油、水以及少量的粉尘。如果用于精密的气动装置、气动仪表等,还必须对上述压缩空气进行干燥处理。

压缩空气的干燥方法主要采用吸附法和冷却法。吸附法是利用具有吸附性能的吸附剂(如硅胶、铝胶或分午筛等)来吸附压缩空气中含有的水分,而使其干燥的方法;冷却法是利用制冷设备使空气冷却到一定的露点温度,析出空气中超过饱和水蒸气部分的多余水分,从而使空气达到所需的干燥度的方法。吸附法是干燥处理法中应用最为普遍的一种方法。吸附式干燥器的结构如图 9.8 所示。它的外壳呈筒形,内部分层设置栅板、吸附剂、滤网等。首先,湿空气从进气管 1 进入干燥器,通过吸附剂层 21、过滤网 20、上栅板 19 和下部吸附层 16 后,其因水分被吸附剂吸收而变得很干燥。然后,再经过钢丝过滤网 15、下栅板 14 和钢丝过滤网 12,干燥、洁净的压缩空气便从空气输出管 8 排出。

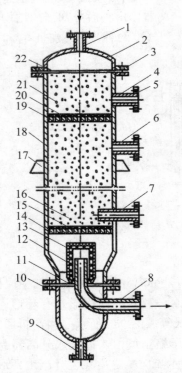

图 9.8　吸附式干燥器结构图

1. 进气管　2. 顶盖　3、5、10. 法兰
4、6. 再生空气排气管　7. 再生空气进气管
8. 空气输出管　9. 排水管　11、22. 密封座
12、15、20. 钢丝过滤网　13. 毛毡　14. 下栅板
16、21. 吸附剂层　17. 支撑板　18. 筒体　19. 上栅板

⑤ 过滤器

空气的过滤是气动系统中的重要环节。不同的场合,对压缩空气的要求也不同。过滤器的作用是进一步滤除压缩空气中的杂质。常用的过滤器有一次过滤器(简易过滤器,滤灰效率为50%～70%);二次过滤器(滤灰效率为70%～99%)。在要求高的特殊场合,还可使用高效率的过滤器(滤灰效率大于99%)。

a. 一次过滤器。图9.9所示为一种一次过滤器,气流由切线方向进入筒内,在离心力的作用下分离出液滴,然后气体由下而上通过多片钢板/毛毡、硅胶、焦炭、滤网等过滤吸附材料,干燥清洁的空气从筒顶输出。

b. 分水滤气器。分水滤气器滤灰能力较强,属于二次过滤器。它和减压阀、油雾器一起被称为气动三联件,是气动系统不可缺少的辅助元件。普通分水滤气器如图9.10所示,其工作原理是:压缩空气从输入口进入后,被引入旋风叶子1,旋风叶子上有很多小缺口,使空气沿切线反向产生强烈的旋转,这样夹杂在气体中的较大水滴、油滴、灰尘(主要是水滴)便获得较大的离心力,并与存水杯3内壁高速碰撞,而从气体中分离出来,沉淀于存水杯3中,然后气体通过中间的滤芯2,部分灰尘、雾状水被滤芯2拦截而滤去,洁净的空气便从输出口输出。挡水板4的作用是防止气体漩涡将杯中积存的污水卷起而破坏过滤作用。为保证分水滤气器正常工作,必须及时将存水杯中的污水通过手动排水阀5放掉。在某些人工排水不方便的场合,可采用自动排水式分水滤气器。

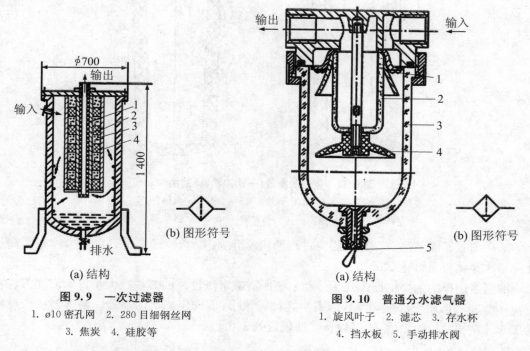

图9.9 一次过滤器
1. ø10密孔网 2. 280目细钢丝网
3. 焦炭 4. 硅胶等

图9.10 普通分水滤气器
1. 旋风叶子 2. 滤芯 3. 存水杯
4. 挡水板 5. 手动排水阀

存水杯由透明材料制成,便于观察工作情况、污水情况和滤芯污染情况。滤芯目前采用铜粒烧结而成。油泥过多,可采用酒精清洗,干燥后再装上,可继续使用。但是这种过滤器只能滤除固体和液体杂质,因此使用时应尽可能装在能使空气中的水分变成液态水的部位或防止液体进入的部位,如气动设备的气源入口处。

(2) 其他辅助元件

① 油雾器

油雾器是一种特殊的注油装置。它以空气为动力,使润滑油雾化后,注入空气流中,并随空气进入需要润滑的部件,达到润滑的目的。

图9.11是普通油雾器(也称一次油雾器)的结构。当压缩空气由输入口进入后,通过喷嘴1下端的小孔进入阀座4的腔室内,在钢球2的上下表面形成压差,泄漏和弹簧3的作用使钢球处于中间位置,压缩空气进入存油杯5的上腔,使油面受压,压力油经吸油管6将单向阀7的钢球顶起,钢球上部管道有一个方形小孔,钢球不能将上部管道封死,压力油不断流入视油器9内,再滴入喷嘴1中,被主管气流从上面小孔引射出来,雾化后从输出口输出。节流阀8可以调节流量,使滴油速度为0~120滴/min。

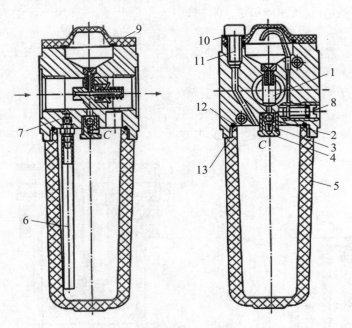

图9.11　普通油雾器(一次油雾器)的结构

1. 喷嘴　2. 钢球　3. 弹簧　4. 阀座　5. 存油杯　6. 吸油管　7. 单向阀
8. 节流阀　9. 视油器　10、12. 密封垫　11. 油塞　13. 螺母、螺钉

二次油雾器能使油滴在雾化器内进行两次雾化,使油雾粒度更小、更均匀,输送距离更远。二次雾化粒径可达5 μm。

油雾器选择的主要依据是气压传动系统所需额定流量及油雾粒径大小。所需油雾粒径在50 μm左右选用一次油雾器。若需油雾粒径很小,可选用二次油雾器。油雾器一般应配置在滤气器和减压阀之后、用气设备之前较近处。

② 消声器

在气压传动系统之中,气缸、气阀等元件工作时,排气速度较高,气体体积急剧膨胀,会产生刺耳的噪声。噪声的强弱随排气的速度、排量和空气通道的形状而变化。排气的速度和功率越大,噪声也越大,一般可达100~120 dB。为了降低噪声可以在排气口装消声器。

消声器通过阻尼或增加排气面积来降低排气速度和功率,从而降低噪声。

气动元件使用的消声器一般有三种类型:吸收型消声器、膨胀干涉型消声器和膨胀干涉吸收型消声器。常用的是吸收型消声器。图 9.12 是吸收型消声器的结构。这种消声器主要依靠吸声材料消声。消声罩 2 为多孔的吸声材料，一般用聚苯乙烯或铜珠烧结而成。当消声器的通径小于 20 mm 时，多用聚苯乙烯作消声材料制成消声罩；当消声器的通径大于 20 mm 时，消声罩多用铜珠烧结，以增加强度。其消声原理是：当有压气体通过消声罩时，气流受到阻力，声能量被部分吸收而转化为热能，从而降低噪声强度。

吸收型消声器结构简单，具有良好的消除中高频噪声的性能。消声效果大于 20 dB。在气压传动系统中，排气噪声主要是中高频噪声，尤其是高频噪声，所以采用这种消声器是合适的。在主要是中低频噪声的场合，应使用膨胀干涉型消声器。

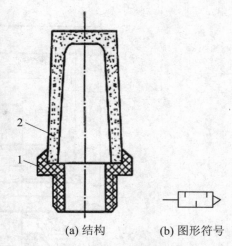

(a) 结构　　　　(b) 图形符号

图 9.12　吸收型消声器的结构

1. 连接螺丝　2. 消声罩

③ 管道连接件

管道连接件包括管件和各种管接头。有了管件和各种管接头，才能把气动控制元件、执行元件以及辅助元件等连接成一个完整的气动控制系统。因此，实际应用中，管道连接件是不可缺少的。

管道可分为硬管和软管两种。总气管和支气管等一些固定不动的、不需要经常装拆的管道，使用硬管。连接运动部件和临时使用、希望装拆方便的管道应使用软管。硬管有铁管、铜管、黄铜管、紫铜管和硬塑料管等；软管有塑料管、尼龙管、橡胶管、金属编织塑料管和挠性金属导管等。常用的是紫铜管和尼龙管。

气动系统中使用的管接头与液压管接头基本相似，分为卡套式、扩口螺纹式、卡箍式、插入快换式等。

二、气动执行元件

气动执行元件是将压缩空气的压力能转换为机械能的装置，包括气缸和气马达。气缸用于实现直线往复运动或摆动，气马达用于实现连续回转运动。

1. 气缸

气缸是气动系统的执行元件之一。除几种特殊气缸外，普通气缸的种类及结构形式与液压缸基本相同。目前最常选用的是标准气缸，其结构和参数都已系列化、标准化、通用化。QGA 系列为无缓冲普通气缸，其结构如图 9.13 所示；QGB 系列为有缓冲普通气缸，其结构如图 9.14 所示。

其他几种较为典型的特殊气缸有气液阻尼缸、薄膜式气缸和冲击式气缸等。

（1）气液阻尼气缸

普通气缸工作时，由于气体存在压缩性，所以当外部载荷变化较大时，会产生爬行或自走现象，使气缸的工作不稳定。为了使气缸运动平稳，普遍采用气液阻尼气缸。

气液阻尼气缸由气缸和油缸组合而成，它的工作原理如图 9.15 所示。它以压缩空气为

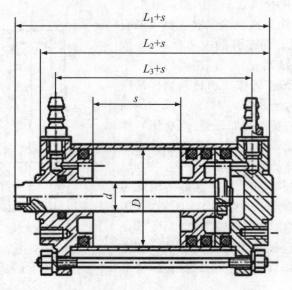

图 9.13　QGA 系列无缓冲普通气缸的结构

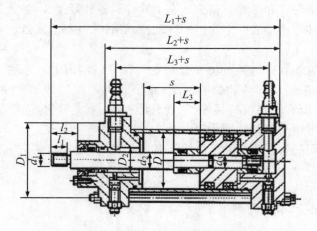

图 9.14　QGB 系列有缓冲普通气缸的结构

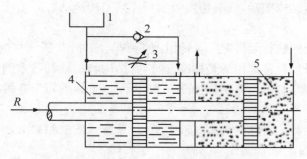

图 9.15　气液阻尼气缸的工作原理图
1. 油箱　2. 单向阀　3. 节流阀　4. 液压缸　5. 气缸

液压与气压传动技术

能源,并利用油液的不可压缩性和控制油液排量来调节活塞的运动速度,获得活塞的平稳运动。它将油缸和气缸串联成一个整体,两个活塞固定在一根活塞杆上。当气缸右端供气时,气缸克服外负载并同时带动油缸向左运动,此时油缸左腔排油,单向阀关闭。油液只能经节流阀缓慢流入油缸右腔,对整个活塞的运动起阻尼作用。调节节流阀的阀口大小就能达到调节活塞运动速度的目的。当压缩空气经换向阀从气缸左腔进入时,油缸右腔排抽,此时因单向阀开启,活塞能快速返回原来位置。

这种气液阻尼气缸的结构一般将双活塞杆缸作为油缸。因为这样可使油缸两腔的排油量相等,此时油箱内的油液只用来补充因油缸泄漏而减少的油量,一般用存油杯就行了。

(2) 薄膜式气缸

薄膜式气缸是一种利用压缩空气通过膜片推动活塞杆做往复直线运动的气缸。它由缸体 1、膜片 2、膜盘 3 和活塞杆 4 等主要零件组成,它分单作用式和双作用式两种(图 9.16),其功能类似于活塞式气缸。

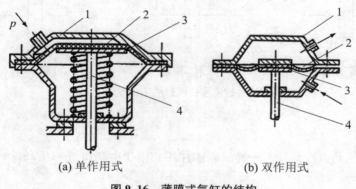

(a) 单作用式　　　　　(b) 双作用式

图 9.16　薄膜式气缸的结构
1. 缸体　2. 膜片　3. 膜盘　4. 活塞杆

薄膜式气缸的膜片可以做成盘形膜片和平膜片两种形式。膜片材料为夹织物橡胶、钢片或磷青铜片。常用的夹织物橡胶的厚度为 5～6 mm,有时也可为 1～3 mm。金属膜片只用于行程较小的薄膜式气缸中。

薄膜式气缸和活塞式气缸相比较,具有结构简单、紧凑、制造容易、成本低、维修方便、寿命长、泄漏小、效率高等优点。但是膜片的变形量有限,故其行程短(一般不超过 40～50 mm),且气缸活塞杆上的输出力随着行程的加大而减小。

(3) 冲击气缸

冲击气缸是一种体积小、结构简单、易于制造、耗气功率小但能产生相当大的冲击力的一种特殊气缸。与普通气缸相比,冲击气缸的结构特点是增加了一个具有一定容积的蓄能腔和喷嘴,它的工作原理如图 9.17 所示。

冲击气缸的整个工作过程可简单地分为三个阶段。第一阶段[图 9.17(a)],压缩空气由 A 口输入冲击缸的下腔,蓄气缸经 B 口排气,活塞上升并用密封垫封住喷嘴,中盖和活塞间的环形空间经排气孔与大气相通。第二阶段[图 9.17(b)],压缩空气改由 B 口进气,输入蓄气缸中,经冲击缸下腔由 A 口排气。由于活塞上端气压作用在面积较小的喷嘴上,而活塞下端受力面积较大,一般设计成喷嘴面积的 9 倍,缸下腔的压力虽因排气而下降,但此时活塞下端向上的作用力仍然大于活塞上端向下的作用力。第三阶段[图 9.17(c)],蓄气缸的压力继续增大,冲击缸下腔的压力继续降低,当蓄气缸内压力高于活塞下腔压力的9倍时,活塞开始向下移动。活塞一旦离开喷嘴,蓄气缸内的高压气体迅速充入活塞与中间盖间的空间,使活塞上端受力面积突然增加到原来的9倍,于是活塞以极大的加速度向下运动,气体的压力能转换成活塞的动能。在达到一定冲程时,获得最大冲击速度和能量,利用这个能量对工件进行冲击做功,可产生很大的冲击力。

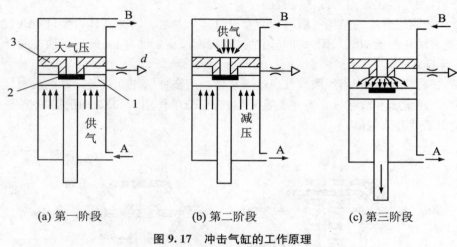

(a) 第一阶段　　　　　　　(b) 第二阶段　　　　　　　(c) 第三阶段

图 9.17　冲击气缸的工作原理

1. 活塞　2. 密封垫　3. 中盖

2. 气马达

气马达也是气动执行元件的一种。它的作用相当于电动机或液压马达,即输出力矩,拖动机构做旋转运动。

（1）气马达的分类及特点

气马达按结构形式可分为叶片式气马达、活塞式气马达和齿轮式气马达等。最为常见的是活塞式气马达和叶片式气马达。叶片式气马达制造简单,结构紧凑,但低速运动转矩小,低速性能不好,适用于中低功率的机械,目前在矿山及风动工具中应用普遍。活塞式气马达在低速情况下有较大的输出功率,它的低速性能好,适用于载荷较大和要求低速转矩的机械,如起重机、绞车、绞盘、拉管机等。

与液压马达相比,气马达具有以下特点:

① 工作安全。可以在易燃易爆场所工作,同时不受高温和振动的影响。

② 可以长时间满载工作而温升较小。

③ 可以无级调速。控制进气流量,就能调节马达的转速和功率。额定转速为每分钟几十转到几十万转。

④ 具有较高的启动力矩,可以直接带负载运动。

⑤ 结构简单,操纵方便,维护容易,成本低。

⑥ 输出功率相对较小,最大只有 20 kW 左右。

⑦ 耗气量大,效率低,噪声大。

（2）气马达的工作原理

图 9.18(a)是叶片式气马达的工作原理图。它的主要结构和工作原理与液压叶片马达相似,主要包括一个径向装有 3~10 个叶片的转子,偏心安装在定子内,转子两侧有前、后盖

板(图中未画出),叶片在转子的槽内可做径向滑动,叶片底部通有压缩空气,转子转动时靠离心力和叶片底部气压将叶片紧压在定子内表面上。定子内有半圆形的切沟,用于提供压缩空气及排出废气。

压缩空气从反时针转供气口 a 进入定子内,使叶片带动转子做逆时针旋转,产生转矩。废气从排气口 c 排出,而定子腔内的残留气体则从顺时针转供气口 b 排出。如需改变气马达的旋转方向,只需改变进、排气口即可。

图 9.18(b)是径向活塞式气马达的工作原理。压缩空气经进气口进入分配阀(又称配气阀)后再进入气缸,推动活塞及连杆组件运动,再使曲柄旋转,同时带动固定在曲轴上的分配阀同步转动,使压缩空气随着分配阀角度、位置的改变而进入不同的缸内,依次推动各个活塞运动,由各个活塞及连杆带动曲轴连续运转。与此同时,与进气缸相对应的气缸则处于排气状态。

图 9.18(c)是薄膜式气马达的工作原理。它实际上是一个薄膜式气缸,当它做往复运动时,通过推杆端部的棘爪使棘轮转动。

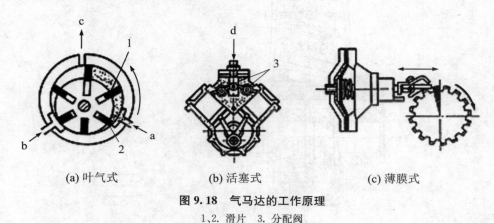

(a) 叶气式   (b) 活塞式   (c) 薄膜式

图 9.18　气马达的工作原理

1、2. 滑片　3. 分配阀

三、气动控制元件

在气动系统中,气动控制元件是控制和调节压缩空气的压力、流量和方向的调节和控制阀,其作用是保证气动执行元件(如气缸、气马达等)按设计的程序正常地进行工作。

1. 压力控制阀

(1) 压力控制阀的作用及分类

气动系统不同于液压系统,一般每一个液压系统都自带液压源(液压泵)。而在气动系统中,一般来说由空气压缩机先将空气压缩,储存在储气罐内,然后经管路输送给各个气动装置使用。而储气罐的空气压力往往比各台设备实际所需要的压力高些,同时其压力波动也较大。需要用减压阀(调压阀)将其压力减到每台装置所需的压力,并使减压后的压力稳定在所需值上。

有些气动回路需要依靠回路中压力的变化来控制两个执行元件的顺序动作,所用的这种阀就是顺序阀。顺序阀与单向阀的组合称为单向顺序阀。

为了安全起见,当压力超过允许值时,所有的气动回路或储气罐需要实现自动向外排气,这种压力控制阀叫安全阀(溢流阀)。

(2) 减压阀(调压阀)

图 9.19 是 QTY 型直动式减压阀的工作原理。当阀处于工作状态时,调节手柄 1,压缩调压弹簧 2、3 及膜片 5,通过阀杆 6 使阀芯 8 下移,进气阀口被打开,有压气流从左端输入,经阀口节流减压后从右端输出。输出气流的一部分由阻尼管 7 进入膜片气室,在膜片 5 的下方产生一个向上的推力,这个推力用于把阀口开度关小,使其输出压力下降。当作用于膜片上的推力与弹簧力相平衡后,减压阀的输出压力便保持一定。

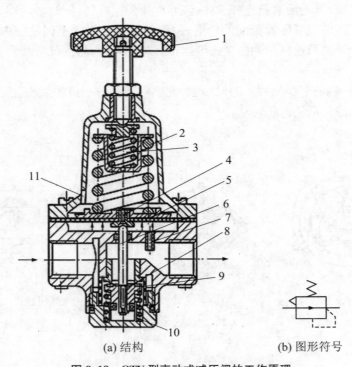

(a) 结构   (b) 图形符号

图 9.19　QTY 型直动式减压阀的工作原理
1. 手柄　2、3. 调压弹簧　4. 溢流口　5. 膜片　6. 阀杆
7. 阻尼管　8. 阀芯　9. 阀座　10. 复位弹簧　11. 排气孔

当输入压力发生瞬时升高波动时,输出压力也随之升高,作用于膜片 5 上的气体推力也随之增大,破坏了原来力的平衡,使膜片 5 向上移动,有少量气体经溢流口 4、排气孔 11 排出。在膜片上移的同时,因复位弹簧 10 的作用,输出压力下降,直到达到新的平衡为止,输出压力又基本上恢复至原值。反之,输出压力瞬时下降时,膜片下移,进气口开度增大,节流作用减小,直到达到新的平衡为止,输出压力又基本上回升至原值。

调节手柄 1 使弹簧 2、3 回复自由状态,输出压力降至零,阀芯 8 在复位弹簧 10 的作用下关闭进气阀口,这样,减压阀便处于截止状态,无气流输出。

QTY 型直动式减压阀的调压范围为 0.05～0.63 MPa。为限制气体流过减压阀所造成的压力损失,规定气体通过阀内通道的流速在 15～25 m/s 范围内。

安装减压阀时,要按气流的方向和减压阀上所示的箭头方向,依照分水滤气器—减压阀—油雾器的安装次序进行安装。调压时应由低向高调,直至规定的调压值为止。阀不用时,应把手柄放松,以免膜片长时间受压变形。

（3）顺序阀

顺序阀是依靠气路中压力的作用而控制执行元件按顺序动作的压力控制阀,如图9.20所示,它根据弹簧的预压缩量来控制其开启压力。当输入压力达到或超过开启压力而顶开弹簧时,A口才有输出,反之,A口无输出。

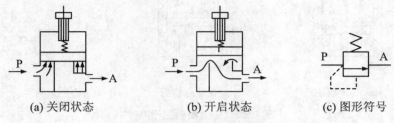

(a) 关闭状态　　　　　(b) 开启状态　　　　　(c) 图形符号

图 9.20　顺序阀的工作原理

顺序阀一般很少单独使用,往往与单向阀配合在一起,构成单向顺序阀。图9.21所示为单向顺序阀的工作原理。当压缩空气由左端进入阀腔后,作用于活塞3上的气压力超过压缩弹簧2上的力时,活塞被顶起,压缩空气经A口输出,如图9.21(a)所示,此时单向阀4在压差力及弹簧力的作用下处于关闭状态。反向流动时,输入侧变成排气口,输出侧压力将顶开单向阀4,由O口排气,如图9.21(b)所示。

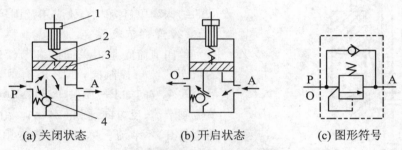

(a) 关闭状态　　　　　(b) 开启状态　　　　　(c) 图形符号

图 9.21　单向顺序阀的工作原理
1. 调节手柄　2. 弹簧　3. 活塞　4. 单向阀

调节旋钮就可改变单向顺序阀的开启压力,以便在不同的开启压力下,控制执行元件的顺序动作。

（4）安全阀

当储气罐或回路中压力超过某调定值时,要用安全阀向外放气,安全阀在系统中起过载保护作用。

图9.22是安全阀的工作原理。当系统中气体压力在调定范围内,作用在活塞3上的压力小于弹簧2的预压力时,活塞处于关闭状态[图9.22(a)]。当系统压力升高,作用在活塞3上的压力大于弹簧2的预定压力时,活塞3向上移动,阀门开启排气[图9.22(b)]。直到系统压力降到调定范围以下,活塞又重新关闭。开启压力的大小与弹簧的预压力有关。

2. 流量控制阀

在气压传动系统中,有时需要控制气缸的运动速度,有时需要控制换向阀的切换时间和气动信号的传递速度,这些都需要通过调节压缩空气的流量来实现。流量控制阀就是通过改变阀的通流截面积来实现流量控制的元件。流量控制阀包括节流阀、单向节流阀、排气节流阀和快速排气阀等。

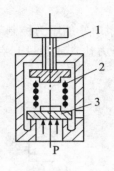
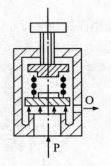

(a) 关闭状态　　　　(b) 开启状态　　　　(c) 图形符号

图 9.22　安全阀的工作原理
1. 旋钮　2. 弹簧　3. 活塞

（1）节流阀

图 9.23 所示为圆柱斜切型节流阀的工作原理。压缩空气由 P 口进入，经过节流后，由 A 口流出。旋转阀芯螺杆，就可改变节流口的开度，这样就调节了压缩空气的流量。由于这种节流阀的结构简单，体积小，故应用范围较广。

（2）单向节流阀

单向节流阀是由单向阀和节流阀并联而成的组合式流量控制阀，如图 9.24 所示。当气流沿着一个方向如 P—A[图 9.24(a)]流动时，经过节流阀节流；反方向[图 9.24(b)]，由 A—P 时单向阀打开，不节流。单向节流阀常用于气缸的调速和延时回路。

（3）排气节流阀

排气节流阀是装在执行元件的排气口处，调节进入大气中气体流量的一种控制阀。它不仅能调节执行元件的运动速度，还常带有消声器，所以也能起降低排气噪声的作用。

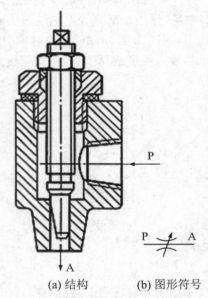

(a) 结构　　　　(b) 图形符号

图 9.23　圆柱斜切型节流阀的工作原理

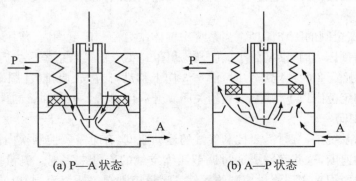

(a) P—A 状态　　　　　　(b) A—P 状态

图 9.24　单向节流阀的工作原理

图 9.25 为排气节流阀的工作原理。其工作原理和节流阀类似,靠调节节流口 1 处的通流面积来调节排气量,由消声套 2 来减小排气噪声。

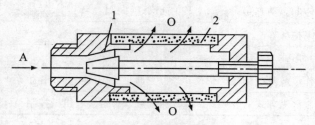

图 9.25　排气节流阀的工作原理
1. 节流口　2. 消声套

应当指出,用流量控制的方法控制气缸内活塞的运动速度,采用气动比采用液动困难。特别是在极低速控制中,要按照预定行程变化来控制速度,只用气动很难实现。在外部负载变化很大时,仅用气动也不会得到满意的调速效果。为提高其运动的平稳性,建议采用气液联动。

（4）快速排气阀

图 9.26 为快速排气阀的工作原理。压缩空气进入进气口 P,并将密封活塞迅速上推,开启阀口 2,同时关闭排气口 O,使进气口 P 和工作口 A 相通[图 9.26(a)]。P 口没有压缩空气进入时,在 A 口和 P 口压差作用下,密封活塞迅速下降,关闭 P 口,使 A 口通过 O 口快速排气[图 9.26(b)]。

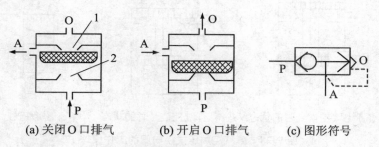

(a) 关闭 O 口排气　　　(b) 开启 O 口排气　　　(c) 图形符号
图 9.26　快速排气阀的工作原理
1、2. 阀口

快速排气阀常安装在换向阀和气缸之间。图 9.27 表示了快速排气阀在回路中的应用。它使气缸的排气不用通过换向阀而快速排出,从而加速了气缸做往复运动的速度,缩短了工作周期。

3. 换向阀

换向阀是气动系统中通过改变压缩空气的流动方向和气流的通断,来控制执行元件启动、停止及运动方向的气动元件。

换向阀根据其功能、控制方式、结构、阀内气流的方向及密封形式等,可分为不同类型,见表 9.2。

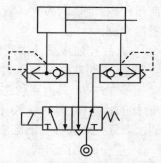

图 9.27　快速排气阀的应用回路

表 9.2　方向控制阀的分类

分 类 方 式	类 别
按阀内气体的流动方向	单向阀、换向阀
按阀芯的结构形式	截止阀、滑阀
按阀的密封形式	硬质密封、软质密封
按阀的工作位数及通路数	二位三通、二位五通、三位五通等
按阀的控制操纵方式	气压控制、电磁控制、机械控制、手动控制

下面仅介绍几种典型的换向阀。

（1）气压控制换向阀

气压控制换向阀是以压缩空气为动力使气路换向或通断的阀类。气压控制换向阀的用途很广,多用于组成全气阀控制的气动系统或易燃、易爆以及高净化等场合。

① 单气控加压式换向阀

图 9.28 为单气控加压式换向阀的工作原理。即图 9.28(a)是无气控信号 K 控制时的状态(即常态),此时阀芯 1 在弹簧 2 的作用下处于上端位置,使阀口 A 与 O 相通,A 口通过 O 口排气。图 9.28(b)是在有气控信号 K 时阀的状态(即动力阀状态)。由于气压力的作用,阀芯 1 压缩弹簧 2 使其下移,使阀口 A 与 O 断开,P 与 A 接通,A 口有气体输出。

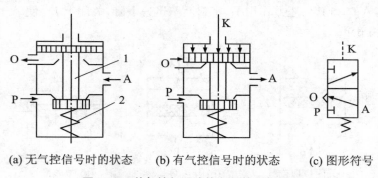

(a) 无气控信号时的状态　　(b) 有气控信号时的状态　　(c) 图形符号

图 9.28　单气控加压式换向阀的工作原理

1. 阀芯　2. 弹簧

图 9.29 为二位三通单气控式换向阀的结构。这种换向阀的结构简单、紧凑、密封可靠、换向行程短,但换向力大。若将气控接头换成电磁头(即电磁先导阀),可变气控阀为先导式电磁换向阀。

② 双气控加压式换向阀

图 9.30 为双气控加压式换向阀的工作原理。图 9.30(a)为有气控信号 K_2 时阀的状态,此时阀停在左边,其通路状态是 P 口与 A 口、B 口与 O_2 口相通。图 9.30(b)为有气控信号 K_1 时阀的状态(此时信号 K_2 已不存在),阀芯换位,其通路状态变为 P 口与 B 口、A 口与 O_1 口相通。双气控滑阀具有记忆功能,即气控信号消失后,阀仍能保持在有信号时的工作状态。

③ 差动控制换向阀

差动控制换向阀是利用控制气压作用在阀芯两端不同面积上所产生的压差来使阀换向的一种控制方式。

图 9.31 为二位五通差动控制换向阀的工作原理。阀的右腔始终与进气口 P 相通。在

液压与气压传动技术

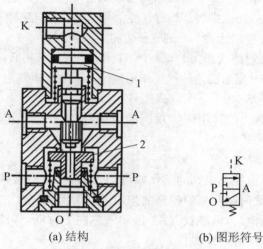

(a) 结构   (b) 图形符号

图 9.29 二位三通单气控式换向阀的结构

1. 上阀杆 2. 阀芯

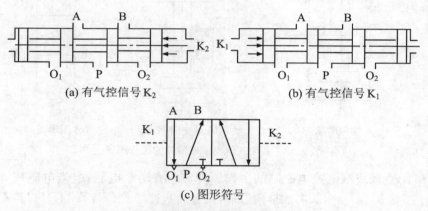

(a) 有气控信号 K_2 (b) 有气控信号 K_1

(c) 图形符号

图 9.30 双气控加压式换向阀的工作原理

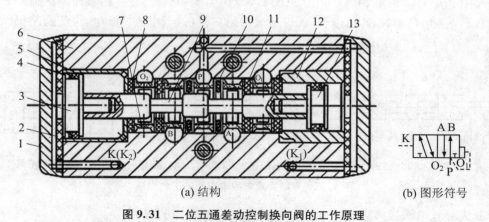

(a) 结构   (b) 图形符号

图 9.31 二位五通差动控制换向阀的工作原理

1. 端盖 2. 缓冲垫片 3、13. 控制活塞 4、10、11. 密封垫 5、12. 衬套

6. 阀体 7. 隔套 8. 挡片 9. 阀芯

项目

九

气压传动技术的特点和应用

没有气控信号 K 时,控制活塞 13 上的气压力推动阀芯 9 左移,其通路状态为 P 口与 B 口、A 口与 O_2 口相通,B 口进气,A 口排气。当有气控信号 K 时,由于控制活塞 3 的端面积大于控制活塞 13 的端面积,作用在控制活塞 3 上的气压力将克服控制活塞 13 上的压力及摩擦力,推动阀芯 9 右移,气路换向,其通路状态为 P 口与 A 口、B 口与 O_1 口相通,A 口进气,B 口排气。当气控信号 K 消失时,阀芯 9 借右腔内的气压作用复位。采用气压复位可提高阀的可靠性。

(2) 电磁换向阀

电磁换向阀利用电磁力的作用来实现阀的切换,从而控制气流的流动方向。常用的电磁换向阀有直动式和先导式两种。

① 直动式电磁换向阀

图 9.32 为直动式单电控电磁阀的工作原理,它只有一个电磁铁。图 9.32(a)为常态情况,即激励线圈不通电,此时阀在复位弹簧的作用下处于上端位置。其通路状态为 A 口与 T 口相通,向外排气。当通电时,电磁铁 YA1 推动阀芯向下移动,气路换向,其通路为 P 口与 A 口相通,通过 A 口进气,见图 9.32(b)。

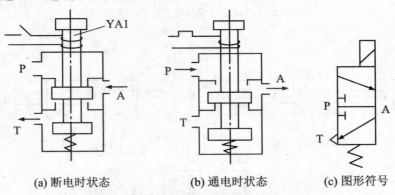

(a) 断电时状态　　　　(b) 通电时状态　　　　(c) 图形符号

图 9.32　直动式单电控电磁阀的工作原理

图 9.33 为直动式双电控电磁阀的工作原理。它有两个电磁铁,当电磁铁 YA1 通电、YA2 断电 [图 9.33(a)]时,阀芯被推向右端,其通路状态是 P 口与 A 口、B 口与 O_2 口相通,A 口进气、B 口通过 O_2 口排气。当电磁铁 YA1 断电时,阀芯仍处于原有状态,即具有记忆性。当电磁铁 YA2 通电、YA1 断电[见图 9.33(b)],阀被推向左端,其通路状态是 P 口与 B 口、A 口与 O_1 口相通,B 口进气、A 口通过 O_1 口排气。若电磁铁断电,气流通路仍保持原状态。

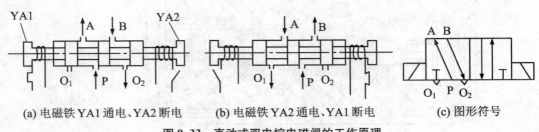

(a) 电磁铁 YA1 通电、YA2 断电　　(b) 电磁铁 YA2 通电、YA1 断电　　(c) 图形符号

图 9.33　直动式双电控电磁阀的工作原理

② 先导式电磁换向阀

直动式电磁阀是由电磁铁直接推动阀芯移动的,当阀通径较大时,直动式结构所需的电磁铁体积和电力消耗都必然加大,为克服此弱点可采用先导式结构。

液压与气压传动技术

先导式电磁阀是由电磁铁首先控制气路,产生先导压力,再由先导压力推动主阀阀芯,使其换向。

图 9.34 为先导式双电控换向阀的工作原理。当阀 1 通电,而阀 2 断电时[图 9.34(a)],由于主阀 3 的 K_1 腔进气,K_2 腔排气,使主阀阀芯向右移动。此时 P 口与 A 口、B 口与 O_2 口相通,A 口进气、B 口排气。当电磁先导阀 2 通电,而先导阀 1 断电时[图 9.34(b)],主阀的 K_1 腔进气,K_2 腔排气,使主阀阀芯向左移动。此时 P 口与 B 口、A 口与 O_1 口相通,B 口进气、A 口排气。先导式双电控电磁阀具有记忆功能,即通电换向,断电保持原状态。为保证主阀正常工作,两个电磁阀不能同时通电,电路中要考虑互锁。

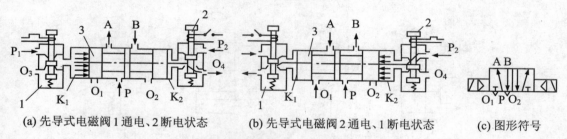

(a) 先导式电磁阀 1 通电、2 断电状态 (b) 先导式电磁阀 2 通电、1 断电状态 (c) 图形符号

图 9.34 先导式双电控换向阀的工作原理
1、2. 先导式电磁阀 3. 主阀

先导式电磁换向阀便于实现电、气联合控制,所以应用广泛。

（3）机械控制换向阀

机械控制换向阀又称行程阀,多用于行程程序控制,作为信号阀使用。常依靠凸轮、挡块或其他元件产生的外力推动阀芯,使阀换向。

图 9.35 为机械控制换向阀的工作原理。当机械凸轮或挡块直接与滚轮 1 接触后,通过

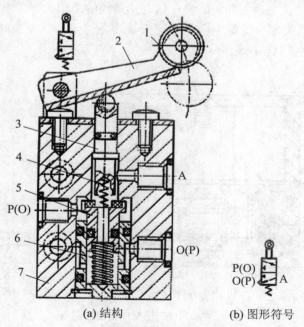

(a) 结构 (b) 图形符号

图 9.35 机械控制换向阀的工作原理
1. 滚轮 2. 杠杆 3. 顶杆 4. 缓冲弹簧 5. 阀芯 6. 密封弹簧 7. 阀体

杠杆2使阀芯5换向。其优点是减小了顶杆3所受的侧向力；同时，通过杠杆传力也减小了外部的机械压力。

（4）人力控制换向阀

这类阀分为手动及脚踏两种操纵方式。手动阀的主体部分与气控阀类似，其操作方式有多种形式，如按钮式、旋钮式、锁式及推拉式等。

图9.36为推拉式手动阀的工作原理。如用手压下阀芯[图9.36(a)]，则P口与A口、B口与O_2口相通；手放开，阀依靠定位装置保持状态不变。当用手将阀芯拉出时[图9.36(b)]，P口与B口、A口与O_1口相通，气路改变，并能维持该状态不变。

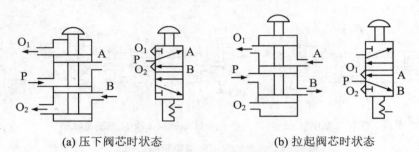

(a) 压下阀芯时状态   (b) 拉起阀芯时状态

图9.36　推拉式手动阀的工作原理

（5）时间控制换向阀

时间控制换向阀是使气流通过气阻（如小孔、缝隙等）节流后到气容（储气空间）中，经一定的时间使气容内建立起一定的压力后，再使阀芯换向的阀类。在不允许使用时间继电器（电控制）的场合（如易燃、易爆、粉尘大等场合），气动时间控制就显出其优越性。

① 延时换向阀

图9.37所示为二位三通常断延时换向阀。从该阀的结构上可以看出，它由两大部分组成。延时部分 m 包括气源过滤器4、可调节流阀3、气容2和排气单向阀1，换向部分 n 实际是一个二位三通压差控制换向阀。

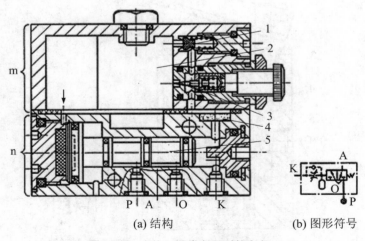

(a) 结构   (b) 图形符号

图9.37　二位三通常断延时换向阀

m. 延时部分　n. 换向部分　1. 排气单向阀　2. 气容　3. 可调节流阀　4. 过滤器　5.阀芯

当无气控信号时,P 口与 A 口断开,A 口排气。当有气控信号时,从 K 口输入,经过滤器 4、可调节流阀 3,节流后到气容 2 内,使气容不断充气,直到气容内的气压上升到某一值时,阀芯 5 由左向右移动,使 P 口与 A 口接通,A 口有输出。当气控信号消失后,气容内的气压经单向阀从 K 口迅速排空。如果将 P 口与 O 口换接,则变成二位三通延时型换向阀。这种延时换向阀的工作压力范围为 0～0.8 MPa,信号压力范围为 0.2～0.8 MPa。延时时间为 0～20 s,延时精度不超过 120%。所谓延时精度是指延时时间受气源压力变化和延时时间的调节重复性的影响程度。

② 脉冲阀

脉冲阀是靠气流流经气阻、气容的延时作用,使压力输入长信号变为短暂的脉冲信号输出的阀类。其工作原理如图 9.38 所示。图 9.38(b)为有信号输入的状态,此时滑柱向上,A 口有输出,同时从滑柱中间节流小孔不断向气容充气。图 9.38(c)是当气容内的压力达到一定值时,滑柱向下,A 口与 O 口接通,A 口的输出状态结束。

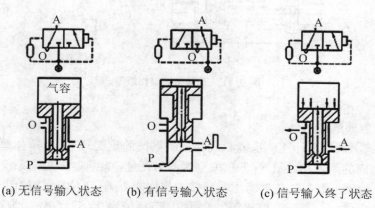

(a) 无信号输入状态　　(b) 有信号输入状态　　(c) 信号输入终了状态

图 9.38　脉冲阀的工作原理

图 9.39 为脉冲阀的结构。这种阀的信号工作压力范围是 0.2～0.8 MPa,脉冲时间为 2 s。

（6）梭阀（或阀）

梭阀相当于两个单向阀组合的阀,又称或阀。图 9.40 所示为梭阀的工作原理。梭阀有 P_1 和 P_2 两个进气口,一个工作口 A,阀芯在两个方向上起单向阀的作用。其中 P_1 口和 P_2 口都可与 A 口相通,但这里 P_1 口与 P_2 口不相通。当 P_1 口进气时,阀芯右移,封住 P_2 口,使 P_1 口与 A 口相通,A 口输出气体,如图 9.40(a)所示。P_2 口进气时,阀芯左移,封住 P_1 口,使 P_2 口与 A 口相通,A 口输出气体。当 P_1 口与

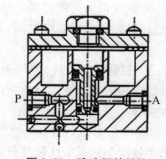

图 9.39　脉冲阀的结构

P_2 口都进气时,阀芯就可能停在任意一边,这主要由压力加入的先后顺序和压力的大小而定。若 P_1 口与 P_2 口不等,则高压口的通道打开,低压口则被密封,高压气流从 A 口输出。

梭阀的应用很广,多用于手动与自动控制的并联回路中。

（7）双压阀

双压阀又称与阀,其工作原理如图 9.41 所示。只有 P_1 口和 P_2 口同时供气,A 口才有输出;当 P_1 或 P_2 单独通气时,阀芯就被推至相对端密封截止型阀口;当 P_1 和 P_2 同时通气

时,哪端压力低,A口就和哪端相通,另一端关闭,其逻辑关系为"与",图形符号如图9.41(b)所示。

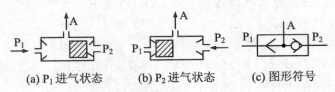

(a) P₁进气状态　　　(b) P₂进气状态　　　(c) 图形符号

图 9.40　梭阀的工作原理

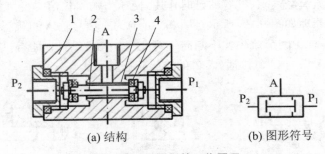

(a) 结构　　　　　　　　　(b) 图形符号

图 9.41　双压阀的工作原理

1. 阀体　2. 阀芯　3. 截止型阀口　4. 密封材料

4. 气动控制阀的选用

正确选择控制阀是设计气动系统和气动控制系统的重要环节,选择合理就能够使线路简化,减少控制阀的品种和数量,降低压缩空气的消耗量,降低成本,提高系统的可靠性。

在选择气动控制阀时,首先要考虑阀的技术规格能否满足使用环境的要求,如气源工作压力范围,电源条件(交、直流及电压等),介质温度,环境温度、湿度、粉尘等情况,还要考虑阀的机能和功能是否满足需要。尽量选择机能一致的阀。

根据流量来选择通径。分清是主阀还是控制型先导阀。主阀必须根据执行元件的流量来选择通径;先导阀(信号阀)则应该根据所控制阀的远近、数量和动作的时间要求来选择通径。

① 根据使用条件、使用要求来选择阀的结构类型。如果要求严格密封,一般选择软质密封阀;如果要求换向力小,有记忆性能,应选择滑阀;如果气源过滤条件差,则采用截止型阀比较好。

② 安装方式的选择。从安装维护方面考虑板式连接较好,特别是对于集中控制的自动、半自动空置系统优越性更突出。

③ 阀的种类选择。在设计控制系统时,应尽量减少阀的种类,避免采用专用阀,选择标准化系列阀,以利于专业化生产、降低成本和便于维修使用。

调压阀的选用要根据使用要求选定类型和调压精度,根据最大输出流量选择其通径。减压阀一般安装在分水滤气器之后、油雾气器或定值器之前;进、出口不能接反;阀不用时应该把旋钮放松,防止膜片长时间受压变形而影响性能。

安全阀的选择应根据使用要求选定类型,根据最大输出流量选择其通径。

用气动流量阀对气动执行元件进行调速,比用液压流量阀调速要困难,因为气体具有压缩性。选择气动流量控制阀要注意以下几点:管道上不能有漏气现象;气缸、活塞间的润滑状态要好；流量控制阀尽量安装在气缸或气马达附近；尽可能采用出口节流调速方式；外加负载应当稳定。

任务三　气动基本回路的构建和特点

气动系统无论多么复杂，均由一些具有不同功能的基本回路组成。基本回路按其控制目的、控制功能分为方向控制回路、压力控制回路和速度控制回路等几类。熟悉并掌握这些基本回路是合理设计气动系统的必要基础。

一、方向控制回路

1. 单作用气缸换向回路

图 9.42 所示为常断型二位三通电磁阀和三位五通电磁阀控制回路。在图 9.42(a)回路中，当电磁铁得电时，气压使活塞伸出，而当电磁铁失电时，活塞杆在弹簧作用下缩回。在图 9.42(b)回路中，电磁铁失电后能自动复位，故能使气缸停留在行程中的任意位置。

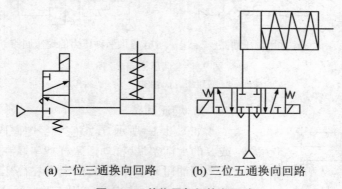

(a) 二位三通换向回路　　　(b) 三位五通换向回路

图 9.42　单作用气缸换向回路

2. 双作用气缸换向回路

图 9.43 所示为双气控二位五通阀和双气控中位密封式三位五通阀的控制回路。在图

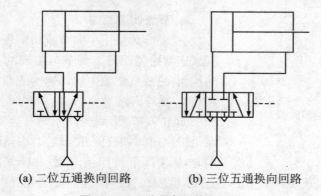

(a) 二位五通换向回路　　　(b) 三位五通换向回路

图 9.43　双作用气缸换向回路

9.43(a)中回路通过对换向阀左右两侧分别输入控制信号,使气缸活塞杆伸出和缩回。此回路不允许在左右两侧同时加等压控制信号。在图 9.43(b)所示的回路中,除控制双作用缸换向外,还可在行程中的任意位置停止运动。

二、压力控制回路

1. 调压回路

图 9.44(a)为常用的一种调压回路,是利用减压阀来实现对气动系统气源的压力控制。图 9.44(b)为可提供两种压力的调压回路。气缸有杆腔压力由调压阀 4 调定,无杆腔压力由调压阀 5 调定。在实际工作中,通常活塞杆伸出和退回时的负载不同,采用此回路有利于能量消耗。

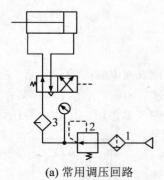 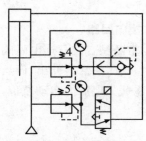

(a) 常用调压回路　　　　(b) 提供两种压力的调压回路

图 9.44　调压回路

1. 过滤器　2. 减压阀　3. 油雾口　4、5. 减压阀

2. 增压回路

如图 9.45 所示,压缩空气经电磁阀 1 进入增压缸 2 或 3 的大活塞端,推动活塞杆把串联在一起的小活塞端的液压油压入工作缸 5,使活塞在高压下运动。其增压比 $n = D^2/D_1^2$。节流阀 4 用于调节活塞的运动速度。

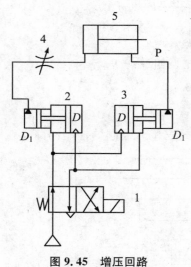

图 9.45　增压回路

1. 电磁阀　2、3. 增压缸

5. 工作缸　4. 节流阀

三、速度控制回路

1. 节流调速回路

图 9.46 为采用单向节流阀实现排气节流的单作用气缸速度控制回路。调节节流阀的开度实现气缸背压的控制,完成气缸双向运动速度的调节。

2. 缓冲回路

如图 9.47 所示,当活塞向右运动时,气缸右腔气体经机控换向阀和三位五通换向阀排出,当活塞运动到末端时,活塞压下机控换向阀,右腔气体经节流阀和三位五通换向阀排出,实现缓冲活塞运动速度,调整机控换向阀的安装位置,可改变缓冲的开始时刻。

3. 气/液调速回路

图 9.48 所示为采用气/液转换器的调速回路。当电磁阀处于下位接通时,气压作用在气缸无杆腔活塞上,有杆腔内的液压油经机控换向阀进入气/液转换器,活塞杆快速伸出。当活塞杆压下机控换向阀时,有杆腔油液只能通过节流阀到达气/液转换器,从而使活塞杆伸出速度减慢,而当电磁阀处于上位时,活塞杆快速返回。此回路可实现快进、工进、快退工况。

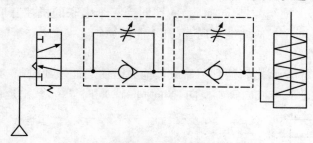

图 9.46　单作用气缸速度控制回路

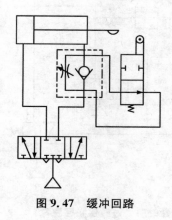

图 9.47　缓冲回路

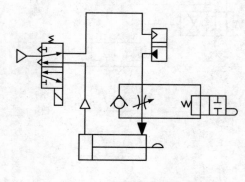

图 9.48　气/液调速回路

四、其他回路

1. 同步动作回路

图 9.49(a)为简单的同步动作回路。它采用刚性连接部件连接两个工作缸的活塞杆,迫使1、2两个工作缸同步做动作。

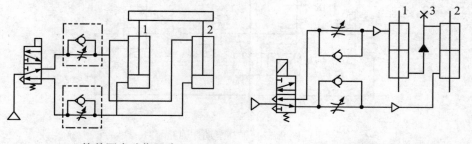

(a) 简单同步动作回路　　　　　(b) 气/液转换同步动作回路

图 9.49　同步动作回路

1、2. 工作缸　3. 接放气装置

图 9.49(b)为气/液转换同步动作回路。此回路中工作缸 1 下腔与工作缸 2 上腔相连，内部注满液压油，只要保证工作缸 1 下腔的有效面积和工作缸 2 上腔的有效面积相等，就可实现同步。回路中 3 接放气装置，用于放掉混入油中的气体。

2. 安全保护回路

（1）互锁回路

如图 9.50 所示，主控阀（二位四通阀）的换向受三个串联的机控三通阀控制，只有当三个机控三通阀都接通时主控阀才能换向，气缸才能做动作。

（2）过载保护回路

如图 9.51 所示，当活塞右行遇到障碍或其他原因使气缸过载时，左腔压力升高，当超过预定值时，打开顺序阀 3，使换向阀 4 换向，换向阀 1、2 同时复位，气缸返回，保护设备安全。

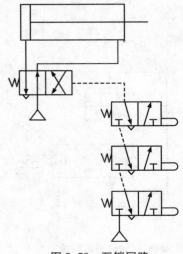

图 9.50 互锁回路

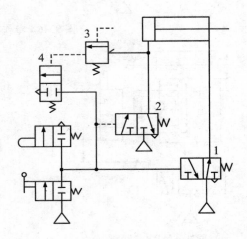

图 9.51 过载保护回路

1、2、4. 换向阀 3. 顺序阀

3. 往复动作回路

图 9.52 所示为常用的单往复动作回路。按下换向阀 1、2 换向，活塞右行。当撞块碰到行程开关 5 时，换向阀 2 复位，活塞自动返回，完成一次往复动作。

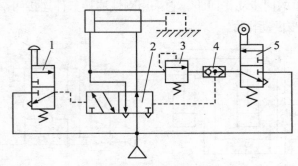

图 9.52 单往复动作回路

1、2. 换向阀 3. 顺序阀 4. 或阀 5. 行程开关

任务四 典型气动系统的特性分析

一、工件夹紧气动系统

工件夹紧气压传动系统是机械加工自动线和组合机床中常用的夹紧装置的驱动系统。图 9.53 为机床夹具的气动夹紧系统。其动作循环是：当工件运动到指定位置后，气缸 A 活塞杆伸出，将工件定位后两侧的气缸 B 和 C 的活塞杆同时伸出，从两侧面对工件夹紧，然后再进行切削加工，加工完后各夹紧气缸退回，将工件松开。

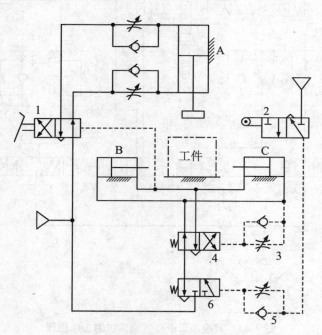

图 9.53 机床夹具的气动夹紧系统
1. 脚踏阀　2. 行程阀　3、5. 单向节流阀　4、6. 换向阀

具体工作原理如下：

用脚踩下脚踏阀 1，压缩空气进入气缸 A 的上腔，使活塞下降，定位工件。当压下行程阀 2 时，压缩空气经单向节流阀 5 使换向阀 6 换向（调节节流阀开口可以控制换向阀 6 的延时接通时间），压缩空气通过换向阀 4 进入两侧气缸 B 和 C 的无杆腔，使活塞杆前进而夹紧工件。然后钻头开始钻孔，流过换向阀 4 的一部分压缩空气经过单向节流阀 3 进入换向阀 4 右端，经过一段时间（由节流阀控制）后换向阀 4 右位接通，两侧气缸后退到原来的位置。同时，一部分压缩空气作为信号进入脚踏阀 1 的右端，使其右位接通，压缩空气进入气缸 A 的下腔，使活塞杆退回原位。活塞杆上升的同时使机动行程阀 2 复位，气控换向阀 6 也复位（此时单向节流阀 3 右位接通），由于气缸 B、C 的无杆腔通过换向阀 6、4 排气，换向阀 6 自动复位到左位，完成一个工作循环。该回路只有在踏下脚踏阀 1 时才能开始下一个工作循环。

二、数控加工中心气动系统

图9.54所示为某数控加工中心气动系统的工作原理。该系统主要实现加工中心的自动换刀功能,在换刀过程中实现主轴定位、主轴松刀、拔刀、向主轴锥孔吹气排屑和插刀动作。

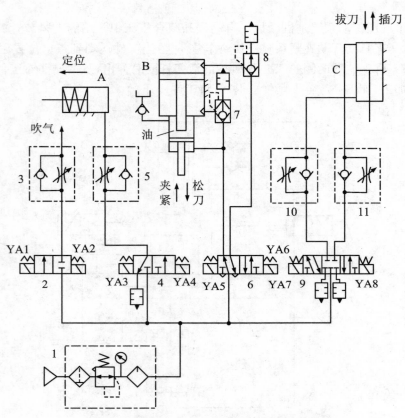

图 9.54 数控加工中心气动系统的工作原理
1. 气动三联件 2、4、6、9. 换向阀 3、5、10、11. 单向节流阀 7、8. 快速排气阀

具体工作原理如下:

当数控系统发出换刀指令时,主轴停止旋转,同时 YA4 通电,压缩空气经气动三联件1、换向阀4、单向节流阀5进入主轴定位气缸 A 的右腔,定位气缸 A 的活塞左移,使主轴自动定位。定位后压下开关,使 YA6 通电,压缩空气经换向阀6、快速排气阀8进入气液增压器 B 的上腔,增压腔的高压油使活塞伸出,实现主轴松刀,同时使 YA8 通电,压缩空气经换向阀9、单向节流阀11进入气缸 C 的上腔,气缸 C 下腔排气,活塞下移实现拔刀。由回转刀库交换刀具,同时 YA1 通电,压缩空气经换向阀2、单向节流阀3向主轴锥孔吹气。稍后 YA1 断电,YA2 通电,停止吹气,YA8 断电,YA7 通电,压缩空气经换向阀9、单向节流阀10进入气缸 C 的下腔,活塞上移,实现插刀动作。YA6 断电,YA5 通电,压缩空气经换向阀6进入气液增压器 B 的下腔,使活塞退回,主轴的机械机构使刀具夹紧。YA4 断电,YA3 通电,气缸 A 的活塞在弹簧力的作用下复位,回复到初始状态,换刀结束。

三、机械手气动系统

机械手气动系统(气动机械手)是机械手的一种,它具有结构简单、重量轻、动作迅速、平稳可靠、不污染工作环境等优点。在要求工作环境洁净、工作负载较小、自动生产的设备和生产线上应用广泛,它能按照预定的控制程序做动作。图9.55为一种简单的可移动式气动机械手的结构示意图。它由 A、B、C、D 四个气缸组成,能实现手指夹持、手臂伸缩、立柱升降、回转四个动作。

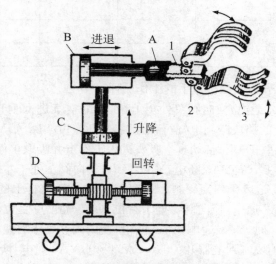

图9.55 气动机械手的结构示意图
1. 齿条 2. 齿轮 3. 手指

图9.56为一种通用气动机械手的工作原理(手指部分为真空吸头,即无气缸 A 部分)。要求其工作循环为:立柱上升—伸臂—立柱顺时针转—真空吸头取工件—立柱逆时针转—缩臂—立柱下降。

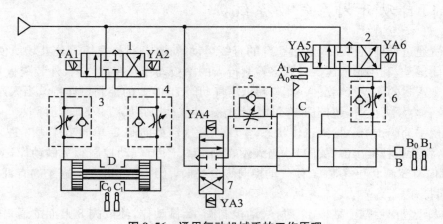

图9.56 通用气动机械手的工作原理
1、2、7. 换向阀 3、4、5、6. 单向节流阀

三个气缸均有三位四通双电控换向阀和单向节流阀组成的换向、调速回路。各个气缸

的行程位置均由电气行程开关进行控制。表 9.3 为该气动机械手在工作循环中各个电磁铁的动作顺序表。

表 9.3 电磁铁的动作顺序表

	垂直缸上升	水平缸伸出	回转缸转位	回转缸复位	水平缸退回	垂直缸下降
YA1			+	−		
YA2				+	−	
YA3						+
YA4	+	−				
YA5		+				
YA6					+	−

下面结合表 9.3 来分析气动机械手的工作循环：

按下启动按钮，YA4 通电，换向阀 7 处于上位，压缩空气进入垂直气缸 C 下腔，活塞杆上升。当气缸 C 活塞上的挡块碰到电气行程开关 A_1 时，YA4 断电，YA5 通电，换向阀 2 处于左位，水平气缸 B 活塞杆伸出，带动真空吸头进入工作点并吸取工件。当水平气缸 B 活塞上的挡块碰到电气开关 B_1 时，YA5 断电，YA1 通电，换向阀 1 处于左位，回转气缸 D 按顺时针方向回转，使真空吸头进入下料点下料。当回转气缸 D 活塞杆上的挡块压下电器行程开关 C_1 时，YA1 断电，YA2 通电，换向阀 1 处于右位，回转气缸 D 复位。回转缸复位时，其上挡块碰到电气程开关 C_0 时，YA6 通电，YA2 断电，换向阀 2 处于右位，水平气缸 B 活塞杆退回。水平气缸退回时，挡块碰到电器开关 B_0，YA6 断电，YA3 通电，换向阀 7 处于下位，垂直缸活塞杆下降到原位时，碰到电气行程开关 A_0，YA3 断电。至此完成一个工作循环，如再给启动信号，可进行同样的工作循环。

根据需要，只要改变电气行程开关的位置，调节单向节流阀的开度，即可改变各个气缸的运动速度和行程。

四、拉门自动开闭系气动系统

该装置通过连杆机构将气缸活塞杆的直线运动转换成商场、宾馆等公共场所使用的拉门自动开闭运动，利用超低压气动阀来检测行人的踏板动作。在拉门内、外装踏板 6 和 11，下方装完全密封的橡胶管，管的一端与超低压气动阀 7 和 12 的控制口连接。当人站在踏板上时，橡胶管内压力上升，超低压气动阀做动作。其气动回路如图 9.57 所示。

首先使手动阀 1 上位接入工作状态，空气通过气动换向阀 2、单向节流阀 3 进入气缸 4 的无杆腔，将活塞杆推出（门关闭）。当人站在踏板 6 上后，气动控制阀 7 做动作，空气通过或阀 8、单向节流阀 9 和气罐 10 使气动换向阀 2 换向，压缩空气进入气缸 4 的有杆腔，活塞杆退回（门打开）。

当行人经过门后踏上踏板 11 时，气动控制阀 12 做动作，使或阀 8 上面的通口关闭，下面的通口接通（此时由于人已离开踏板 6，气动控制阀 7 复位）。气罐 10 中的空气经单向节流阀 9、或阀 8 和气动控制阀 12 放气（人离开踏板 11 后，气动控制阀 12 已复位），经过延时（由节流阀控制）后气动换向阀 2 复位，气缸 4 的无杆腔进气，活塞杆伸出（关闭拉门）。

液压与气压传动技术

该回路利用逻辑"或"的功能,回路比较简单,很少产生误动作。行人从门的哪一边进出均可。减压阀13可使关门的力自由调节,十分便利。如将手动阀复位,则可变为手动门。

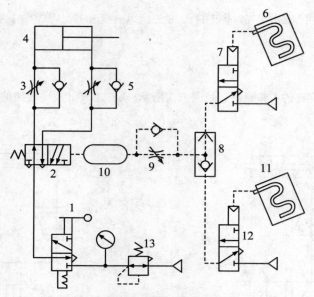

图 9.57   拉门自动开闭气压传动系统
1. 手动阀   2. 气动换向阀   3、5、9. 单向节流阀   4. 气缸   6、11. 踏板
7、12. 气动控制阀   8. 或阀   10. 气罐   13. 减压阀

习   题

9.1   在图 9.53 所示的工件夹紧气压传动系统中,工件夹紧的时间是怎样调节的?

9.2   简述加工中心气动系统的工作原理。

9.3   在图 9.55 中,要求该机械手的工作循环是:立柱下降—伸臂—立柱逆时针转(真空吸头取工件)—立柱顺时针转—缩臂—立柱上升。试给出电磁铁动作顺序表,并分析它的工作循环。

9.4   在自动拉门气动系统中利用了哪个元件的什么逻辑功能?

项目九附录   气动系统构建实验

实验一   单、双作用气缸的换向回路

一、实验目的

1. 了解单向节流阀和二位三通(五通)电磁换向阀的工作原理。

2. 掌握分析单、双作用气缸换向气动回路的基本方法。

3. 培养独立动手搭建回路并进行动作过程的操作能力。

二、实验器材

气动实验台 1 个；单、双作用气缸各 1 只；二位三通电磁换向阀 1 只；二位五通单电磁换向阀 1 只；单向节流阀 2 只。

三、实验原理

单作用气缸换向回路的工作原理如附图 9.1 所示；双作用气缸换向回路的工作原理如附图 9.2 所示。

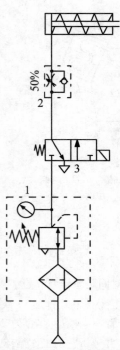

附图 9.1　单作用气缸换向回路的工作原理
1. 三联件　2. 单向节流阀　3. 二位三通电磁换向阀

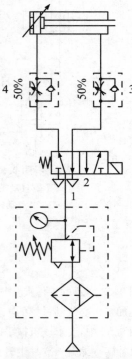

附图 9.2　双作用气缸换向回路的工作原理
1. 三联件　2. 二位五通电磁换向阀　3、4. 单向节流阀

四、实验步骤

1. 依据本实验的要求选择所需的气动元件〔单作用气缸（弹簧回位）、单向节流阀、二位三通（五通）单电磁换向阀、三联件、长度合适的连接软管〕，并检验元件的实用性能是否正常。

2. 在看懂工作原理图的情况下，按照其搭接实验回路。

3. 将二位三通电磁换向阀的电源输入口插入相应的电器控制面板输出口。

4. 确认连接安装正确稳妥后，把三联件的调压旋钮旋松，通电，开启气泵。待气泵工作正常后，再次调节三联件的调压旋钮，使回路中的压力在系统工作压力以内。

5. 当二位三通电磁换向阀通电时，右位接入，气缸左腔进气，气缸伸出，失电时气缸靠弹簧的弹力回位。当二位五通单电磁换向阀处在如图 9.2 所示的工作位置时，电磁换向阀得电后，右位接入，气缸右腔进气，活塞左移；失电时，电磁换向阀左位接入，气缸活塞右移。（在气缸的伸缩过程中，通过调节回路中的单向节流阀控制气缸动作的快慢。）

6. 实验完毕后,关闭气泵,切断电源,待回路压力为零时,拆卸回路,清理元件并放回规定的位置。

五、思考题

1. 若把回路中的单向节流阀拆掉重做一次实验,气缸的活塞运动是否会很平稳?
2. 回路中单向节流阀的作用是什么?

实验二　单作用气缸单、双向调速回路

一、实验目的

1. 理解分析气缸速度调节气动回路的基本方法。
2. 培养独立动手搭建回路并进行动作过程的操作能力。

二、实验器材

气动实验台 1 个;单作用气缸 1 只;二位三通电磁换向阀 1 只;单向节流阀 2 只。

三、实验原理

单作用气缸单向调速回路的工作原理如附图 9.3 所示;单作用气缸双向调速回路的工作原理如附图 9.4 所示。

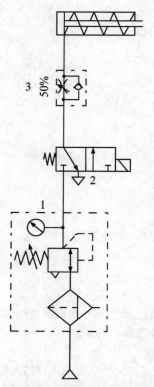

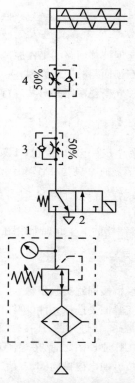

附图 9.3　单作用气缸单向调速回路的工作原理
1. 三联件　2. 二位三通电磁换向阀　3. 单向节流阀

附图 9.4　单作用气缸双向调速回路的工作原理
1. 三联件　2. 二位三通电磁换向阀　3、4. 单向节流阀

四、实验步骤

1. 根据工作原理图选择实验所用的元件(弹簧回位单作用缸、单向节流阀、二位三通电磁换向阀、三联件、连接软管),并检验元件实用性能是否正常。

2. 在看懂工作原理图后,搭接实验回路。

3. 将二位三通电磁换向阀的电源输入口插入相应的控制板输出口。

4. 确认连接安装正确稳妥后,把三联件的调压旋钮旋松,通电开启气泵。待气泵工作正常后,再次调节三联件的调压旋钮,使回路中的压力在系统工作压力以内。

5. 当电磁换向阀得电时,右位接入,气体经过三联件经过电磁换向阀的右位,再经过回路中的单向节流阀进入气缸的左腔,气缸活塞向右伸出。电磁换向阀失电后在弹簧的作用下活塞回位。

6. 调节回路中单向节流阀来控制活塞的运动速度。

7. 实验完毕后,关闭气泵,切断电源,待回路压力为零时,拆卸回路,清理元件并放回规定的位置。

五、思考题

1. 若想要活塞快速回位,可以怎样实现?

2. 还有什么方法可以达到双向调速的目的? 怎样实现?

3. 若将单作用气缸换成双作用气缸,该如何实现单、双向调速?

实验三 速度换接回路和互锁回路

一、实验目的

1. 理解速度换接回路的工作原理。

2. 掌握互锁回路的工作原理。

3. 能够独立搭建回路并对其进行动态操作。

二、实验器材

气动实验台1个;双作用气缸1只;二位五通电磁换向阀2只;二位三通电磁换向阀1只;双气控阀2只;单向节流阀2只;或门逻辑阀2只。

三、实验原理

速度换接回路的工作原理如附图9.5所示,互锁回路的工作原理如附图9.6所示。

四、实验步骤

(一)速度换接回路实验步骤

1. 根据实验需要选择元件(单杆双作用气缸、单向节流阀、二位三通单电磁换向阀、二位五通单电磁换向阀、三联件、接近开关、连接软管),并检验元件的实用性能是否正常。

2. 看懂工作原理图之后,搭建实验回路。

3. 将二位五通电磁换向阀、二位三通电磁换向阀以及接近开关的电源输入口插入相应的控制板输出口。

4. 确认连接安装正确稳妥后,把三联件的调压旋钮旋松,通电开启气泵。待气泵工作正常后,再次调节三联件的调压旋钮,使回路中的压力在系统工作压力以内。

5. 电磁换向阀得电时,压缩空气经过三联件、电磁换向阀、单向节流阀进入气缸的左腔,活塞在压缩空气的作用向右运动,此时气缸的右腔空气经过二位三通电磁换向阀,再经过二位五通电磁换向阀排出。

6. 当活塞杆接触到接近开关时,二位三通电磁换向阀失电换向,右腔的空气只能从单向节流阀排出,此时只要调节单向节流阀的开口就能控制活塞的运动速度,从而实现了一个从快速运动到较慢运动的换接。

7. 而当二位五通电磁换向阀右位接入时可以实现快速回位。

8. 实验完毕后,关闭气泵,切断电源,待回路压力为零时,拆卸回路,清理元件并放回规定的位置。

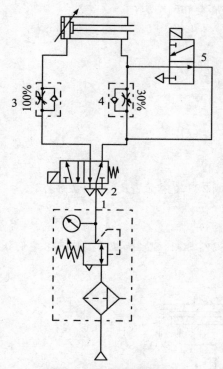

附图9.5 速度换接回路

1. 三联件 2. 二位五通电磁换向阀
3. 单向节流阀 4. 二位三通电磁换向阀

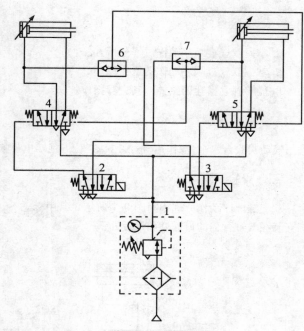

附图9.6 互锁回路

1. 三联件 2、3. 二位五通电磁换向阀
4、5. 双气控阀 6、7. 或门逻辑阀

(二)互锁回路实验步骤(如附图9.6所示)

1. 根据实验的需要选择元件(单杆双作用气缸、或门逻辑阀、二位五通双气控换向阀、二位五通单电磁换向阀、三联件、连接软管),并检验元件的实用性能是否正常。

2. 看懂工作原理图之后,搭建实验回路。

3. 将二位三通单电磁换向阀的电源输入口插入相应的控制板输出口。

4. 确认连接安装正确稳妥后,把三联件的调压旋钮旋松,通电开启气泵。待气泵工作正常后,再次调节三联件的调压旋钮,使回路中的压力在系统工作压力以内。

5. 如图所示是没有一个气缸可以动作;当左边电磁换向阀得电时,压缩空气经左边电磁换向阀使双气控阀动作左位接入。压缩空气进入左气缸的左腔,左气缸的活塞向右运行,同时压缩空气经或门梭阀让右边的二位五通电磁换向阀一直右位工作。

6. 当左边的电磁换向阀失电,右边的电磁换向阀工作时,压缩空气经过双气控阀的左位进入右气缸的右腔,活塞向右运行。同时压缩空气经或门逻辑阀控制左边的双气控阀一直右位工作,从而避免了同时动作。

7. 实验完毕后,关闭气泵,切断电源,待回路压力为零时,拆卸回路,清理元件并放回规定的位置。

五、思考题

1. 是否可用其他的方法实现速度的换接?
2. 怎样在现实生产中运用速度换接回路和互锁回路?
3. 如何实现三级互锁?

实验四　双气缸顺序动作回路

一、实验目的

1. 掌握双气缸顺序动作过程分析方法。
2. 掌握双气缸顺序动作的工作原理。
3. 能够独立搭建回路并对其进行操作。

二、实验器材

气动实验台 1 个;双作用气缸 2 只;三位五通双电磁换向阀 2 只;连接软管及接近开关等若干。

三、实验原理

双气缸顺序动作原理如附图 9.7 所示。其中标志 SQ1、SQ2、SQ3、SQ4 为四只接近开关,它们分别安装在气缸行程的最远处和最近处。

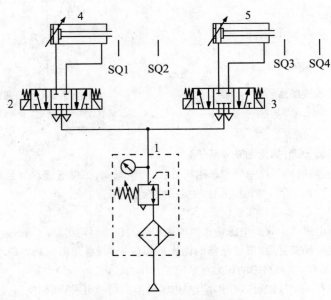

附图 9.7　双缸顺序动作回路
1. 三联件　2、3. 三位五通双电磁换向阀　4、5. 双作用气缸

液压与气压传动技术

四、实验步骤

1. 根据实验需要选择元件(双作用气缸、接近开关、单气控换向阀、二位五通双电磁换向阀、三联件、连接软管),并检验元件的实用性能是否正常。

2. 看懂原理图之后,搭建实验回路。

3. 将二位五通双电磁换向阀和接近开关的电源输入口插入相应的控制板输出口。

4. 确认连接安装正确稳妥后,把三联件的调压旋钮旋松,通电开启气泵。待气泵工作正常后,再次调节三联件的调压旋钮,使回路中的压力在系统工作压力以内。

5. 当电磁换向阀左位得电,压缩空气控制左边的单气控阀做动作,压缩空气进入左气缸的左腔使得活塞向右运动;此时的右气缸因为没有气体进入左腔而不能动作。

6. 当左气缸活塞杆靠近接近开关时,右边二位五通电磁换向阀迅速换向,气体作用于右边的气控阀促使其左位接入,压缩空气经过右边气控阀的左位进入右气缸的左腔,活塞在压力的作用下向右运动,当活塞杆靠近接近开关时,二位五通电磁换向阀又回到左位,从而实现双气缸的下一个顺序动作。

7. 实验完毕后,关闭气泵,切断电源,待回路压力为零时,拆卸回路,清理元件并放回规定的位置。

五、思考题

1. 采用机械阀代替接近开关怎样动作? 回路怎样搭建?

2. 如果用压力继电器,能实现这个顺序动作吗? 从理论上验证一下。

实验五　逻辑阀控制回路

一、实验目的

1. 了解逻辑阀的工作原理。

2. 能够独立建立逻辑阀控制回路。

二、实验器材

气动实验台 1 个;双作用气缸 1 只;单气控阀 1 只;或门逻辑阀 1 只;手动换向阀 1 只;二位三通电磁换向阀 1 只等。

三、实验原理

逻辑阀控制回路工作原理如附图 9.8 所示。

四、实验步骤

1. 根据实验需要选择元件(单杆双作用气缸、单气控阀、或门逻辑阀、手动换向阀、二位三通单电磁换向阀、三联件、连接软管),并检验元件的使用性能是否正常。

2. 看懂工作原理图之后,搭建实验回路。

3. 将二位三通电磁换向阀的电源输入口插入相应的控制板输出口。

4. 确认连接安装正确稳妥后,把三联件的调压旋钮旋松,通电开启气泵。待气泵工作正常后,再次调节三联件的调压旋钮,使回路中的压力在系统工作压力以内。

5. 当切换手动换向阀时,压缩空气经手动换向阀作用于或门逻辑阀,使单气控阀上位接入,压缩空气经单气控阀的上位进入气缸的上腔,气缸伸出。当手动阀换位时,单气控阀在弹簧力的作用下复位,压缩空气进入气缸的下腔,使气缸缩回。

6. 当二位三通电磁换向阀得电时,压缩空气经二位三通电磁换向阀过或门逻辑阀作用于单气控阀,使其上位接入,压缩空气经单气控阀的上位进入气缸的上腔,气缸伸出。当电磁换向阀失电时,单气控阀在弹簧的作用下复位,压缩空气进入缸的下腔,使气缸缩回。

7. 实验完毕后,关闭气泵,切断电源,待回路压力为零时,拆卸回路,清理元件并放回规定的位置。

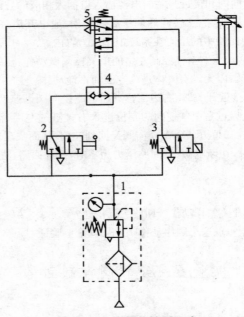

附图 9.8　逻辑阀控制回路

1. 三联件　2. 手动换向阀　3. 二位三通电磁换向阀　4. 或门逻辑阀　5. 单气控阀

五、思考题

本回路实现了手动和自动切换控制,在实际中怎么将之加以利用?

实验六　双手操作回路

一、实验目的

1. 了解逻辑阀的工作原理。
2. 能够独立连接继电器控制回路。

二、实验器材

气动实验台 1 个;双作用气缸 1 只;单气控阀 1 只;手动换向阀 2 只;单向节流阀 2 只。

三、实验原理

双手操作回路工作原理如附图 9.9 所示。

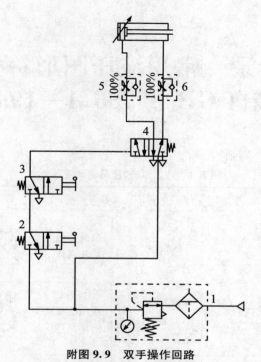

附图 9.9 双手操作回路

1. 三联件 2、3. 手动换向阀 4. 单气控阀 5、6. 单向节流阀

四、实验步骤

1. 根据实验需要选择元件[双作用气缸、单向节流阀、单气控阀、手动换向阀(必须用配的塞头堵住 A 或 B 构成一个二位三通阀)、三联件、连接软管],并检验元件的实用性能是否正常。

2. 看懂工作原理图之后,搭建实验回路图。

3. 确认连接安装正确稳妥后,把三联件的调压旋钮旋松,通电开启气泵。待气泵工作正常后,再次调节三联件的调压旋钮,使回路中的压力在系统工作压力以内。

4. 当切换手动换向阀时(两只手动换向阀同时向一个方向运动)使回路接通,压缩空气经手动换向阀作用于单气控阀,使其左位接入,此时压缩空气经气控阀过单向节流阀进入气气缸的左腔,气缸伸出。

5. 只要有一个手动换向阀复位,气控阀在弹簧力的作用下就会复位到右位接入,气缸缩回。

6. 实验完毕后,关闭气泵,切断电源,待回路压力为零时,拆卸回路,清理元件并放回规定的位置。

五、思考题

1. 如果该回路中采用按钮阀,则有什么不同?请建立回路。

2. 如果不加单向节流阀,会出现什么情况?不加行不行?

附录　常用液压图形符号
(摘自 GB/T 786.1—1993)

附表1　液压泵、液压马达和液压缸

名　称	符　号	说　明	名　称	符　号	说　明
液压泵		一般符号	单向变量液压马达		单向流动，单向旋转，变排量
单向定量液压泵		单向旋转，单向流动，定排量	双向变量液压马达		双向流动，双向旋转，变排量
双向定量液压泵		双向旋转，双向流动，定排量	摆动马达		双向摆动，定角度
单向变量液压泵		单向旋转，单向流动，变排量	定量液压泵-马达		单向流动，单向旋转，定排量
双向变量液压泵		双向旋转，双向流动，变排量	变量液压泵-马达		双向流动，双向旋转，变排量，外部泄油
液压马达		一般符号	液压整体式传动装置		单向旋转，变排量泵，定排量
单向定量液压马达		单向流动，单向旋转	单活塞杆缸		详细符号
双向定量液压马达		双向流动，双向旋转，定排量	单作用缸		简化符号

名　称	符　号	说　明	名　称	符　号	说　明
单作用缸 单活塞杆缸（带弹簧复位）		详细符号	双作用缸 可调单向缓冲缸		详细符号
		简化符号			简化符号
柱塞缸			不可调双向缓冲缸		详细符号
伸缩缸					简化符号
双作用缸 单活塞杆缸		详细符号	可调双向缓冲缸		详细符号
		简化符号			简化符号
双活塞杆缸		详细符号	伸缩缸		
		简化符号	压力转换器 气/液转换器		单程作用
不可调单向缓冲缸		详细符号			连续作用
		简化符号	增压器		单程作用
					连续作用

名　称	符　号	说　明	名　称	符　号	说　明
蓄能器		一般符号	辅助气瓶 		
充气式			气罐 		
重锤式			 液压源		一般符号
弹簧式			 气压源		一般符号
			电动机	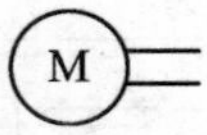 Ⓜ	
			原动机	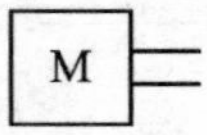 M	电动机除外

注：左侧"蓄能器"为一列分组（蓄能器、充气式、重锤式、弹簧式）；右侧"能量源"为分组（液压源、气压源、电动机、原动机）。

附表 2　机械控制装置和控制方法

名　称	符　号	说　明	名　称	符　号	说　明
直线运动的杆		箭头可省略	顶杆式	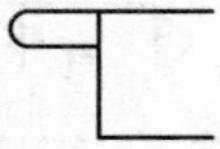	
旋转运动的轴	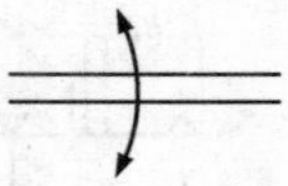	箭头可省略	可变行程控制式	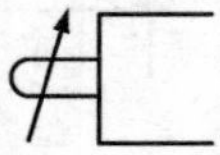	
定位装置			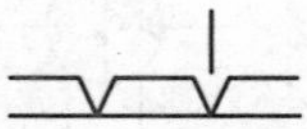 弹簧控制式	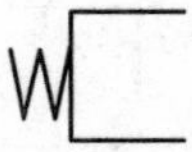	
锁定装置	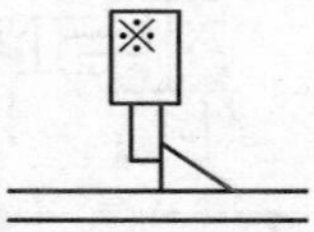 ※	※为开锁的控制方法	滚轮式	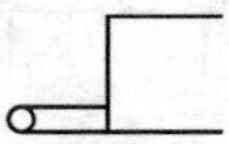	在两个方向上操作
弹跳机构			 单向滚轮式	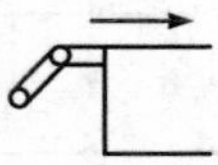	仅在一个方向上操作，箭头可省略

注：左侧分组为"机械控制件"，右侧分组为"机械控制方法"。

液压与气压传动技术

名　称	符　号	说　明	名　称	符　号	说　明
人力控制方法　人力控制		一般符号	先导压力控制方法　液压先导加压控制		内部压力控制
按钮式			液压先导加压控制		外部压力控制
拉钮式			液压二级先导加压控制		内部压力控制,内部泄油
按-拉式			气-液先导加压控制		气压外部控制,液压内部控制,外部泄油
手柄式			电-液先导加压控制		液压外部控制,内部泄油
单向踏板式			液压先导卸压控制		内部压力控制,内部泄油
双向踏板式					外部压力控制(带遥控泄放口)
直接压力控制方法　加压或卸压控制			电-液先导控制		电磁铁控制,外部压力控制,外部泄油
差动控制			先导式压力控制阀		带压力调节弹簧,外部泄油,带遥控泄放口
内部压力控制	45°	控制通路在元件内部			
外部压力控制		控制通路在元件外部	先导式比例电磁式压力控制阀		先导级由比例电磁铁控制,内部泄油

名　　称	符　号	说　　明	名　　称	符　号	说　　明
电气控制方法 单作用电磁铁	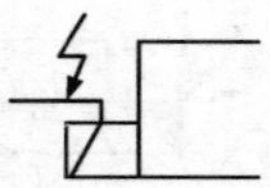	电气引线可省略,斜线也可向右下方	反馈控制方法 反馈控制	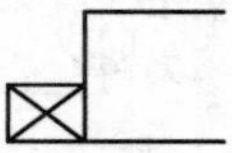	一般符号
双作用电磁铁			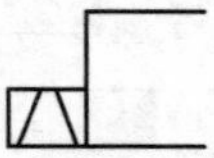 电反馈	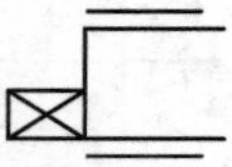	由电位器、差动变压器等检测位置
单作用可调电磁操作(比例电磁铁,力马达等)			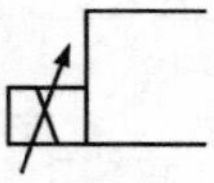 内部机械反馈	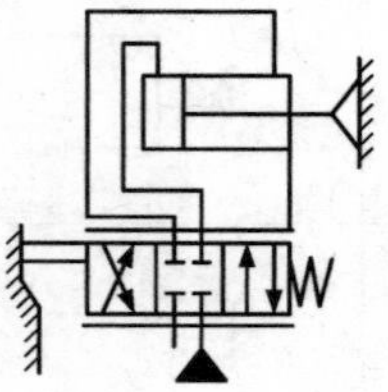	如随动阀仿形控制回路等
双作用可调电磁操作(力矩马达等) 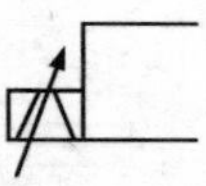					
旋转运动电气控制装置 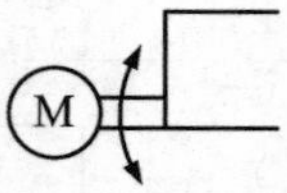					

附表 3　压力控制阀

名　　称	符　号	说　　明	名　　称	符　号	说　　明
溢流阀 溢流阀	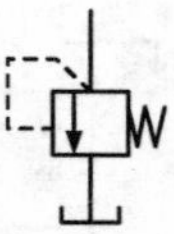	一般符号或直动式溢流阀	溢流阀 卸荷溢流阀	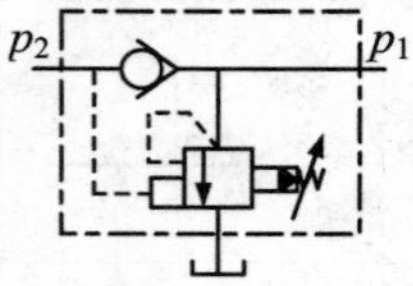 p_2 ———— p_1	$p_2 > p_1$ 时卸荷
先导式溢流阀			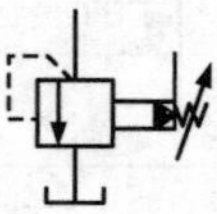 双向溢流阀	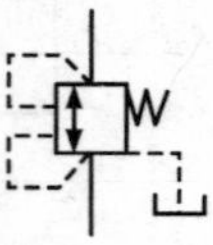	直动式,外部泄油
先导式电磁溢流阀	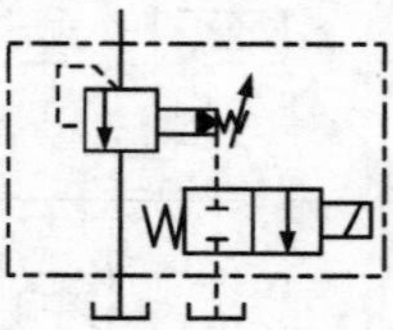	常闭	减压阀 减压阀	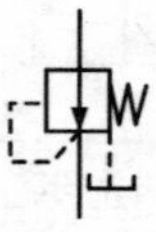	一般符号或直动式减压阀
直动式比例溢流阀			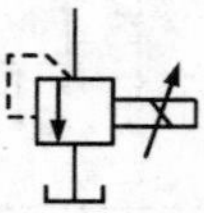 先导式减压阀	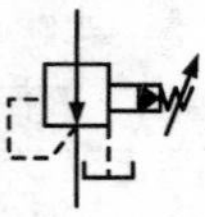	
先导式比例溢流阀			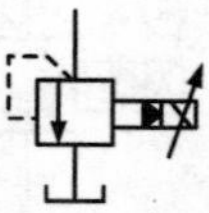 溢流减压阀	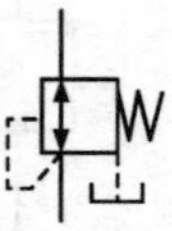	

228

名　称	符　号	说　明	名　称	符　号	说　明
减压阀	先导式比例电磁溢流减压阀		卸荷阀	卸荷阀	一般符号或直动式卸荷阀
	定比减压阀	减压比为1/3		先导式电磁卸荷阀	$p_1 > p_2$
	定差减压阀		制动阀	双溢流制动阀	
顺序阀	顺序阀	一般符号或直动式顺序阀		溢流油桥制动阀	
	先导式顺序阀				
	单向顺序阀（平衡阀）				

附表 4　方向控制阀

名　称	符　号	说　明	名　称	符　号	说　明
单向阀		详细符号	液控单向阀		详细符号（控制压力打开阀）
		简化符号（弹簧可省略）			简化符号（弹簧可省略）
液控单向阀		详细符号（控制压力关闭阀）			
		简化符号	双液控单向阀		

名　称	符　号	说　明	名　称	符　号	说　明
梭阀(或阀)		详细符号	三位四通电液阀		简化符号(内控外泄)
		简化符号	三位六通手动阀		
二位二通电磁换向阀		常断	三位五通电磁阀		
		常通	三位四通电液阀		外控内泄(带手动应急控制装置)
二位三通电磁阀		常通	三位四通比例阀		节流型,中位正遮盖
二位三通电磁球阀			三位四通比例阀		中位负遮盖
二位四通电磁换向阀			二位四通比例阀		
二位五通液动换向阀			四通伺服阀		
二位四通机动换向阀			四通电液伺服阀		二级
三位四通电磁换向阀					带电反馈三级

换向阀

附表 5　流量控制阀

名　　称	符　　号	说　明	名　　称	符　　号	说　明
节流阀 可调节流阀		详细符号	调速阀 调速阀		简化符号
		简化符号	旁通型调速阀	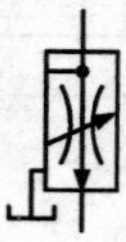	简化符号
不可调节流阀		一般符号	温度补偿型调速阀	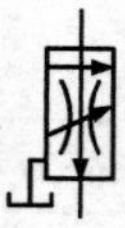	简化符号
单向节流阀			单向调速阀	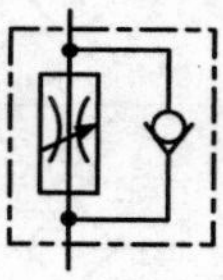	简化符号
双单向节流阀			分流阀	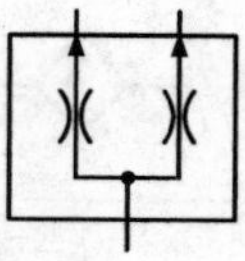	
截止阀			单向分流阀		
滚轮控制节流阀（减速阀）			同步阀 集流阀		
调速阀 调速阀		详细符号	分流集流阀	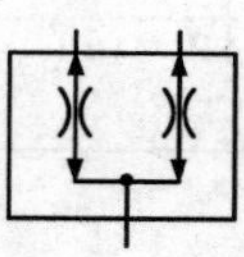	

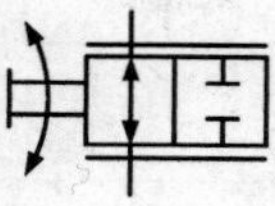

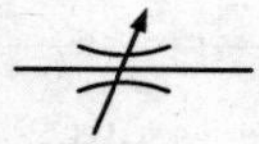

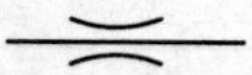

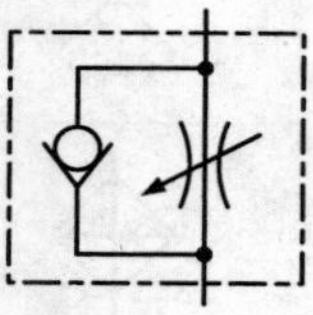

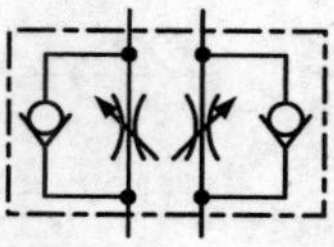

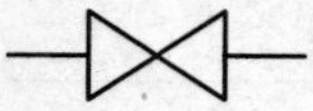

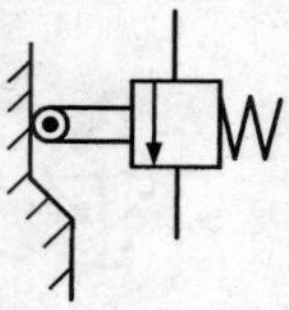

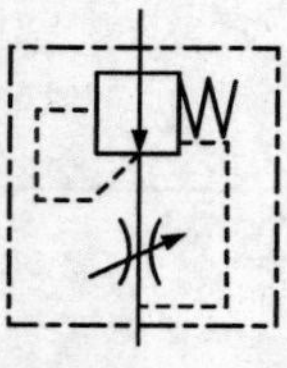

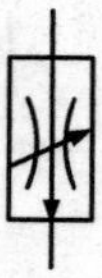

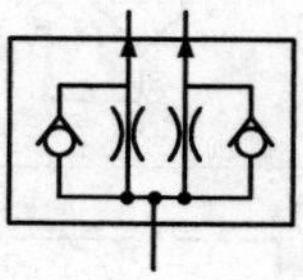

常用液压图形符号

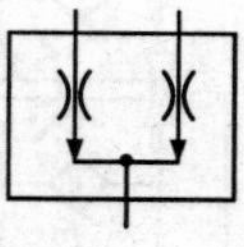

231

附表 6　油箱

名　称		符　号	说　明	名　称		符　号	说　明
通大气式	管端在液面上	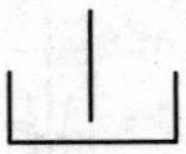		油箱	管端在油箱底部	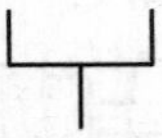	
	管端在液面下	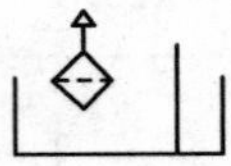	带空气过滤器		局部泄油或回油	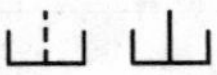	
				加压油箱或密闭油箱		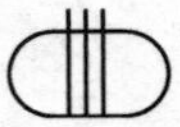	三条油路

附表 7　流体调节器

名　称		符　号	说　明	名　称		符　号	说　明
过滤器	过滤器		一般符号		空气过滤器	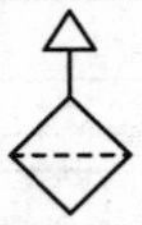	
	带污染指示器的过滤器	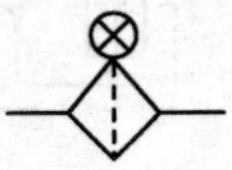			温度调节器		
	磁性过滤器	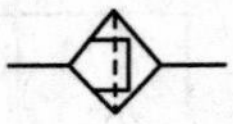		冷却器	冷却器	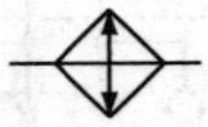	一般符号
	带旁通阀的过滤器	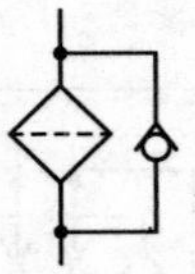			带冷却剂管路的冷却器	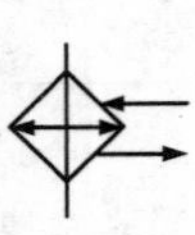	
	双筒过滤器	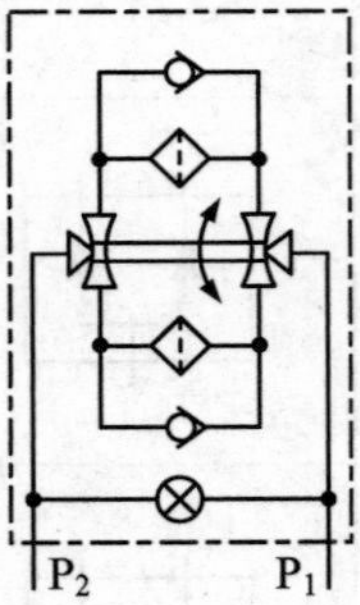	P_1：进油口 P_2：回油口		加热器		一般符号

液压与气压传动技术

名　称		符　号	说　明	名　称		符　号	说　明
压力检测器	压力指示器	⊗		流量检测器	检流计（液流指示器）		
	压力表				流量计		
	电接点压力表（压力显控器）				累计流量计		
	压差控制表				温度计		
	液位计				转速仪		
					转矩仪		

名　称		符　号	说　明	名　称		符　号	说　明
压力继电器（压力开关）			详细符号	压差开关			
			一般符号	传感器	传感器		一般符号
行程开关			详细符号		压力传感器		
			一般符号		温度传感器		
联轴器	联轴器		一般符号	放大器			
	弹性联轴器						

名　称		符　号	说　明	名　称		符　号	说　明
管路	管路	——	压力管路回油管路	快换接头	不带单向阀		
	连接管路		两管路相交连接				
	控制管路	- - - -	可表示泄油管路		带单向阀		
	交叉管路		两管路交叉不连接	旋转接头	单通路旋转接头		
	柔性管路				三通路旋转接头		
	单向放气装置（测压接头）						

液压与气压传动技术

参 考 文 献

[1]　曹建东. 液压传动与气压技术[M]. 2 版. 北京:北京大学出版社,2012.
[2]　雷天觉. 新编液压工程手册[M]. 北京:北京理工大学出版社,2005.
[3]　陆一心. 液压阀使用手册[M]. 北京:化学工业出版社,2010.
[4]　路甬祥. 液压气动技术手册[M]. 北京:机械工业出版社,2005.
[5]　毛智勇. 液压与气压传动[M]. 北京:机械工业出版社,2012.
[6]　史纪定. 液压故障诊断与维修技术[M]. 北京:机械工业出版社,1990.
[7]　杨慧敏. 液压与气压传动[M]. 西安:西北工业大学出版社,2007.
[8]　张雅琴. 液压与气压技术[M]. 2 版. 北京:高等教育出版社,2012.
[9]　左健民. 液压与气压传动[M]. 北京:机械工业出版社,2005.

参 考 文 献